炭素の同素体

有機化学の基本である炭素に、近年様々な形態の同素体が発見され、新たなサイエンスの世界が急速に広がりつつある。

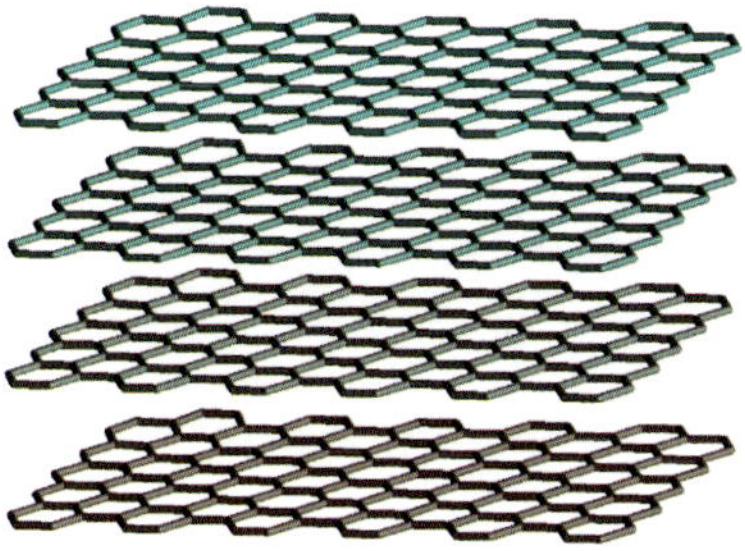

グラファイト（黒鉛）

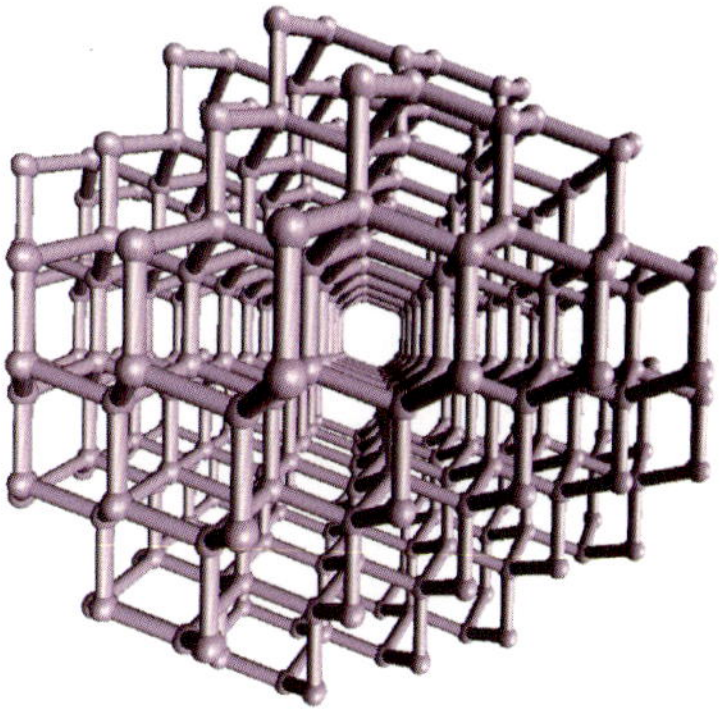

ダイヤモンド

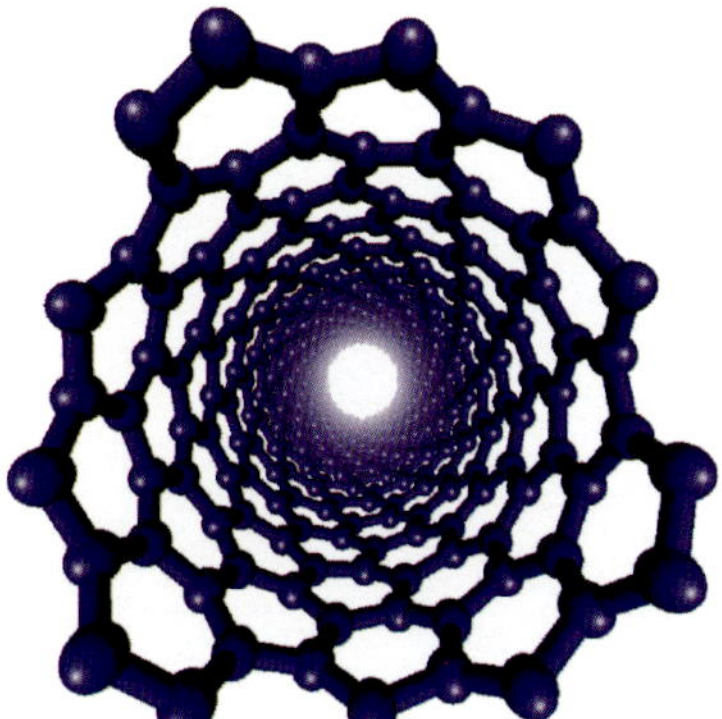

カーボンナノチューブ

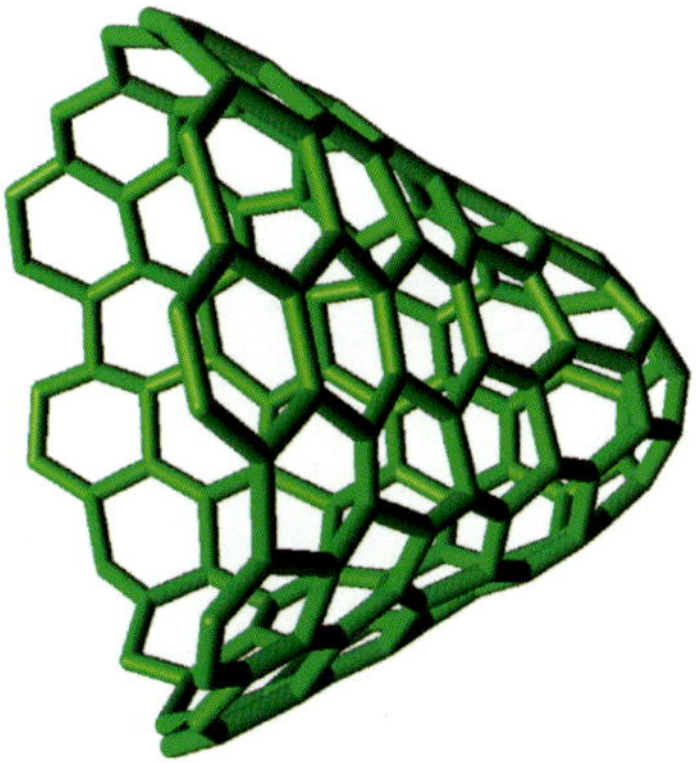

カーボンナノホーン

フラーレン・炭素の織り成す小宇宙

サッカーボール型のC_{60}以外にも、炭素数の異なるさまざまなフラーレン類が存在する。

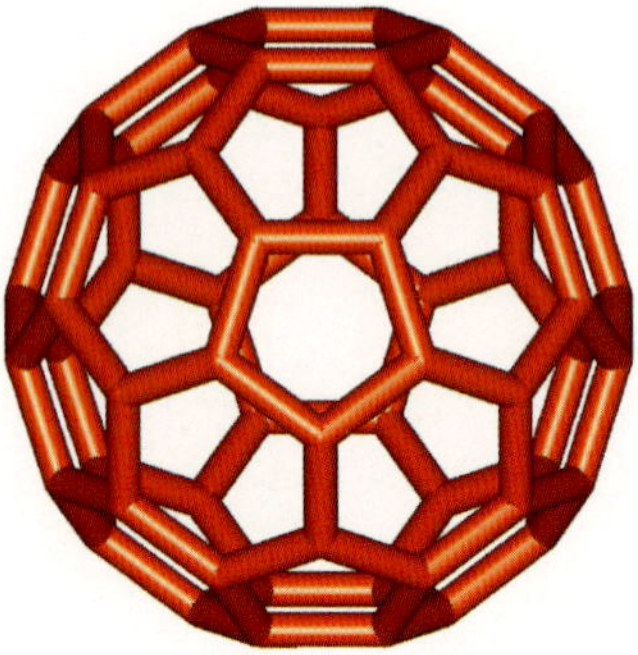

C_{60}

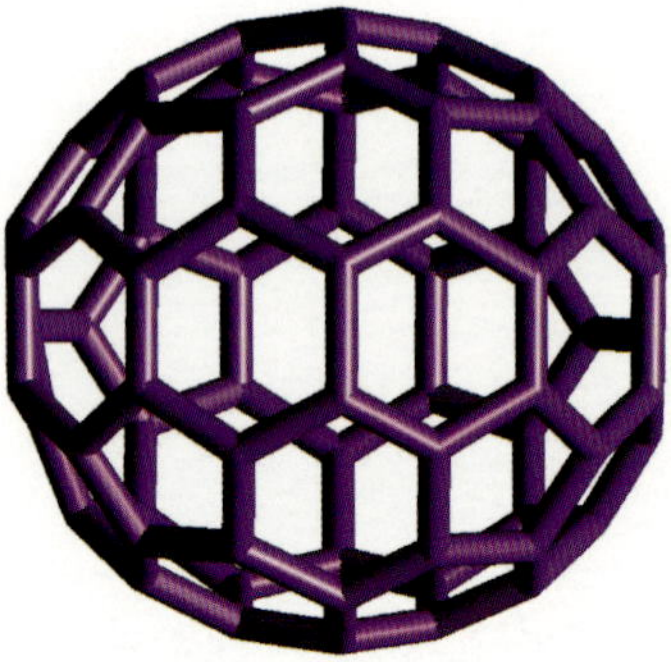

C_{70}

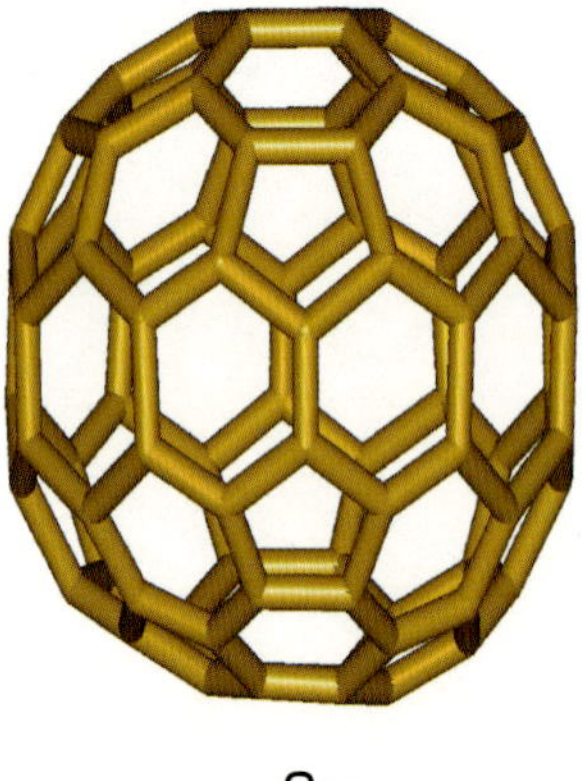

C_{78}

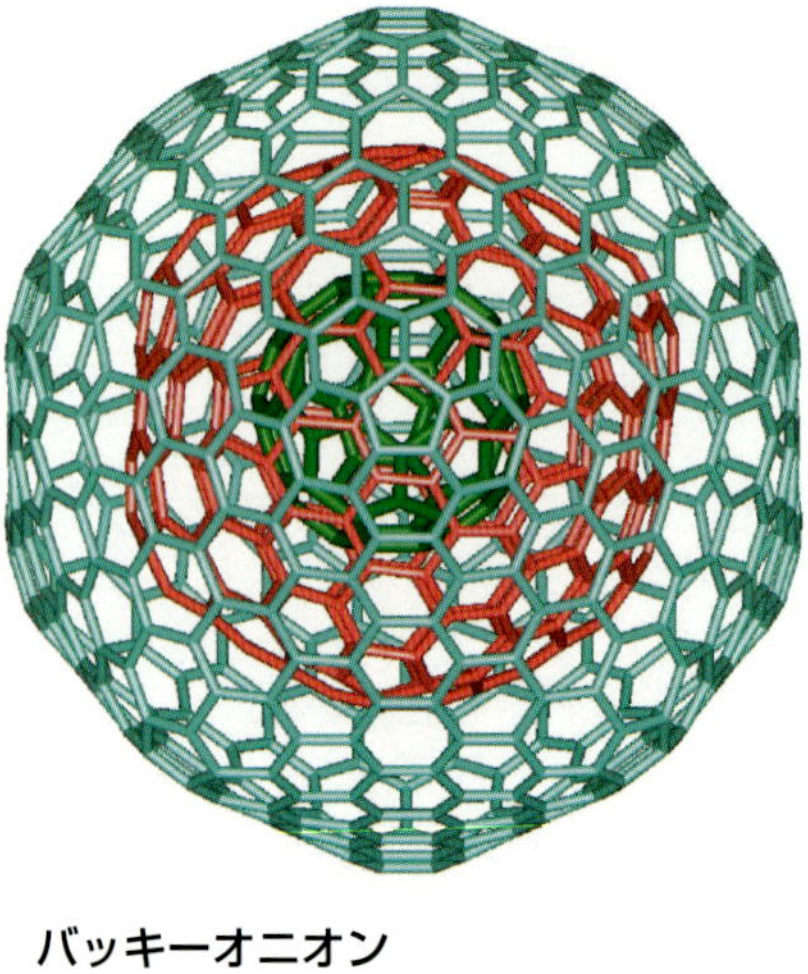

バッキーオニオン

何層ものフラーレンが入れ子になったもの

フラーレンの変身

炭素がサッカーボール状に結合したフラーレン分子は極めて多彩な反応性を示し、様々に姿を変える。

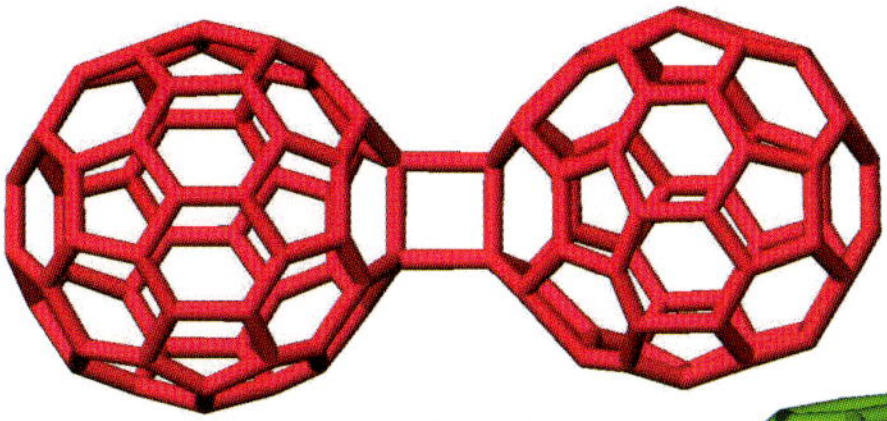

フラーレンの
二量体・バッキーダンベル
(→163ページ)

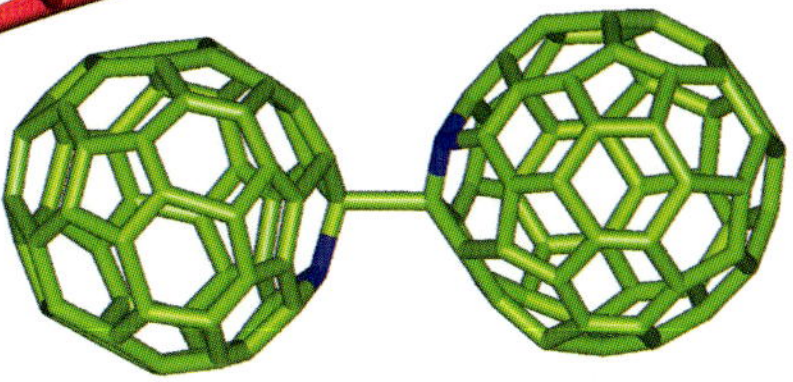

窒素を骨格中に組み込んだフラーレンは結合の腕が余るため2つつながった形を取る

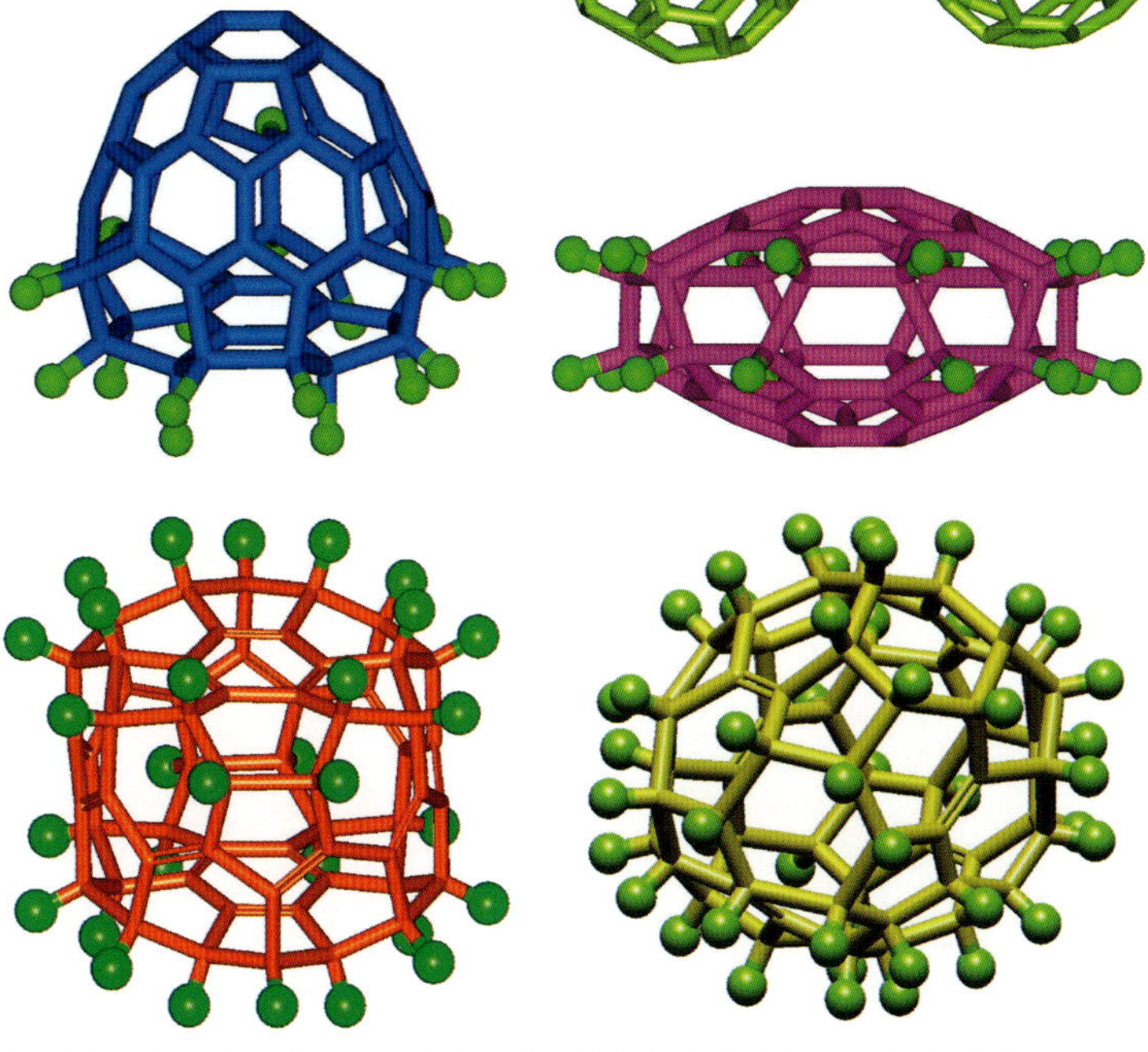

球形のフラーレンも、ハロゲン元素が化合すると様々に形を変える
(左上から時計まわりに$C_{60}F_{18}$、$C_{60}F_{20}$、$C_{60}F_{48}$、 $C_{60}Cl_{30}$)

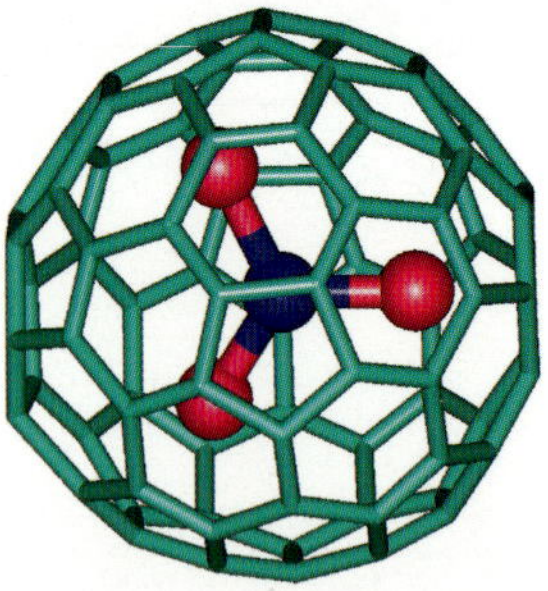

内部に他の元素を閉じ込めたフラーレン（$Sc_3N@C_{80}$、$Sc_2@C_{66}$）

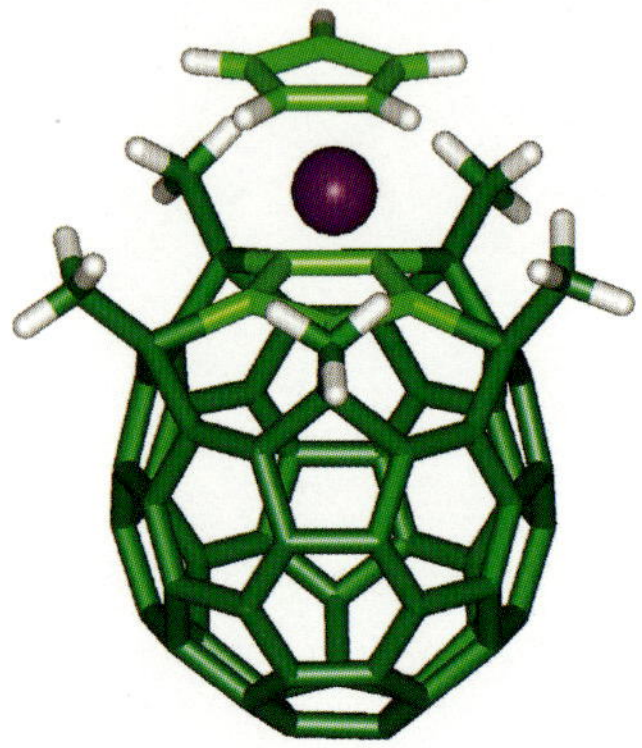

バッキーフェロセン

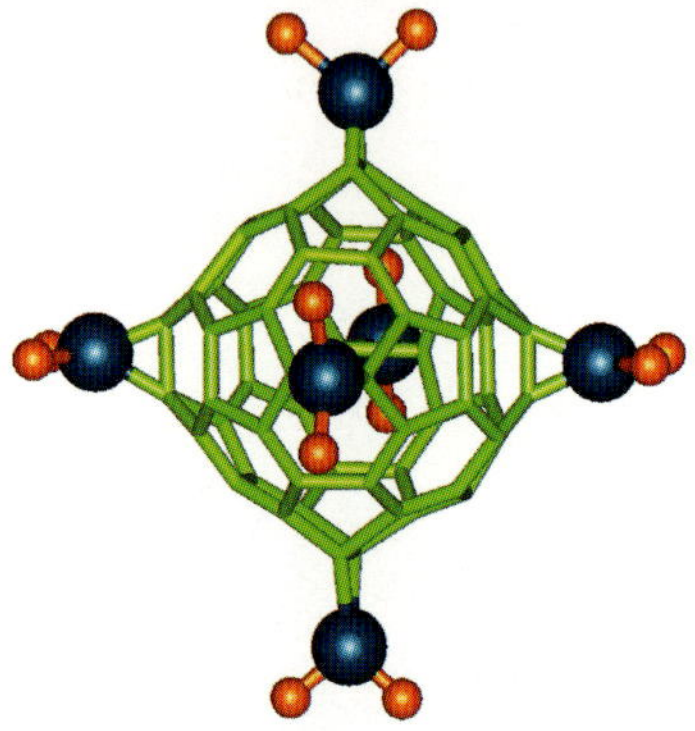

6つの白金原子（青緑）と
結合したフラーレン

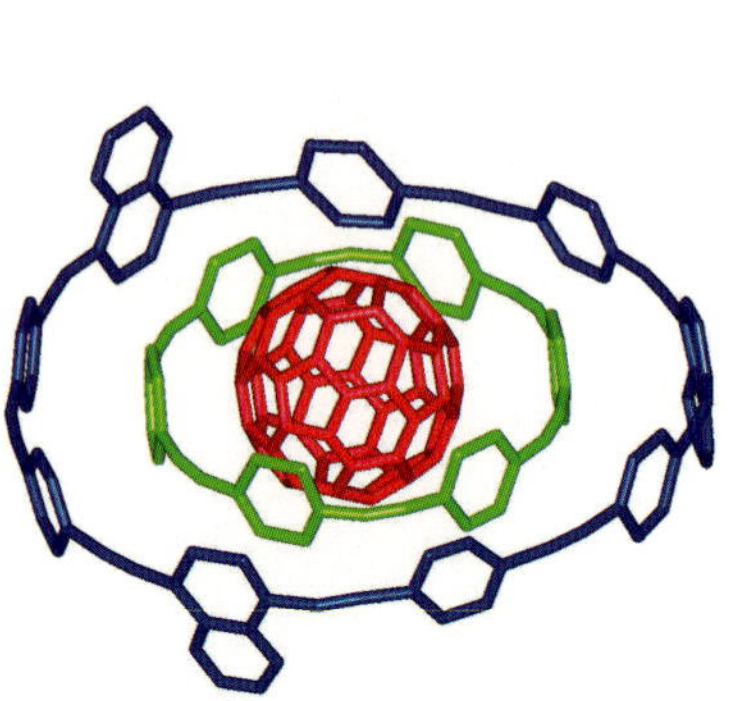

二重の「ナノリング」に
取り込まれたフラーレン

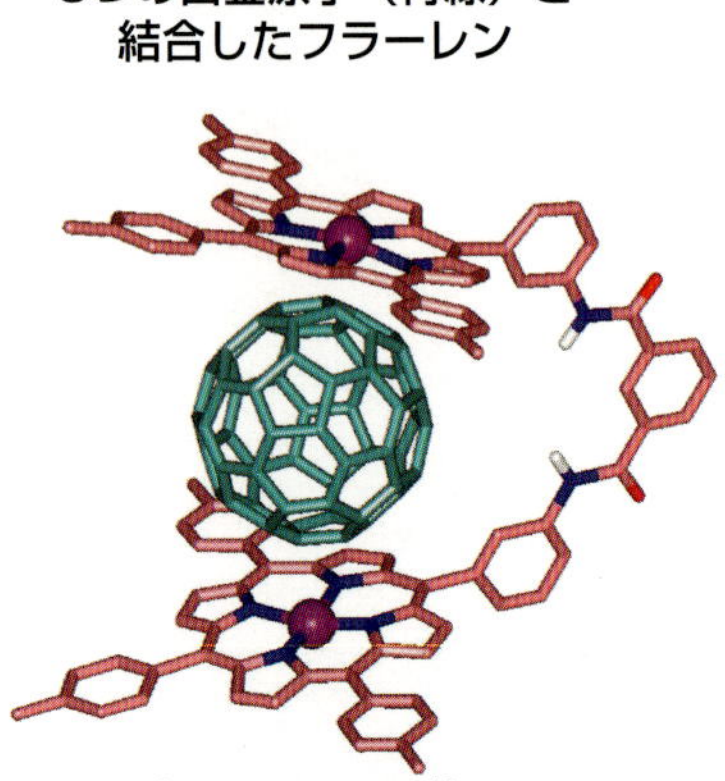

ポルフィリン2枚に
挟み込まれたフラーレン

フラーレンに水素を詰め込む

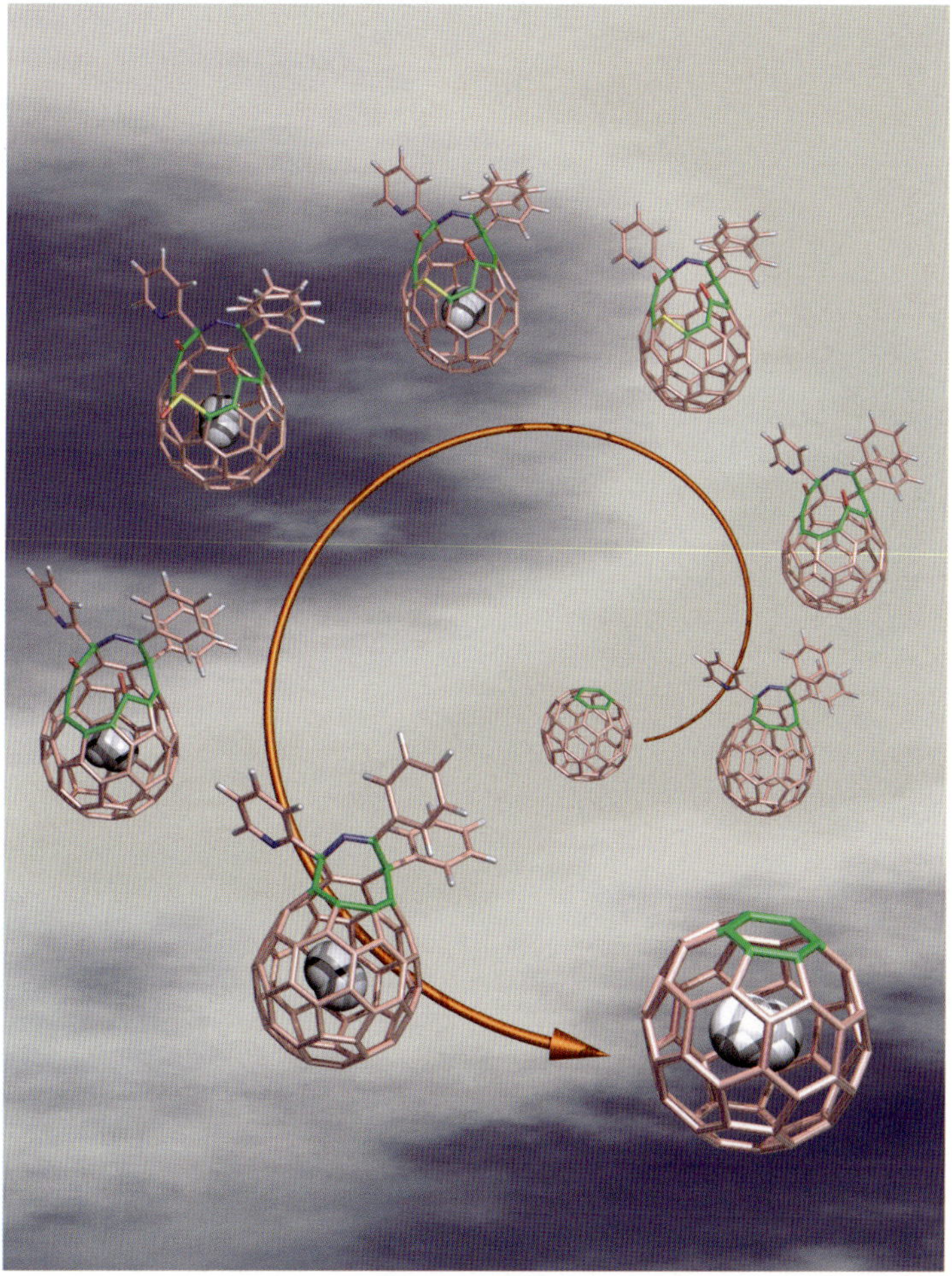

フラーレンに3段階の反応で13員環の穴を開け、水素を封入した上4段階の反応を施して穴をふさぐ「分子手術」。直径わずか100億分の7mのフラーレンに詰め物をするという、人類史上最も精密な細工物ともいえる。
（画像は京都大学化学研究所の村田靖次郎助教授、小松紘一名誉教授提供）

フラーレンから生まれる新素材

球型のフラーレンに手を加えることにより、様々な新しい機能が引き出される。

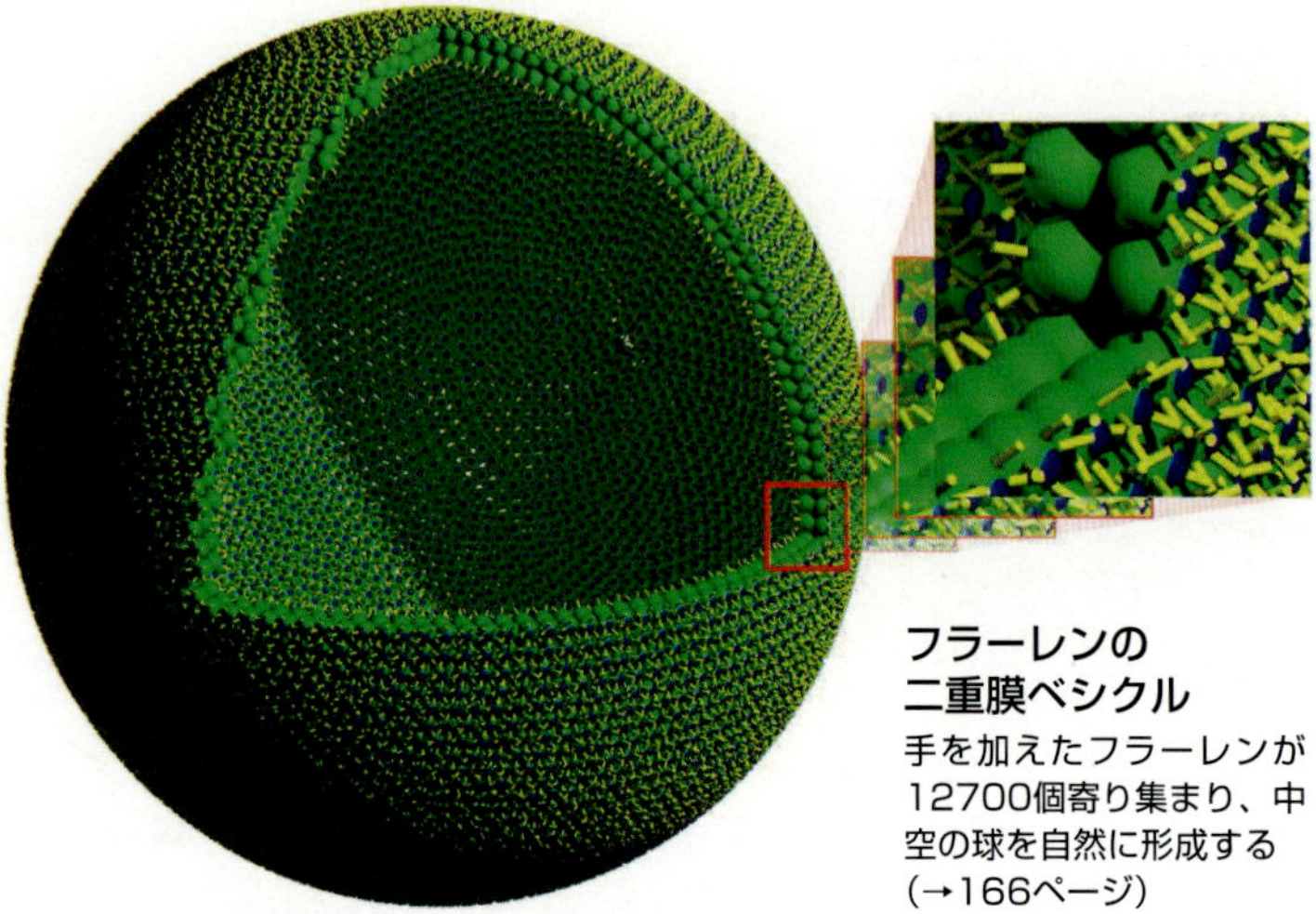

フラーレンの二重膜ベシクル
手を加えたフラーレンが12700個寄り集まり、中空の球を自然に形成する
(→166ページ)

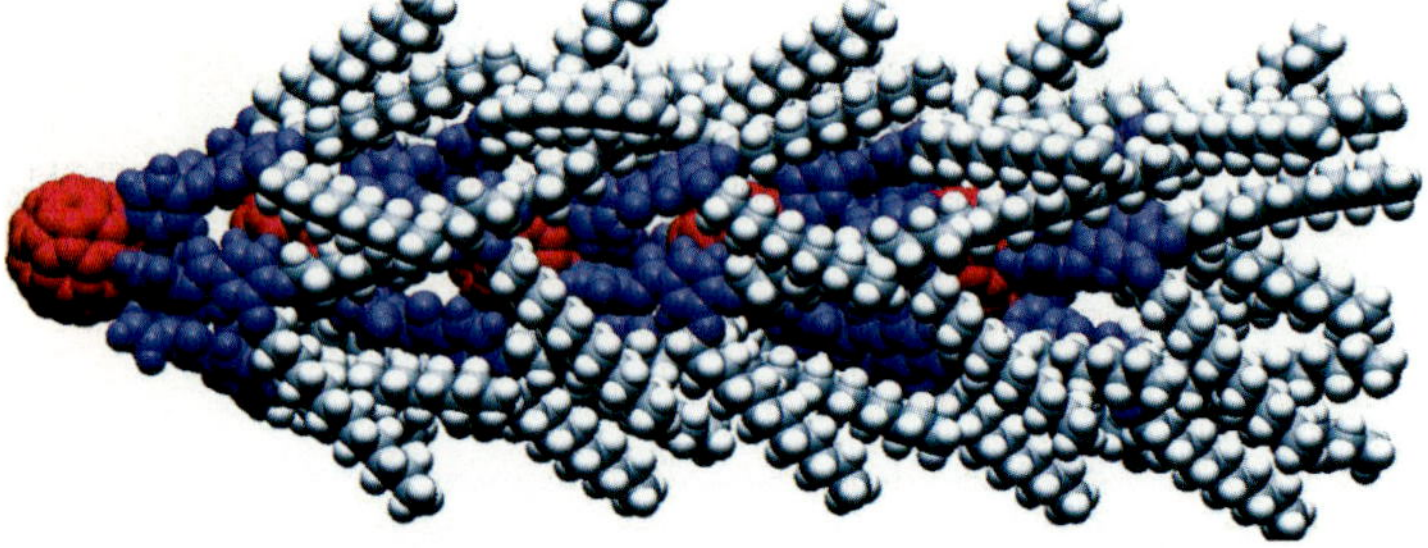

新液晶材料・シャトルコックフラーレン
(→166ページ)

(上記２画像は東京大学・中村栄一研究室提供)

ナノチューブ内部空間の新しいサイエンス

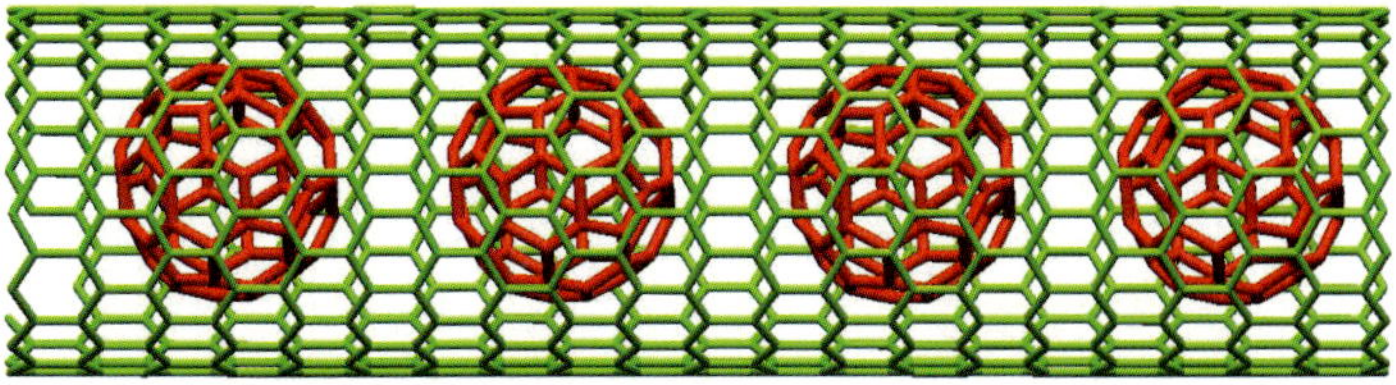

ナノチューブにフラーレンが取り込まれた「バッキーピーポッド」
電子デバイスなどに応用が期待される

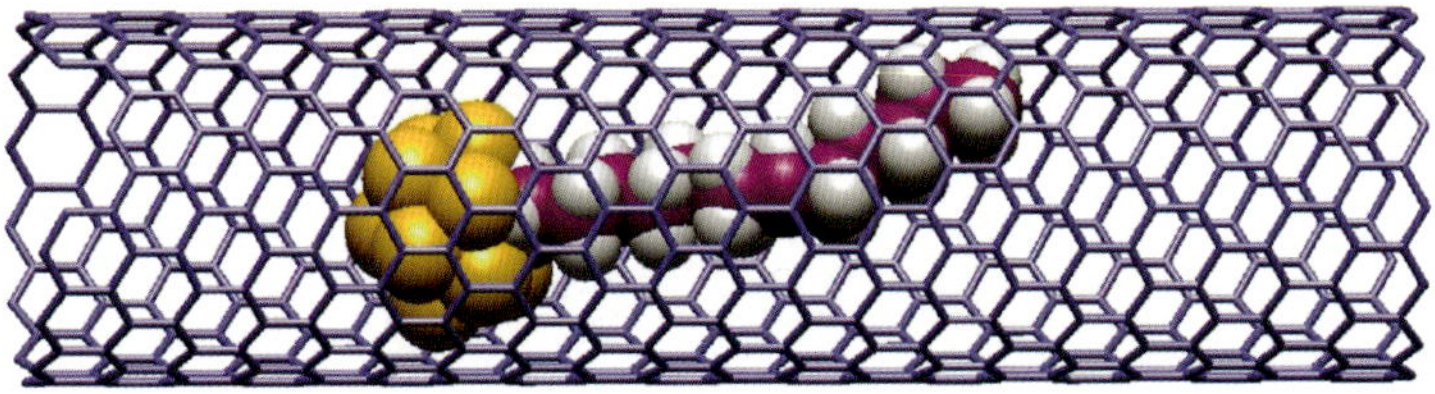

ナノチューブ内部に閉じ込めた分子を電子顕微鏡で観察することにより、紫色のアルキル鎖部分がうねるように運動している姿を捉えることに成功した。一分子の運動を直接観察したのは世界で初めて

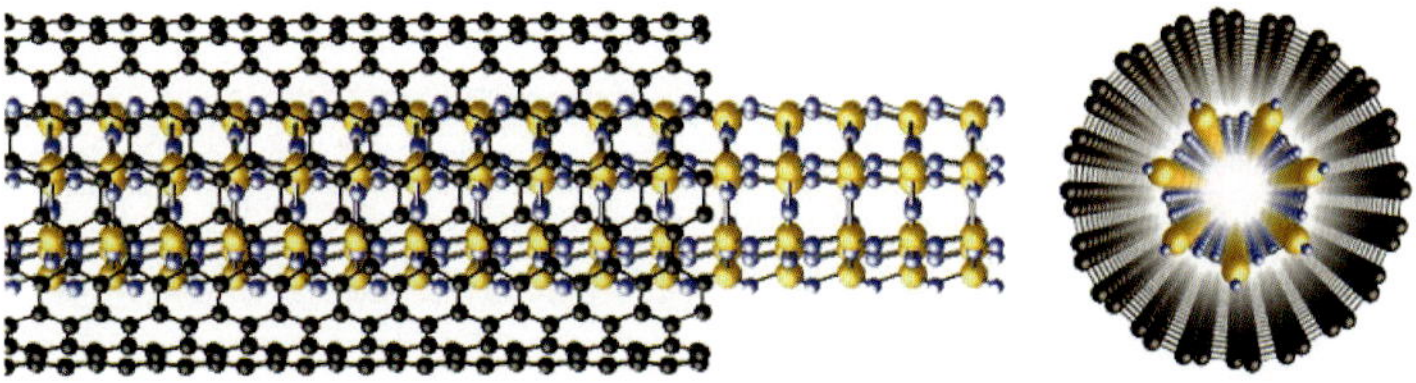

ナノチューブ内に水分子を取り込ませると、外部では見られない「柱状の氷」が形成される。この他にもナノチューブ内の空間では、今まで知られていなかった構造や物理現象が次々と見つかっており、注目を集めている（黒が炭素、黄色が酸素、水色が水素）

（画像提供：首都大学東京　ナノ物性グループ）

ノーベル賞の分子たち

固定観念を覆し、新たな地平を切り開いてきた化合物には、常に最高の栄誉が与えられてきた。

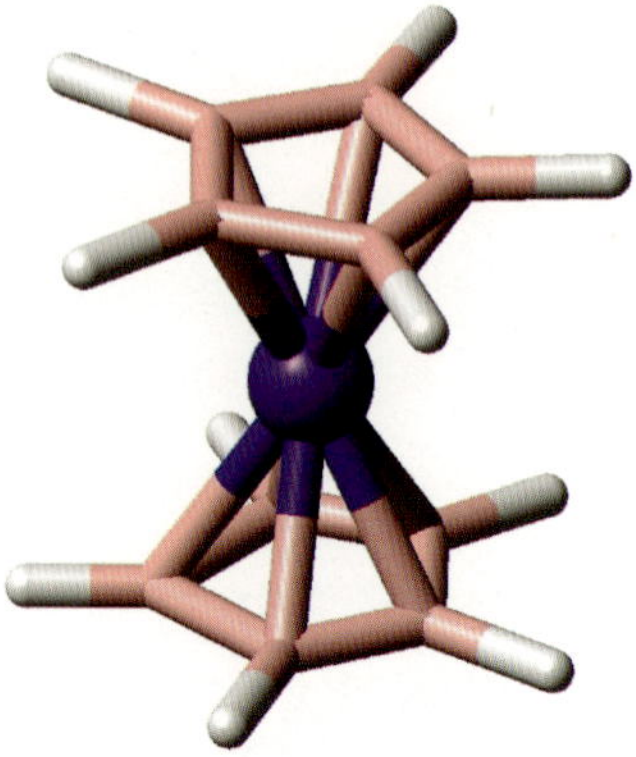

フェロセン（1973年）
G・フィッシャー、E・O・ウィルキンソン
炭素-金属結合を持ちながら驚くほど安定で、極めて魅力的な構造を持つ。有機金属化学の幕開けとなった化合物

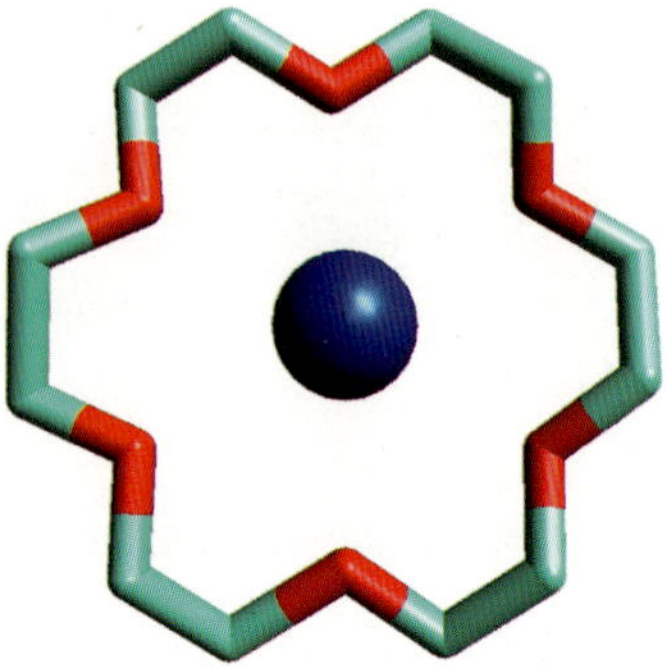

クラウンエーテル（1987年）
C・ペダーセン
企業の一研究員が偶然見つけた化合物が、超分子化学の時代を切り開いた
(→106ページ)

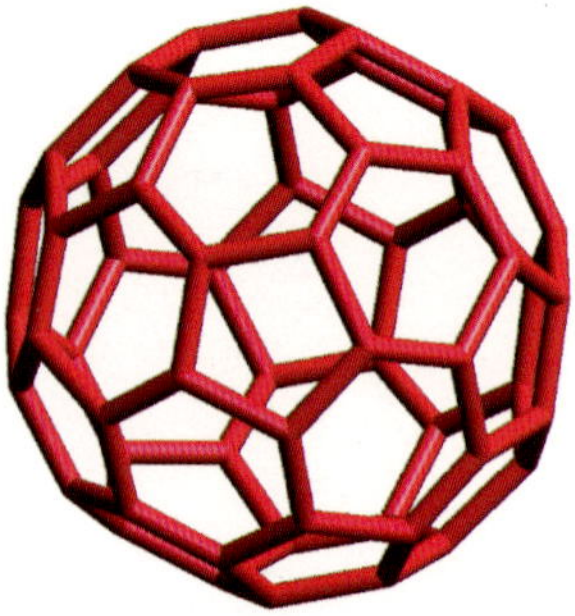

フラーレン（1996年）
R・F・カール、H・W・クロトー、
R・E・スモーリー
最も身近な元素・炭素から生まれたナノテクノロジーの旗手（→156ページ）

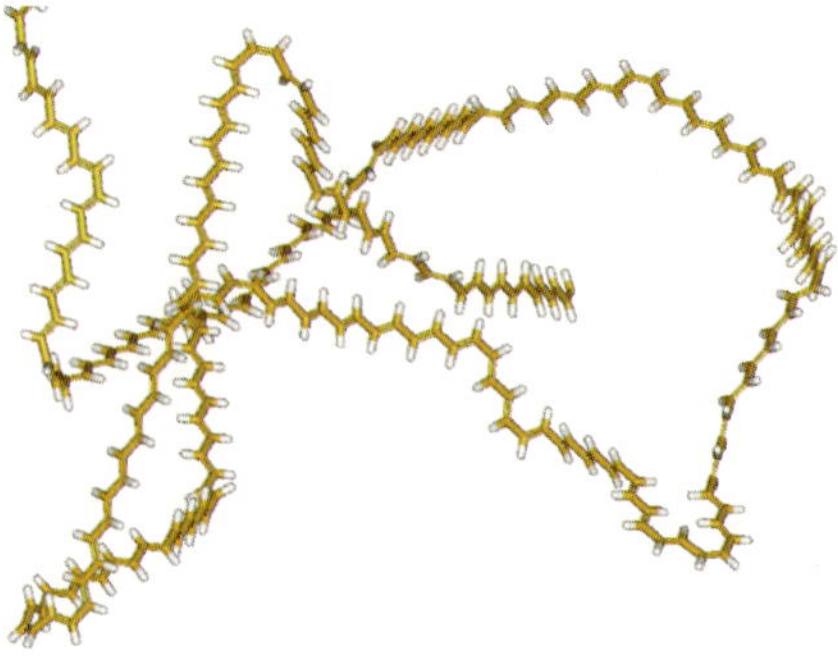

ポリアセチレン（2000年）
白川英樹、A・J・ヒーガー、
A・G・マクダイアミッド
「プラスチックは電気を通さない」という常識を覆した導電性高分子
(→56ページ)

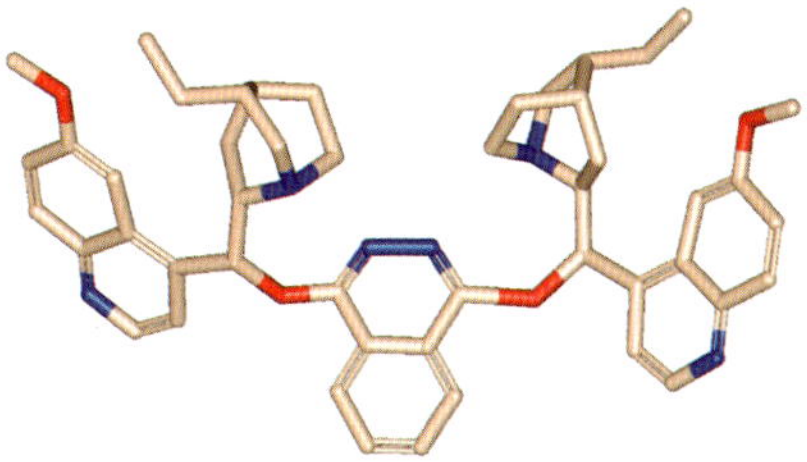

DHQ(PHAL)₂（2001年）

K・B・シャープレス

氏の開発した数々の酸化反応は、複雑な化合物の合成を飛躍的に容易なものに変えてしまった

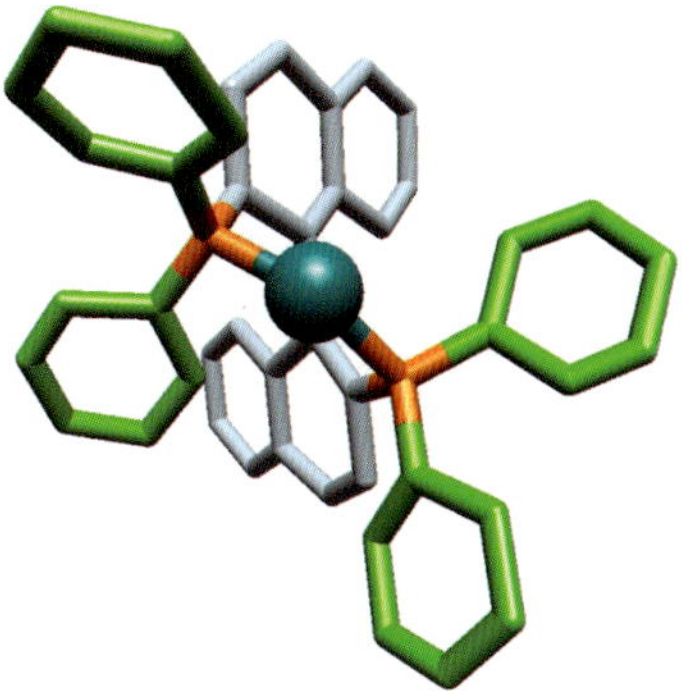

BINAP（2001年）

野依良治

「究極の機能美」ともいうべき不斉触媒基礎研究から工業応用までを一気につないだ（→68ページ）

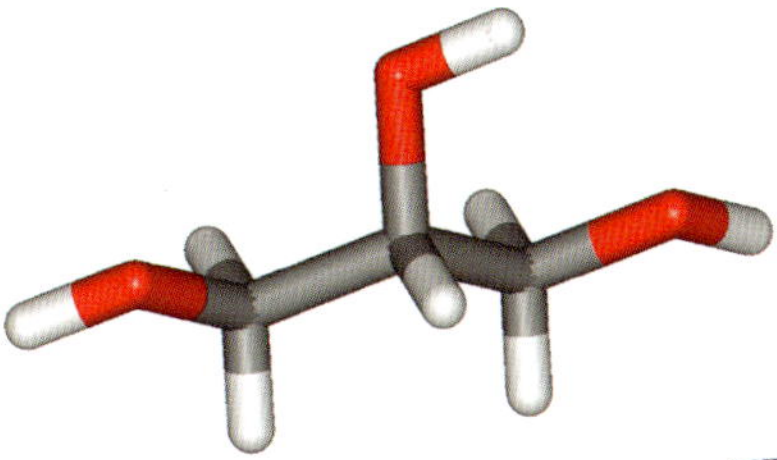

グリセリン（2002年）

田中耕一

コバルトとグリセリンを混ぜてしまうという偶然の失敗から生まれた新しい質量分析法は、タンパク質解析の新しい大きな武器として、生化学の分野を力強く支えている

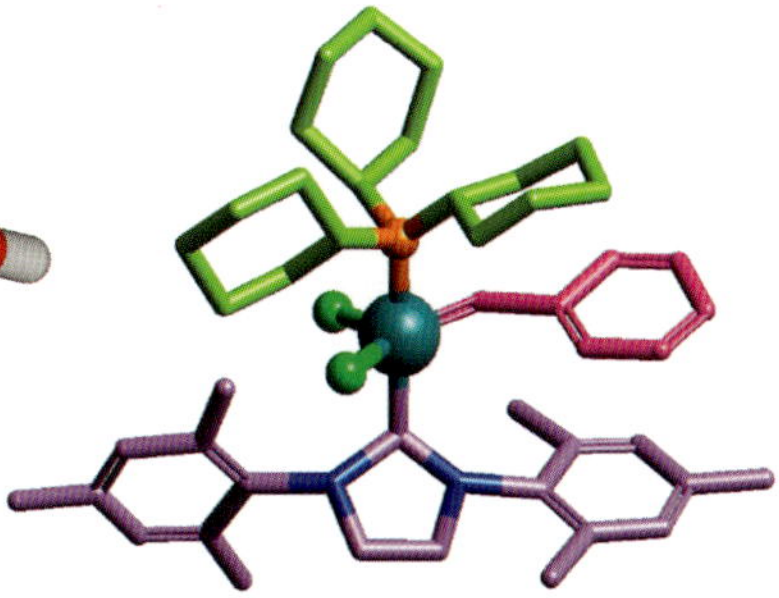

メタセシス触媒（2005年）

R・H・グラブス

「使えない反応」と思われていたメタセシス（二重結合組み換え反応）は、一化学者の執念によって、有機合成の考え方を変えてしまうほどの革新的手段へと進化を遂げた

有機化学ギネスブック

数千万種の有機化合物には、さまざまな驚くべき性質を秘めたものが存在する。

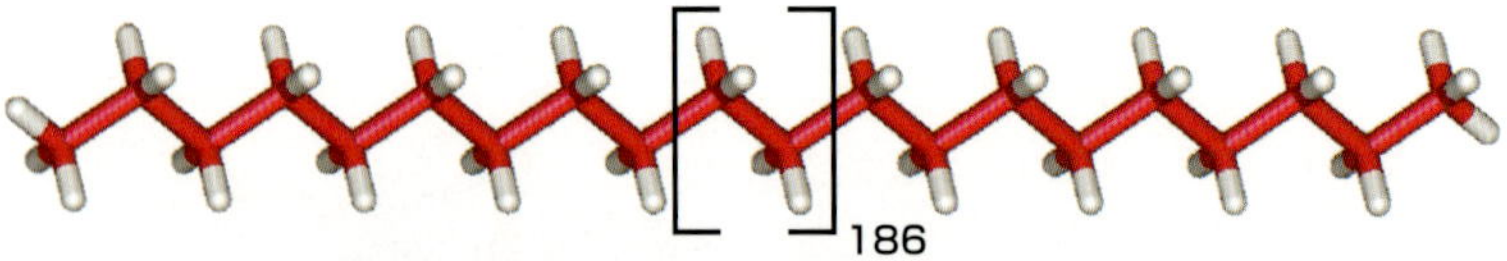

最長の直鎖アルカン　$H_3C\text{-}(CH_2)_{388}\text{-}CH_3$

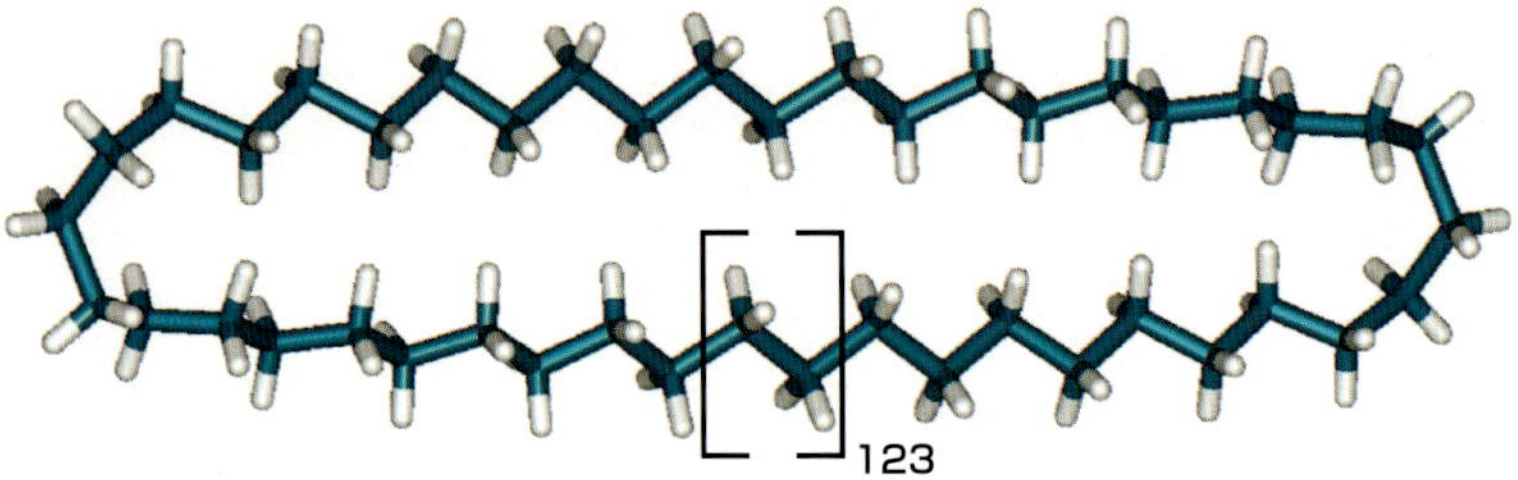

最大のシクロアルカン　$C_{288}H_{576}$

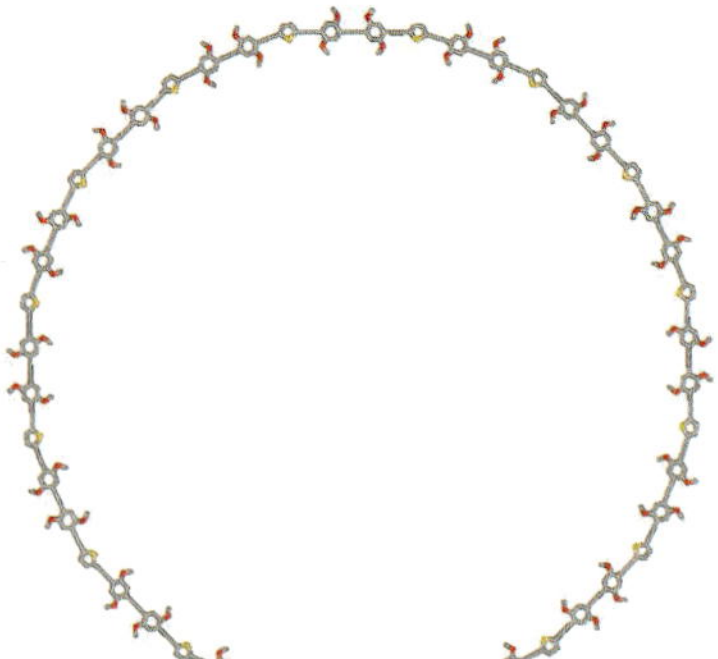

最大のシクロファン（272員環）
（→122ページ）

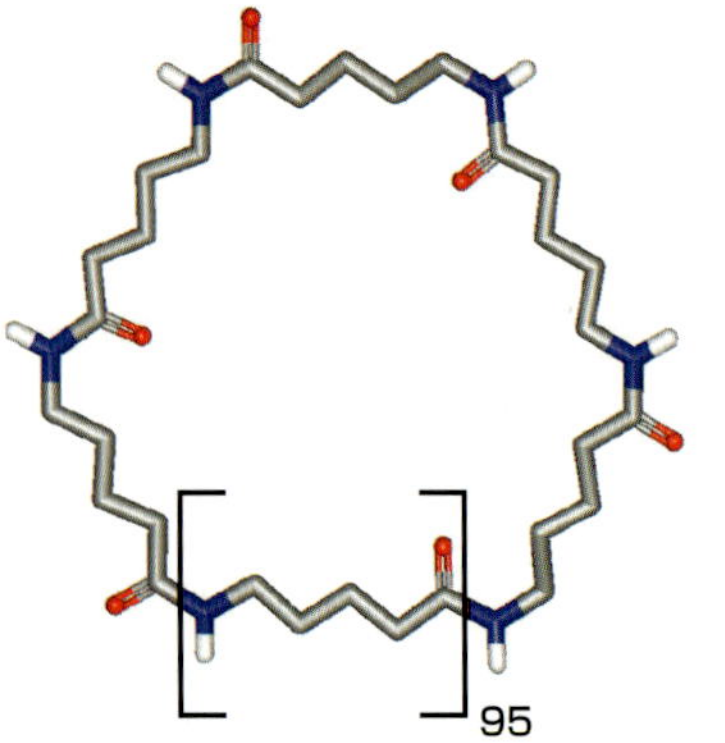

最大の人工環状分子（700員環）

※単独種類の分子として得られたものだけを対象としている

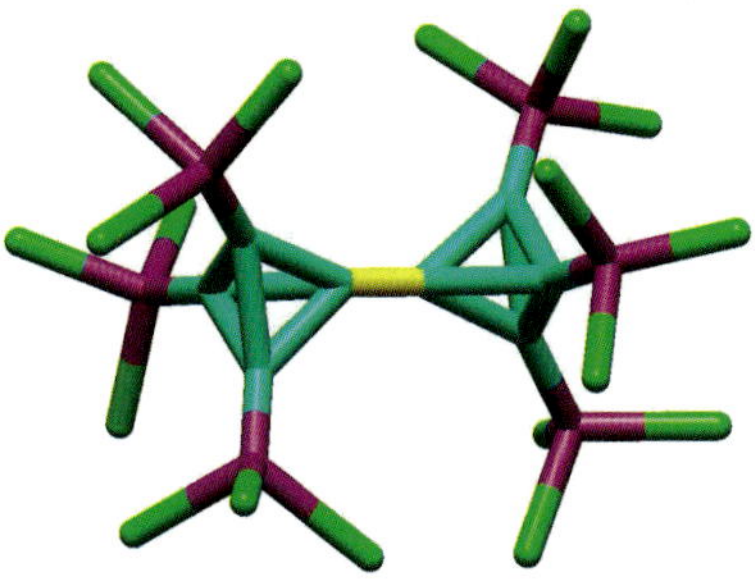

最短の炭素-炭素結合
黄色で示した結合が0.1436nm。
通常は0.154nm程度
(→33ページ　)

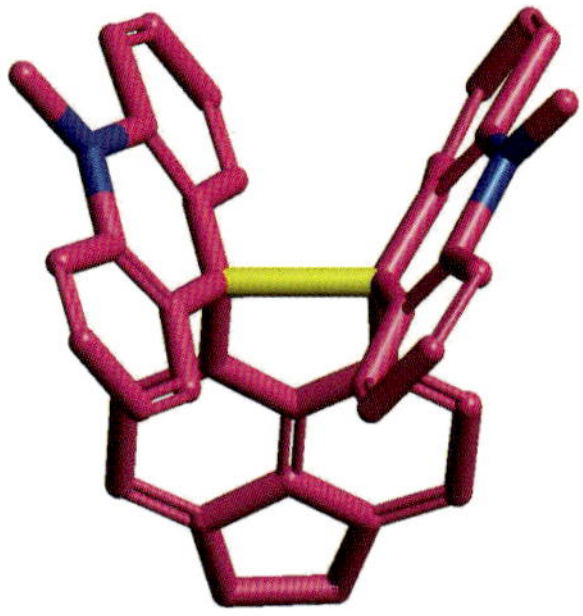

最長の炭素-炭素結合
黄色で示した結合、0.177nm

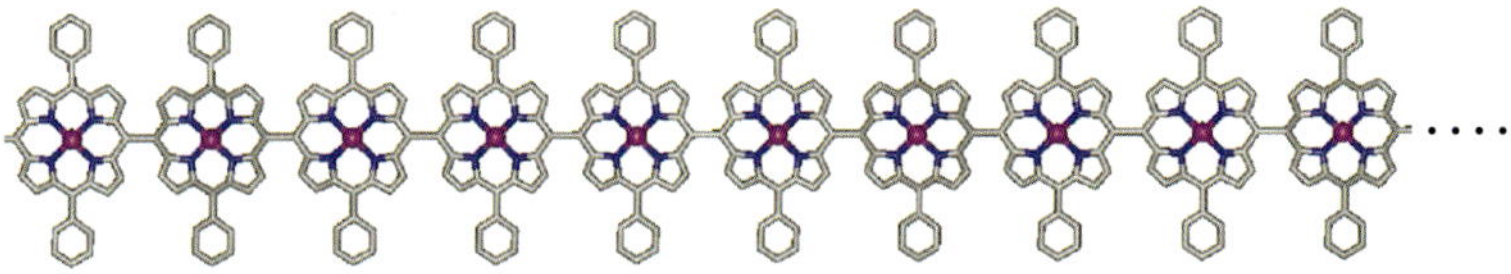

最長の単一分子
ポルフィリンが1024個連結したもの

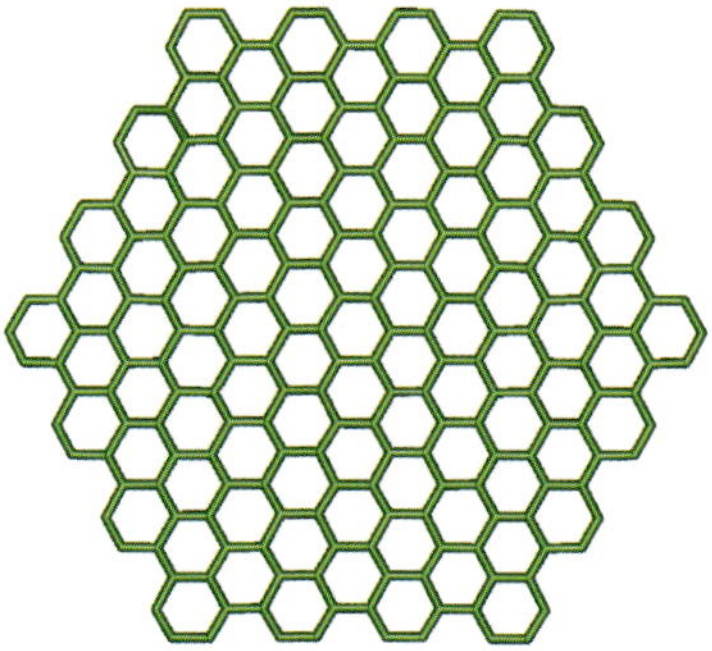

最大の縮環系　91環系
(→43ページ)

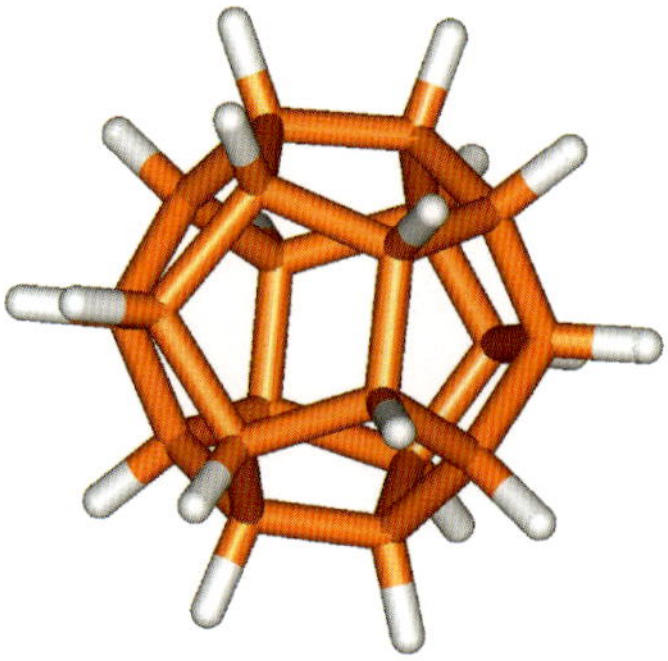

最も融点の高い飽和炭化水素
ドデカヘドラン
(450℃以上)

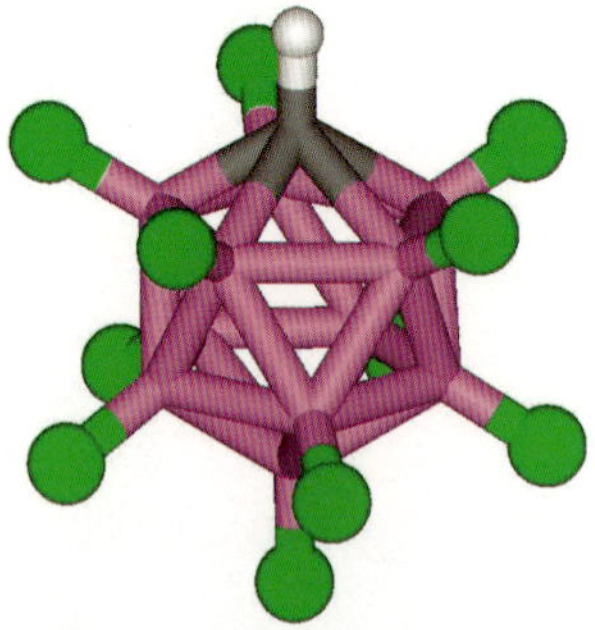

単独分子として最強の酸
カルボラン酸
硫酸の100万倍以上（→126ページ）

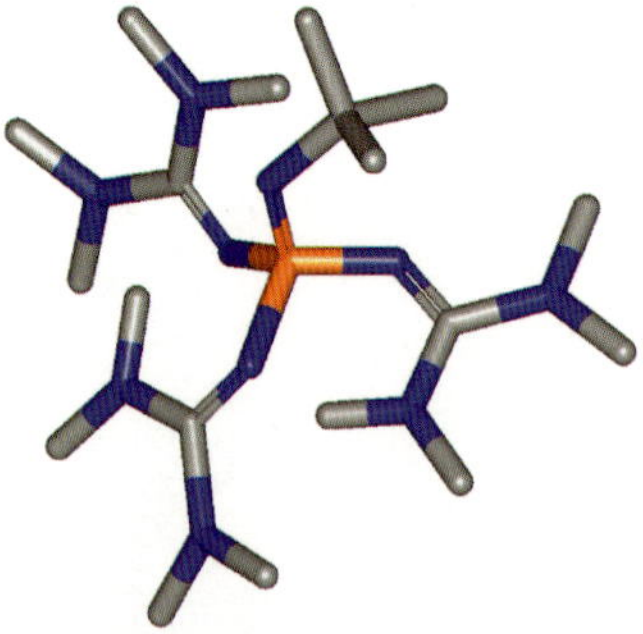

最強の有機塩基
グアニジノホスファゼン
水酸化ナトリウムの約10兆倍

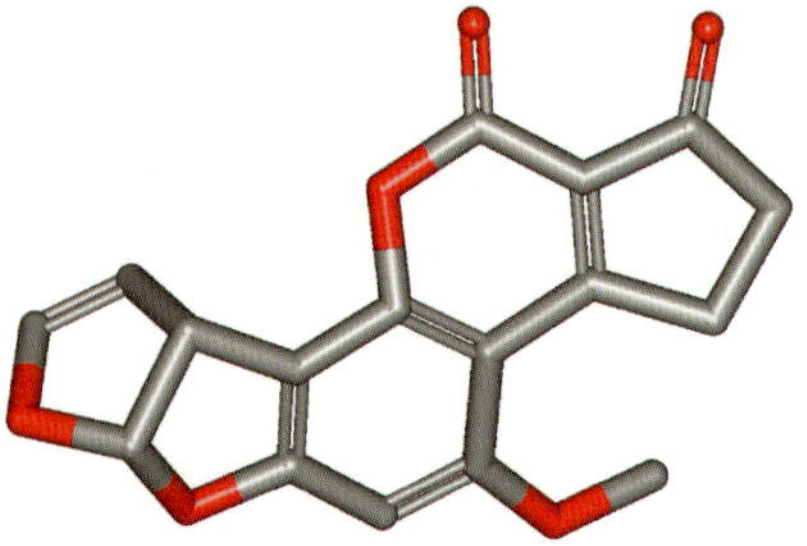

最強の発ガン物質
アフラトキシンB1
ピーナッツにつくカビが作る猛毒

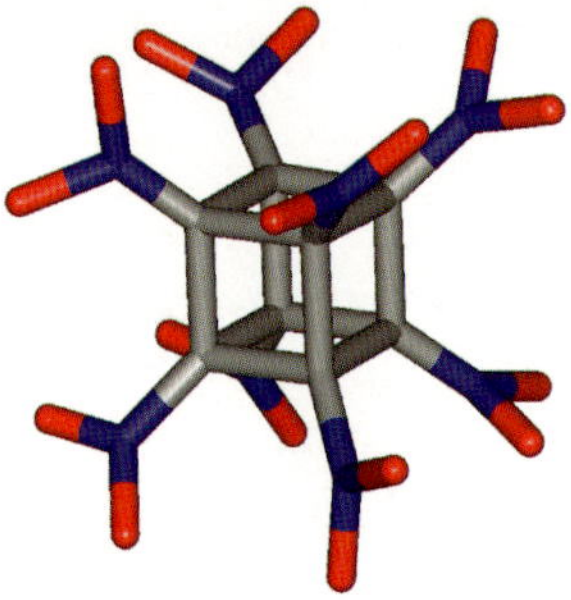

理論上最強の爆薬
オクタニトロキュバン

最強の抗ガン剤
カリチェミシン$\gamma^{I}{}_{1}$
臨床によく用いられる抗ガン剤・
アドリアマイシンの5000倍以上強力

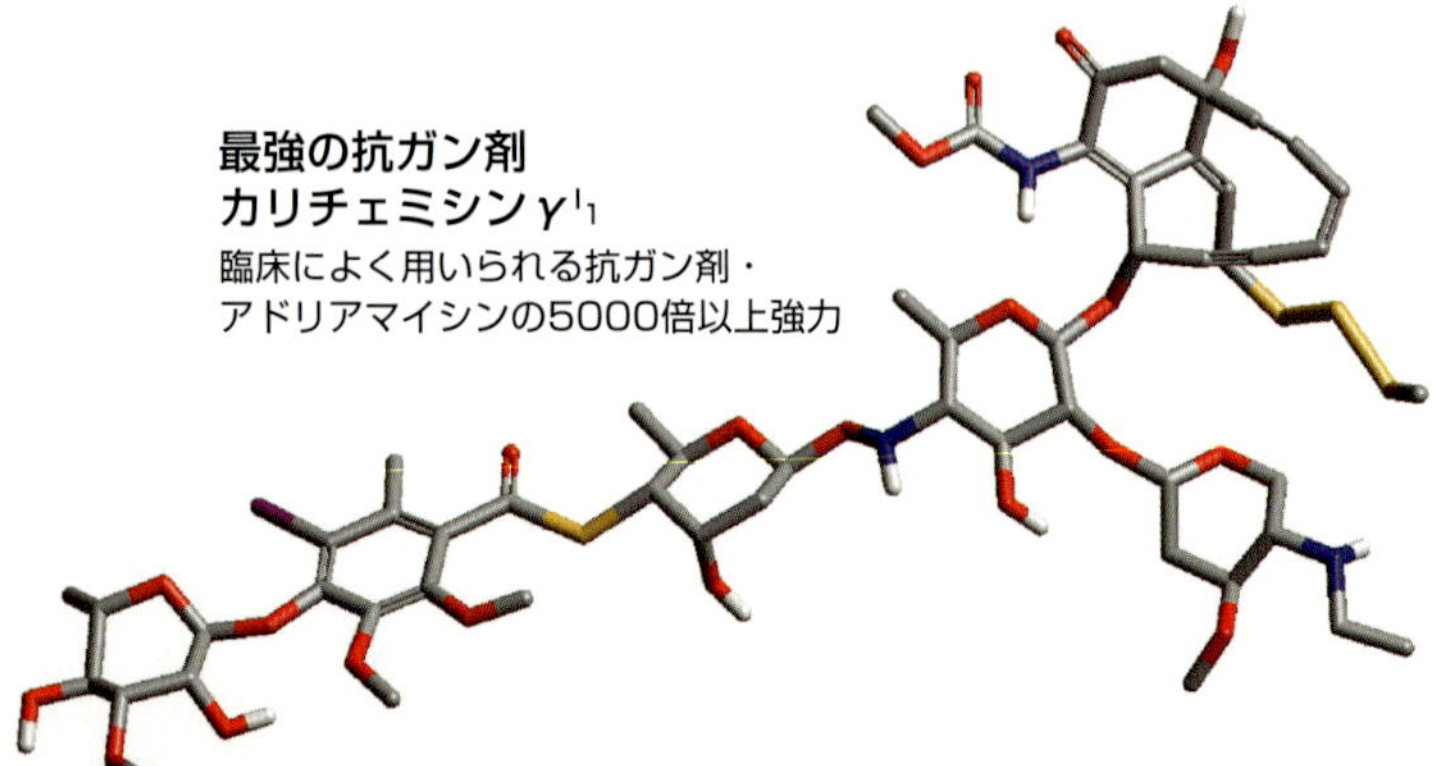

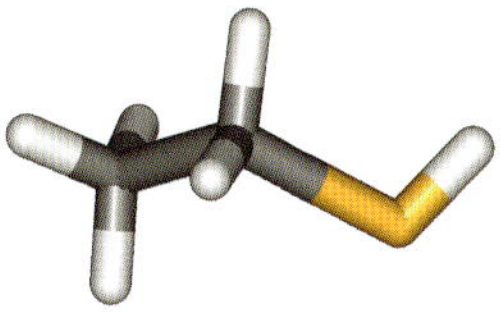

この世で一番臭い化合物
エタンチオール
(→101ページ)

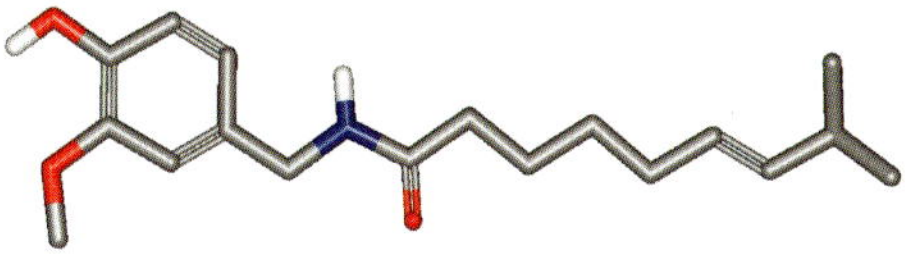

最も辛い化合物
カプサイシン
1600万分の1の濃度で辛味を感じる

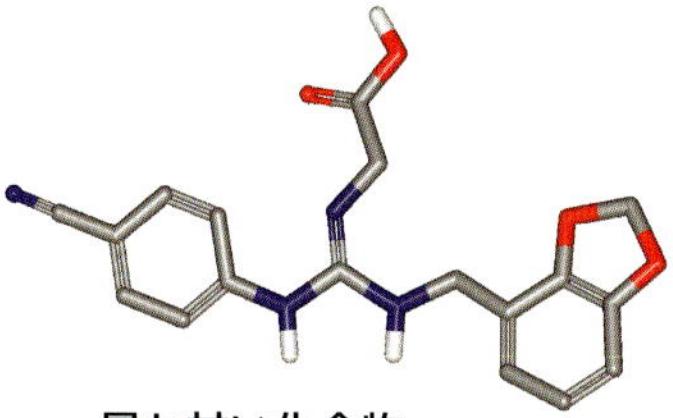

最も甘い化合物
ラグドゥネーム
砂糖の22万～30万倍甘い

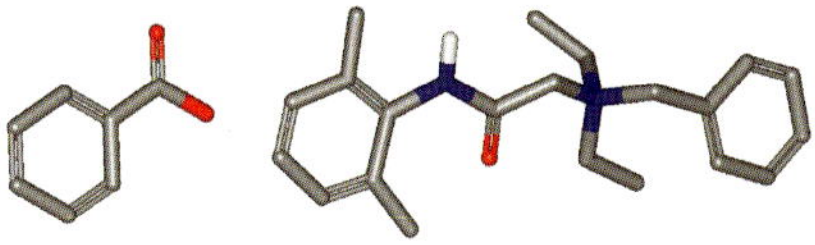

最も苦い化合物
安息香酸デナトニウム
1億分の1の濃度で苦味を感じる

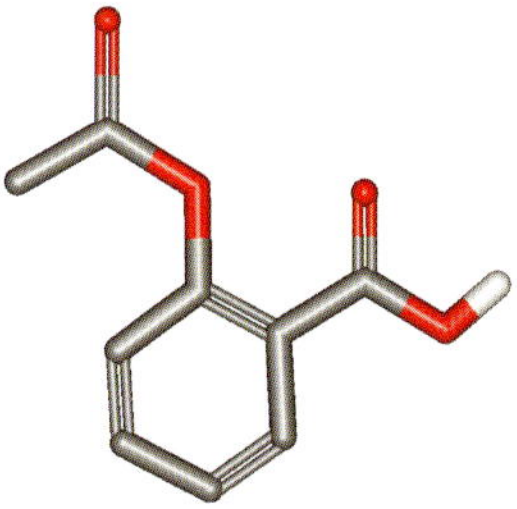

最も生産量の多い医薬
アスピリン（消炎鎮痛剤）
年間約1000億錠

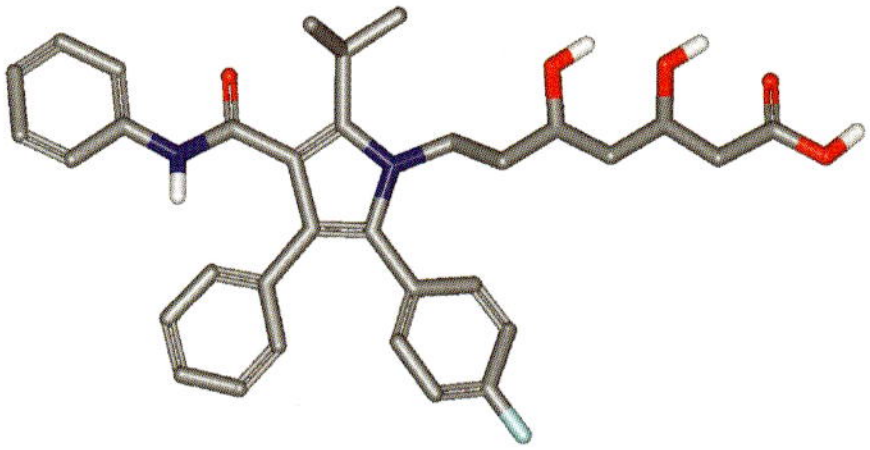

世界で売り上げの一番多い薬
リピトール（高脂血症治療薬）
年間約1兆3千億円

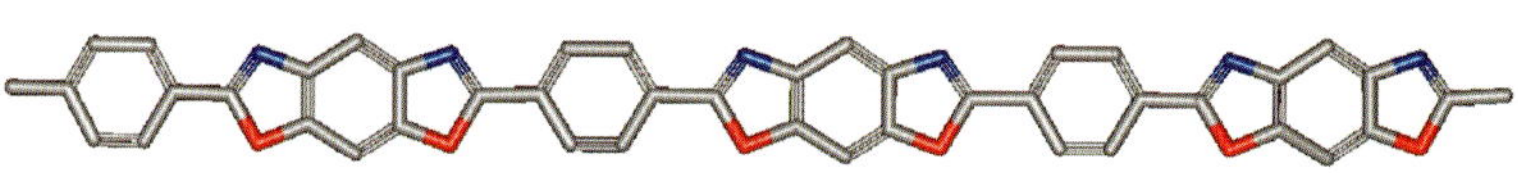

最強の繊維・ザイロン
引っ張り強度は鋼鉄の約10倍

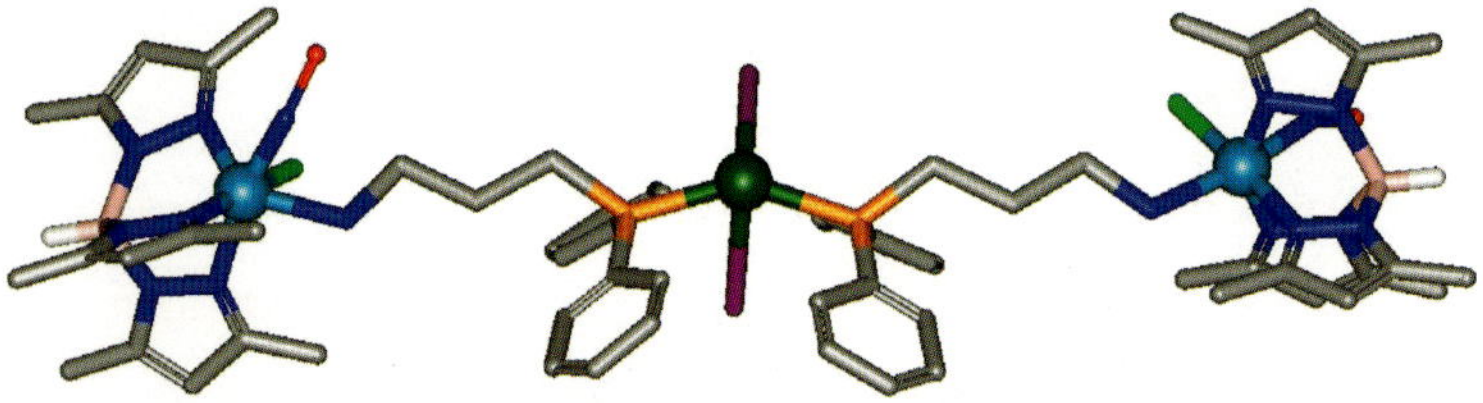

最も多くの元素（10種）から成る分子
（炭素＝灰色、水素＝白、窒素＝青、酸素＝赤、ホウ素＝ピンク、リン＝橙色、塩素＝黄緑、カドミウム＝緑、ヨウ素＝紫、タングステン＝水色）

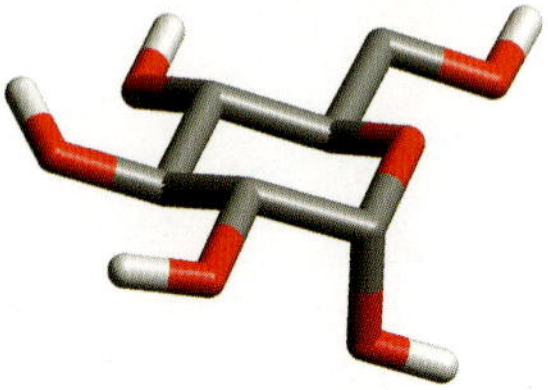

この世に一番たくさんある有機化合物　グルコース
（1兆トン以上）

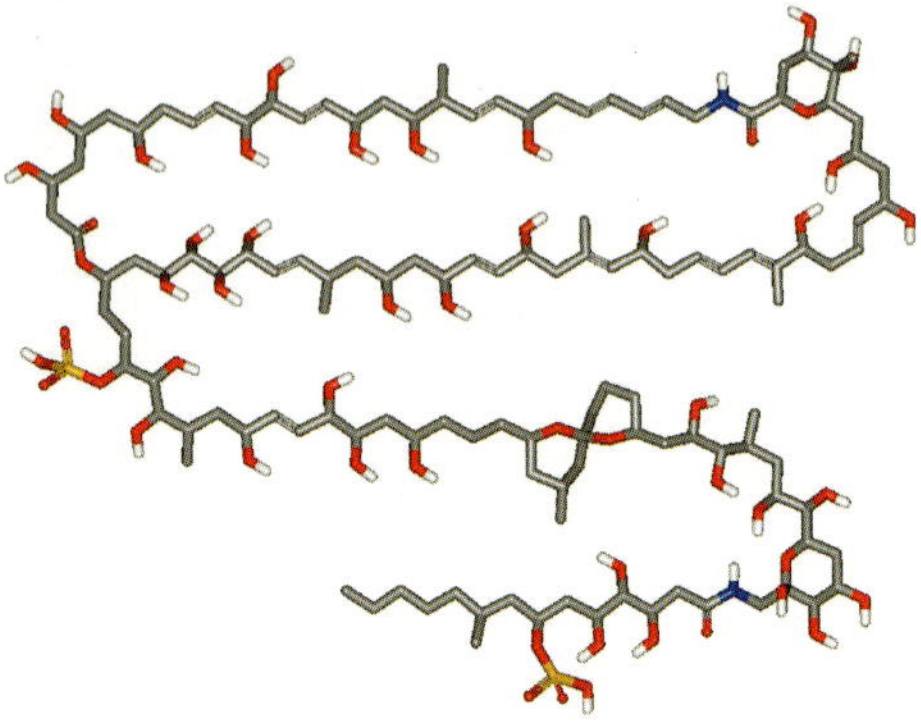

最大のマクロライド（66員環）
ズーキサンテラミドC5

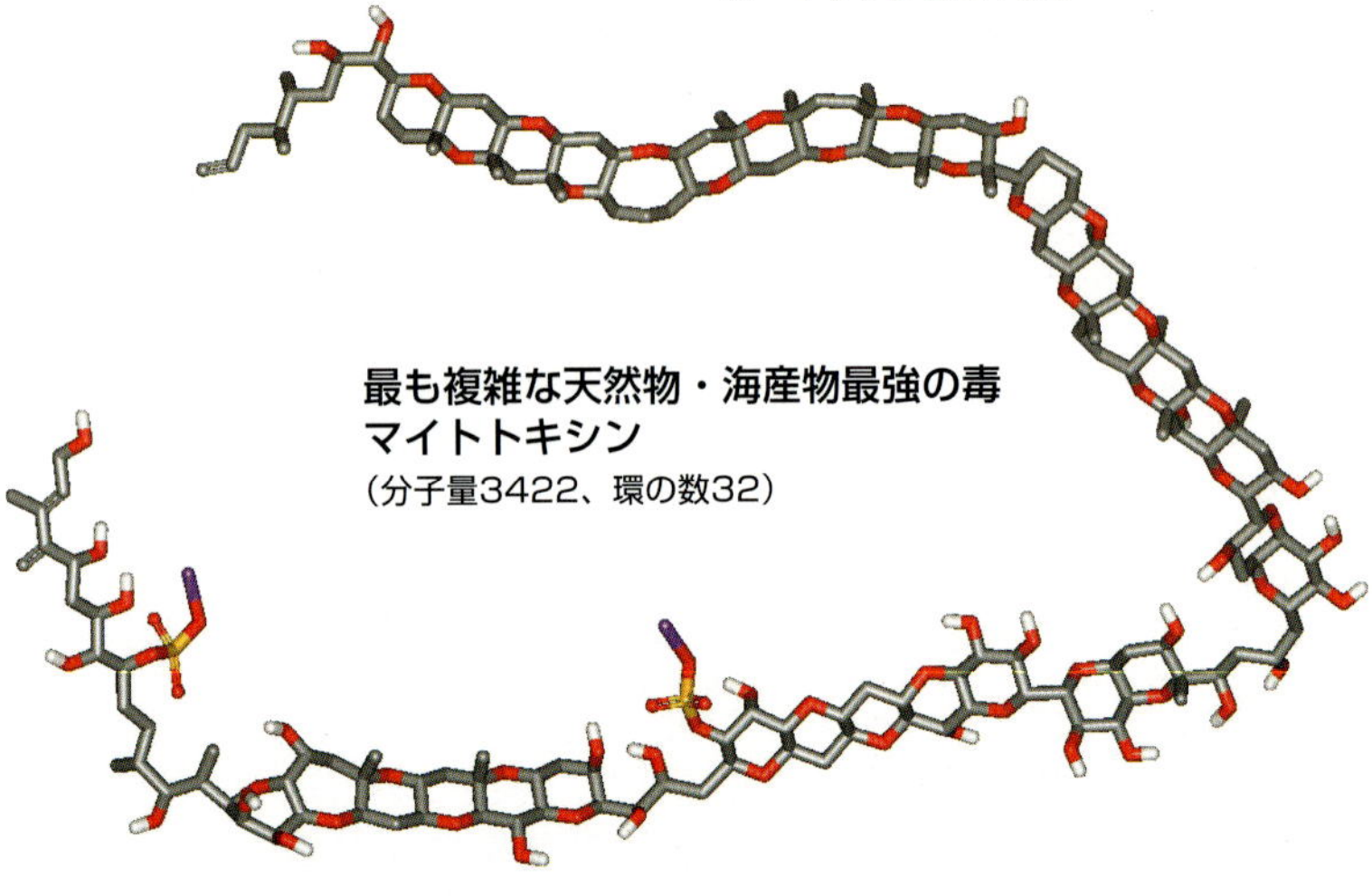

最も複雑な天然物・海産物最強の毒マイトトキシン
（分子量3422、環の数32）

ジェームズ＝ツアー教授の世界
ナノサイズの人間と車

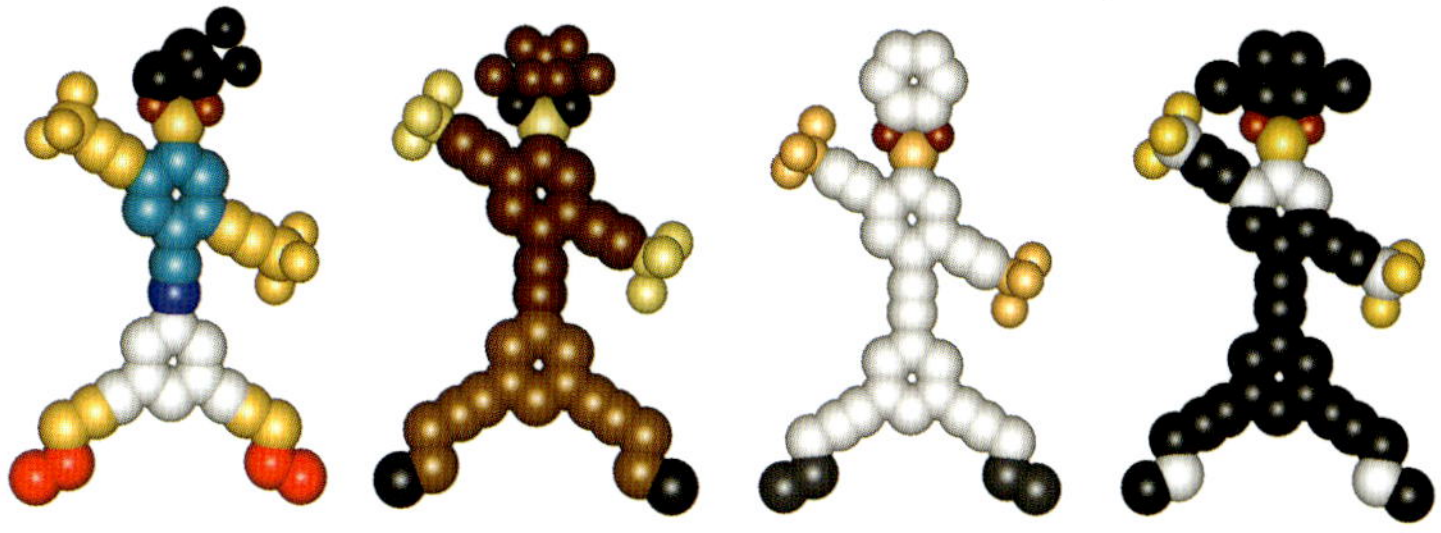

人間型分子「ナノプシャン」オールスターズ
左からナノアスリート、ナノ西部男、ナノシェフ、ナノ宣教師。（→48ページ）

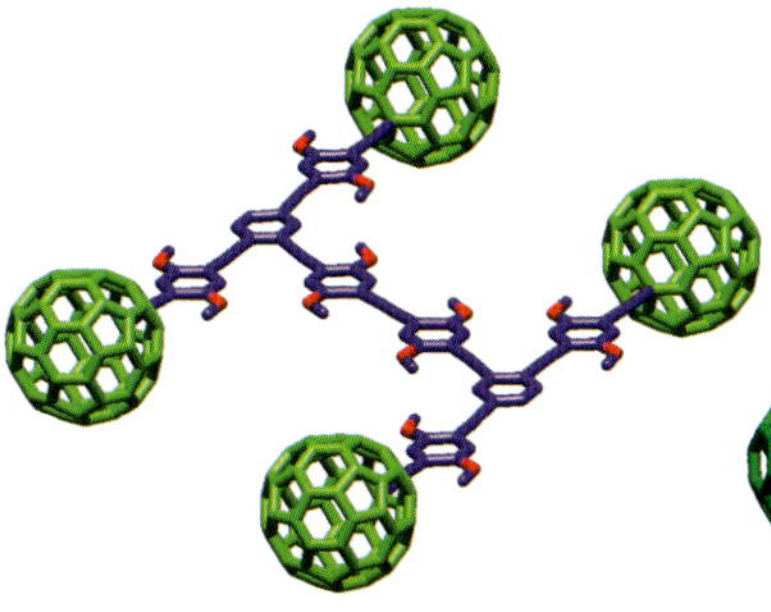

フラーレンをタイヤとして走り回る「ナノカー」
（→178ページ）

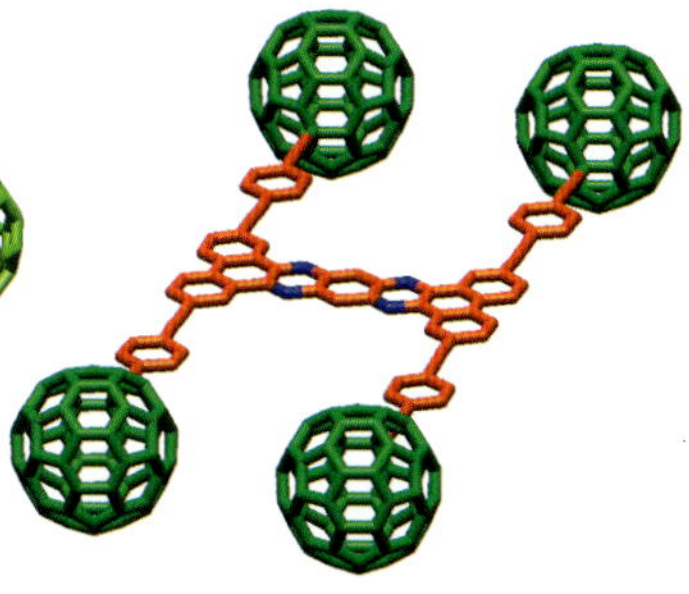

頑丈なシャシーを持つ「ナノトラック」

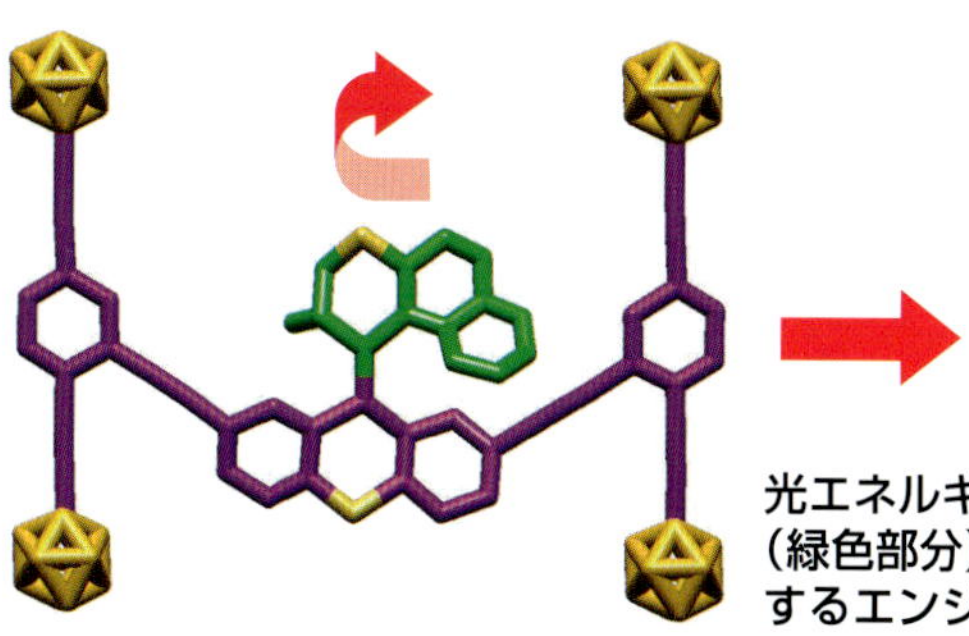

光エネルギーを受けてモーター（緑色部分）を回転させ、自走するエンジン付きナノカー

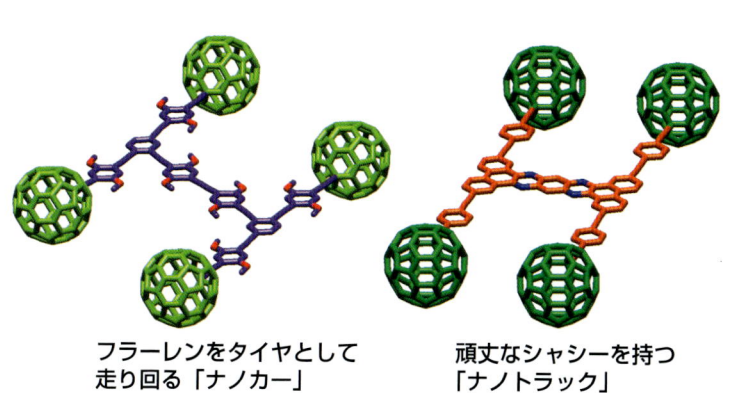

デンドリマー・分子の珊瑚礁

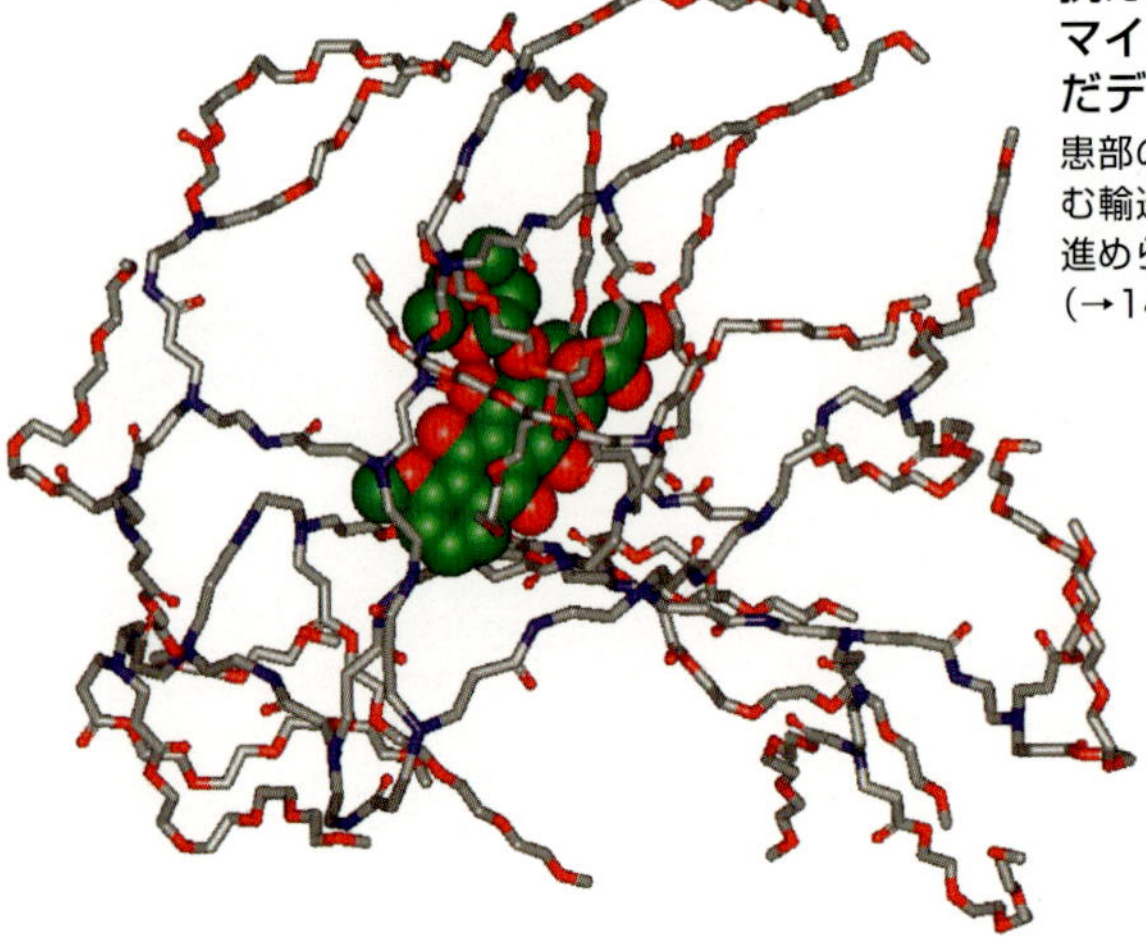

抗ガン剤・アドリアマイシンを包み込んだデンドリマー
患部のみに薬剤を送り込む輸送手段として研究が進められている
(→142ページ)

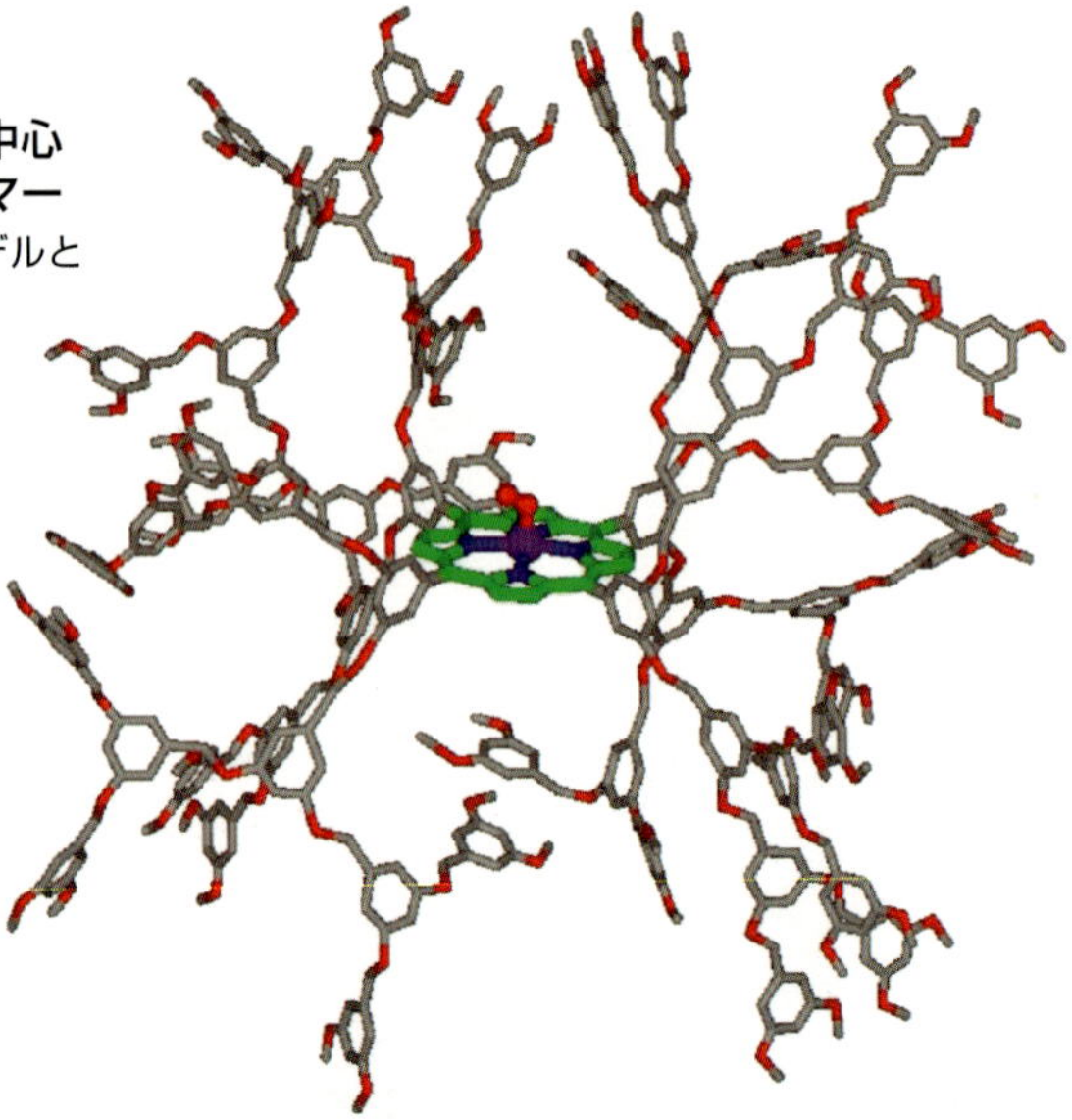

ポルフィリンを中心に持つデンドリマー
ヘモグロビンのモデルとして合成された
(→143ページ)

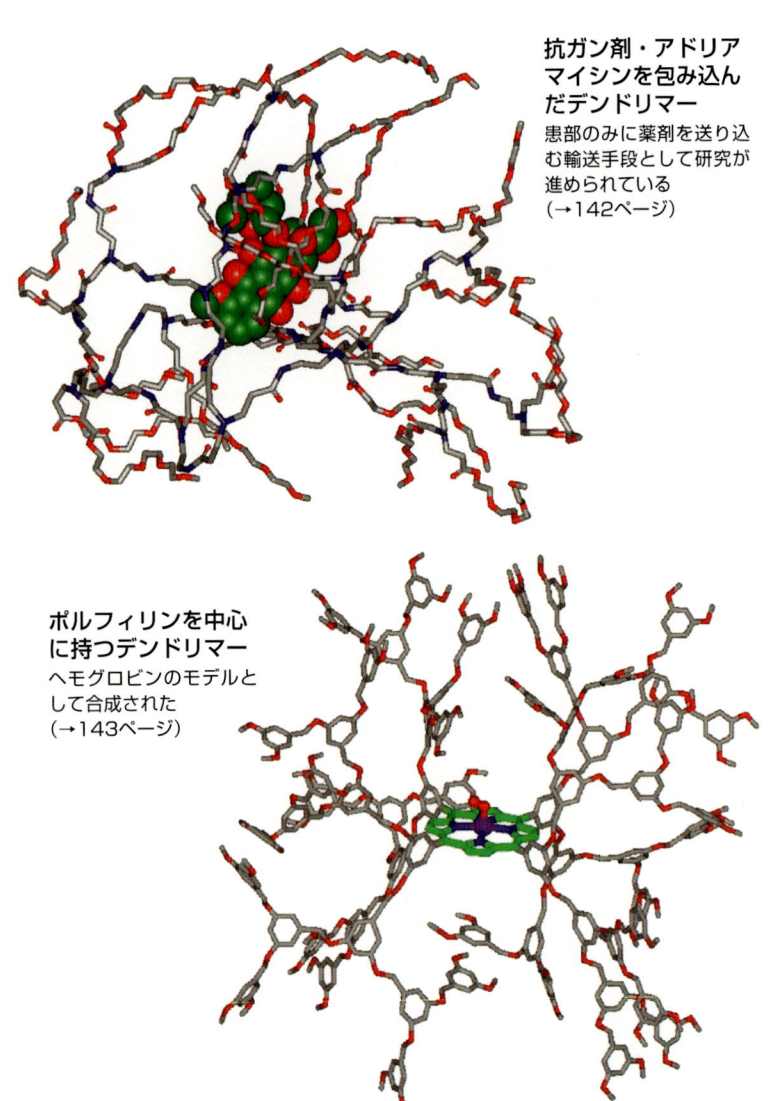

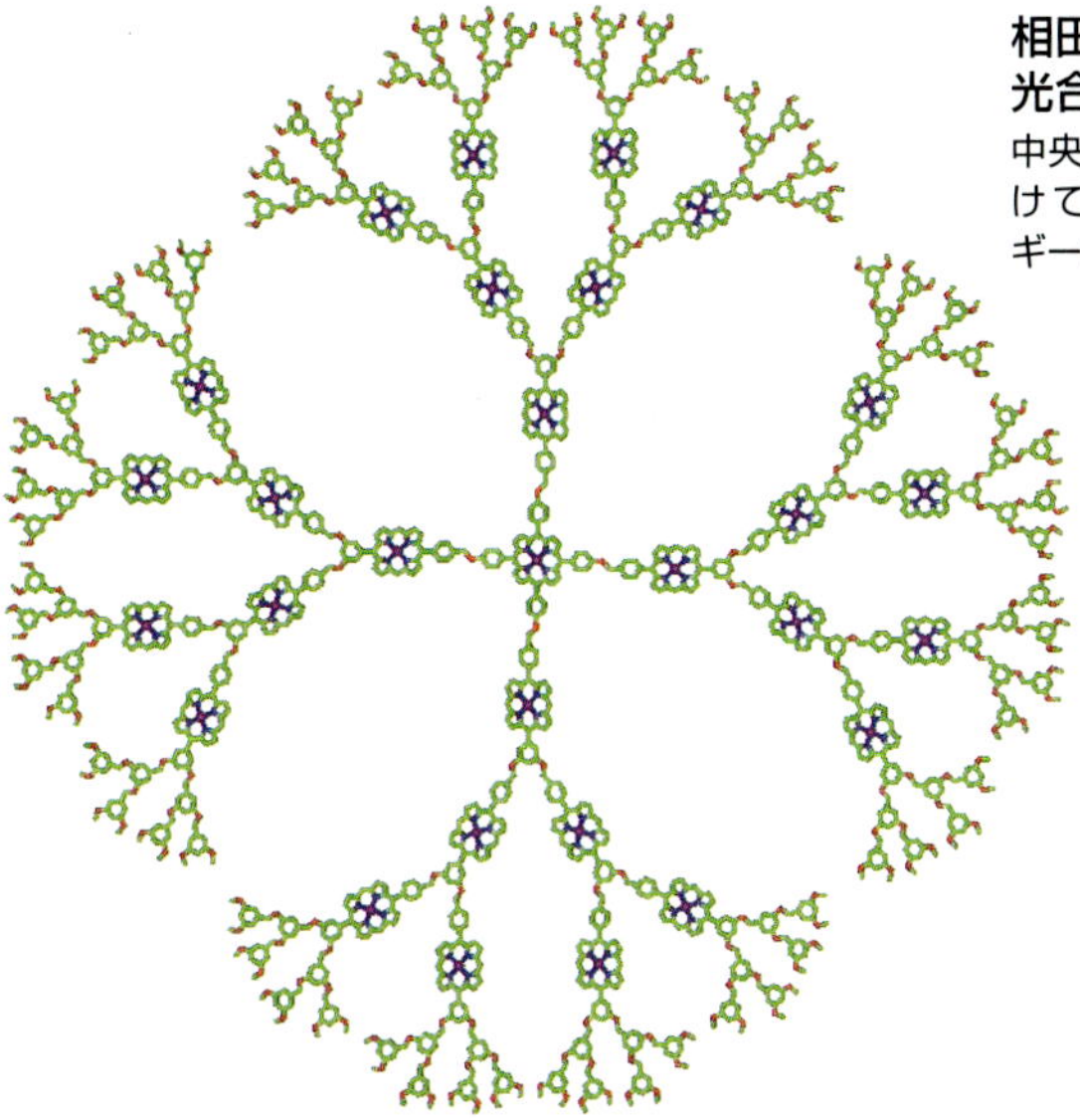

相田らによる光合成デンドリマー
中央のポルフィリンに向けて周辺から光エネルギーが集められる

触媒として作用する金属元素を多数結合させたデンドリマー

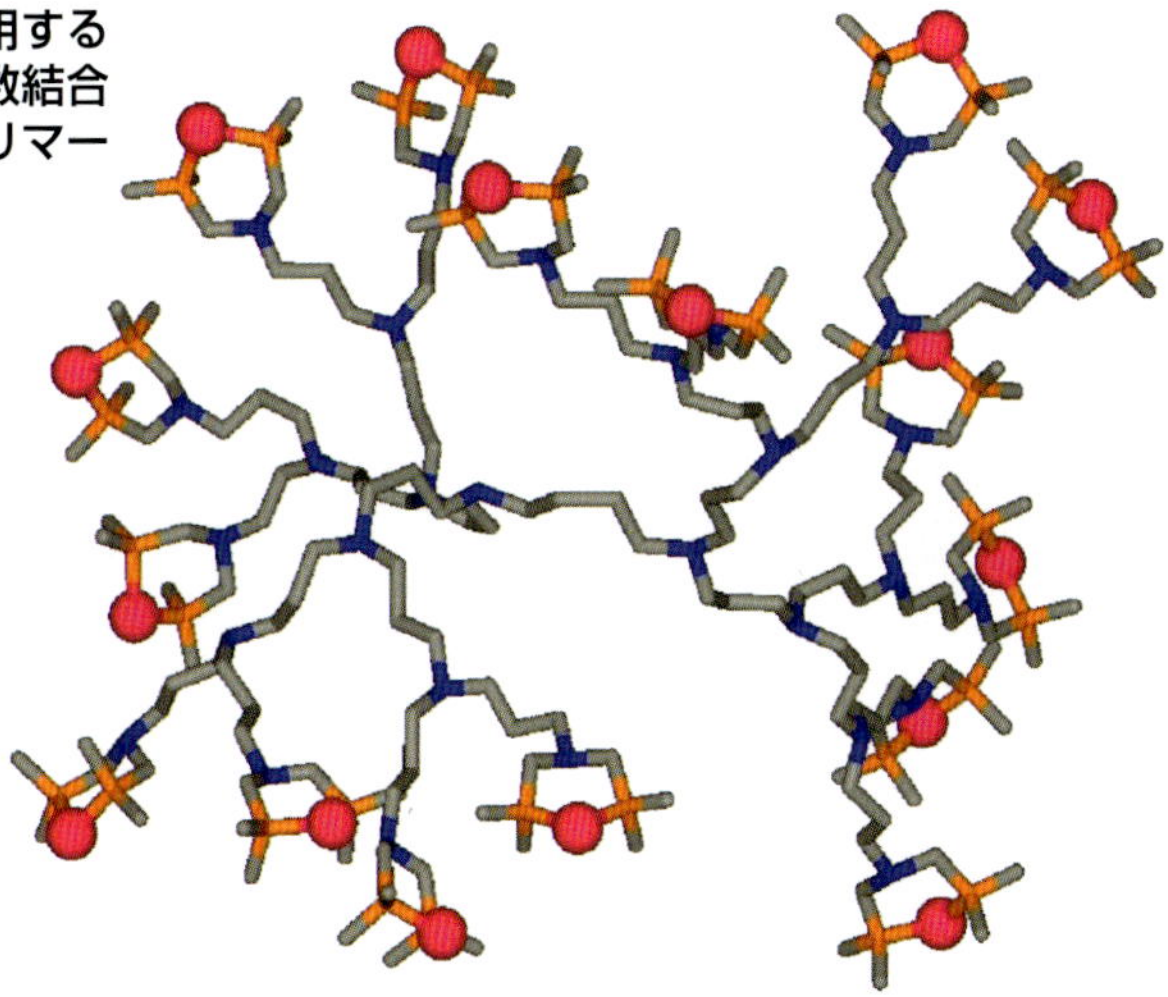

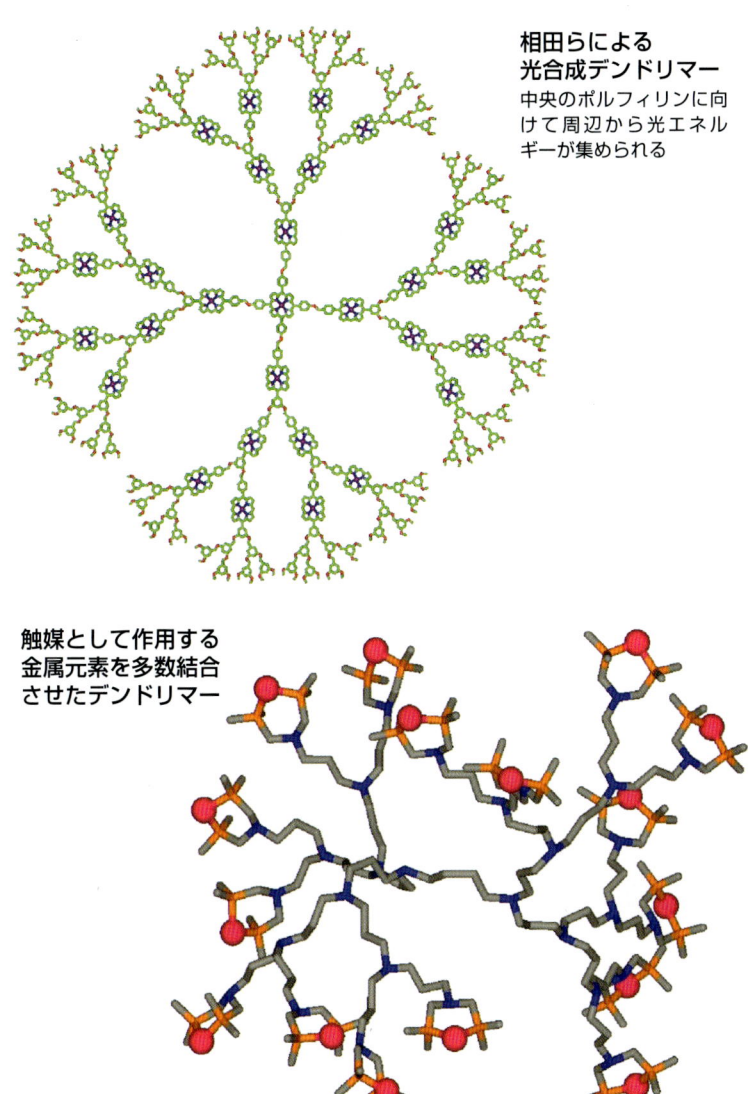

全合成された化合物

天然から得られる複雑な化合物をフラスコ内で作り出す研究は、化学者の自然への挑戦であり、常に有機化学のメインストリームの一つである。

※（　）内は合成された年

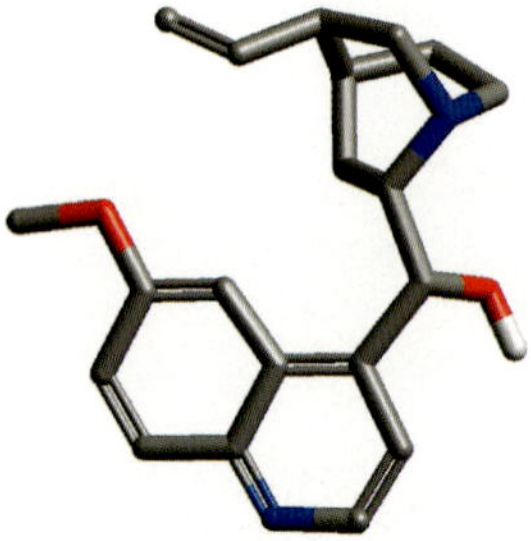

キニーネ（1944）
R・B・ウッドワード

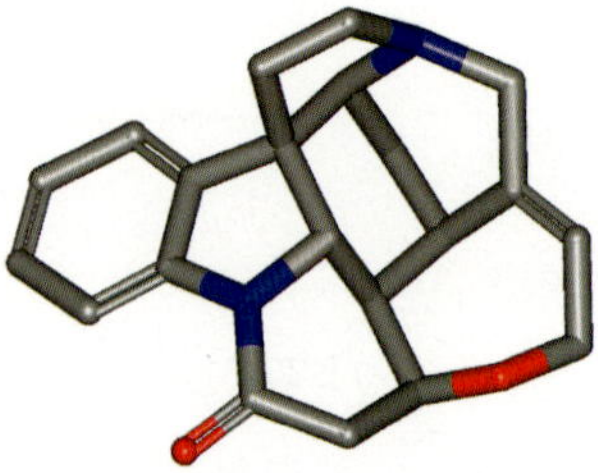

ストリキニーネ（1954）
R・B・ウッドワード

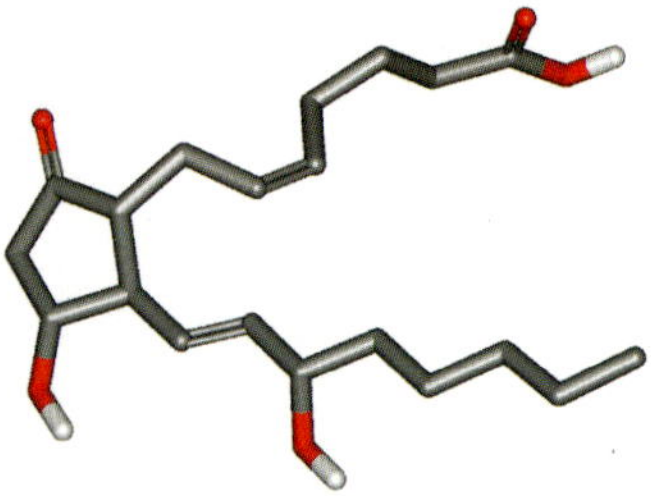

プロスタグランジンE2（1969）
E・J・コーリー

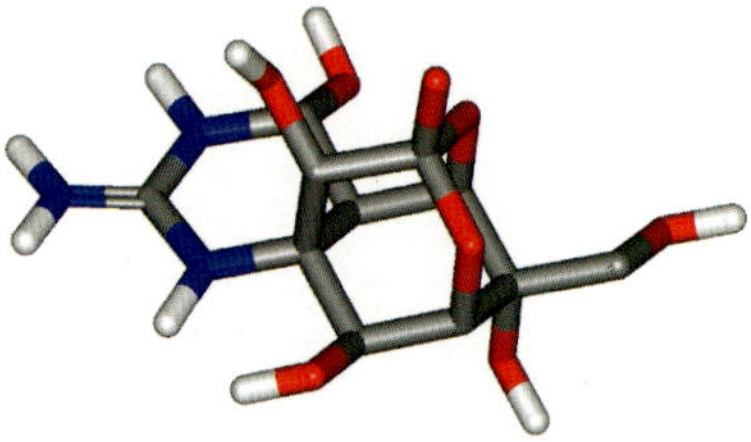

テトロドトキシン（1972）
岸義人

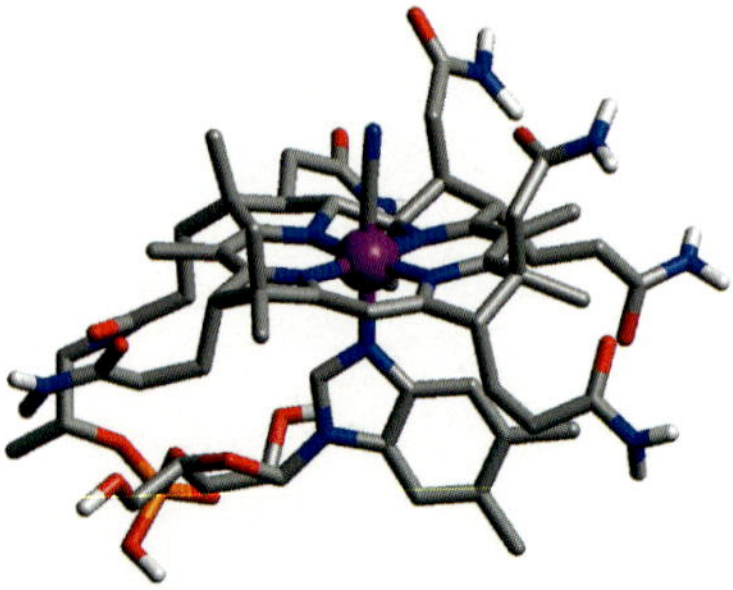

ビタミンB12（1973）
R・B・ウッドワード&A・エッシェンモーザー

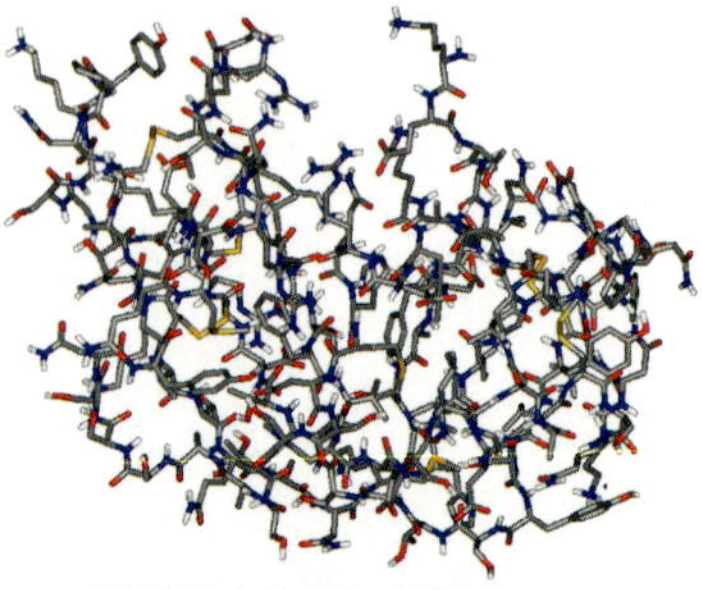

リボヌクレアーゼA（1981）
矢島治明

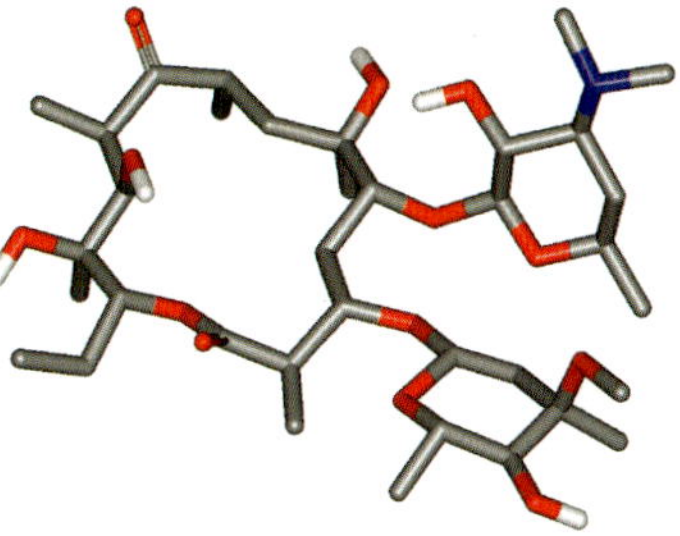

エリスロマイシン（1981）
R・B・ウッドワード

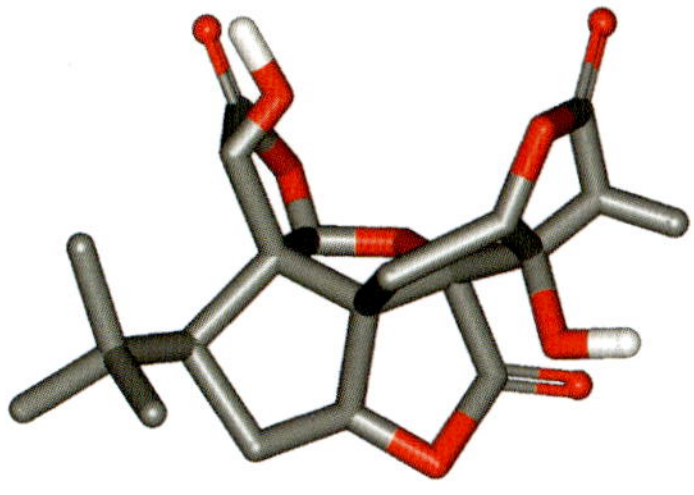

ギンコライド（1988）
E・J・コーリー

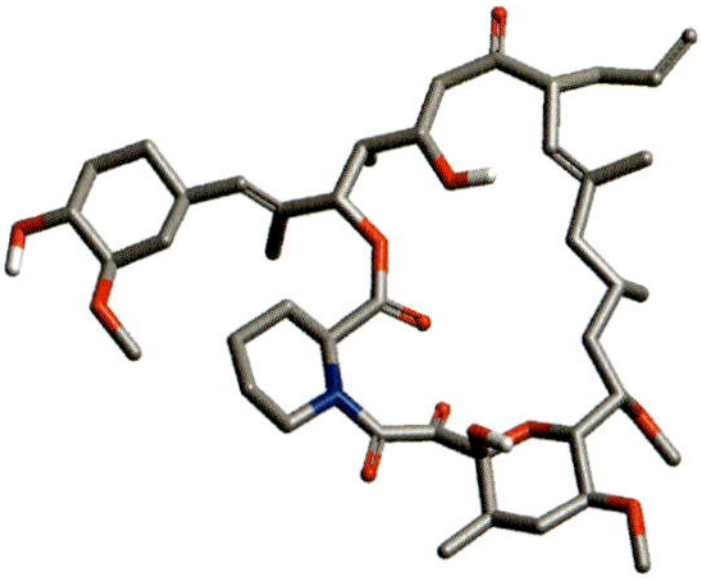

FK506（1989）
メルク社グループ

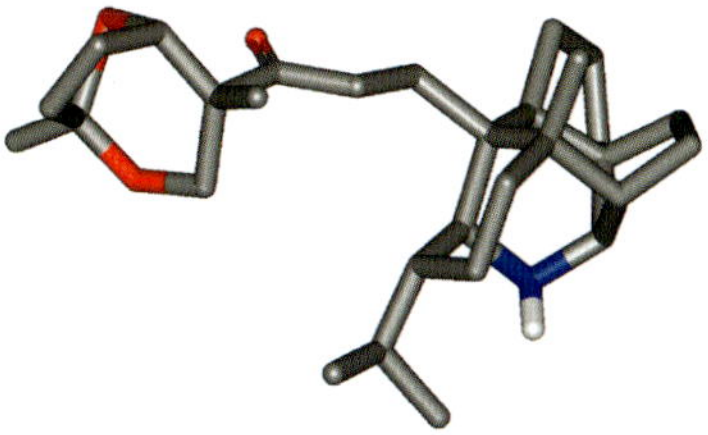

セコダフニフィリン（1992）
C・H・ヘスコック

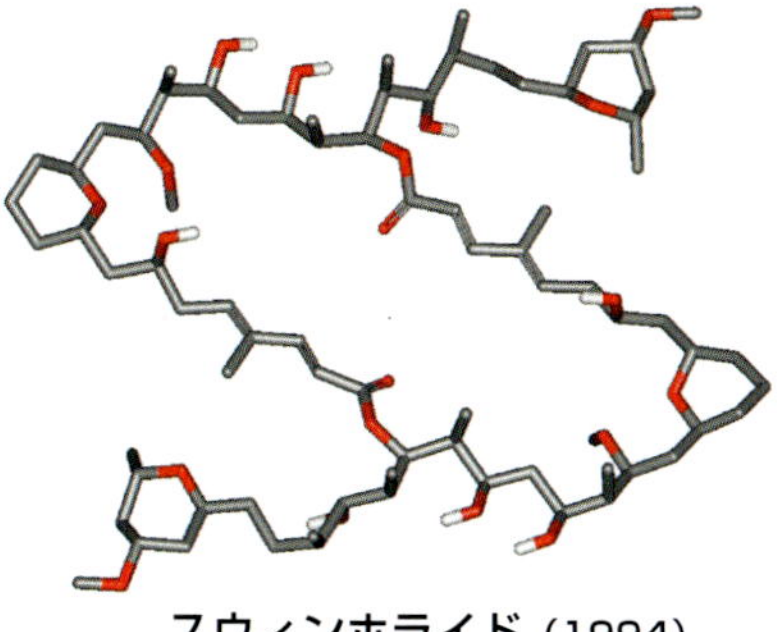

スウィンホライド（1994）
I・パターソン

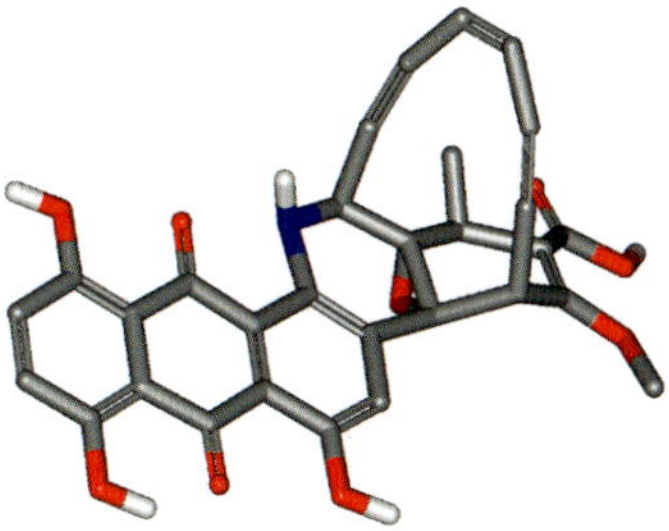

ダイネミシン（1995）
S・J・ダニシェフスキー

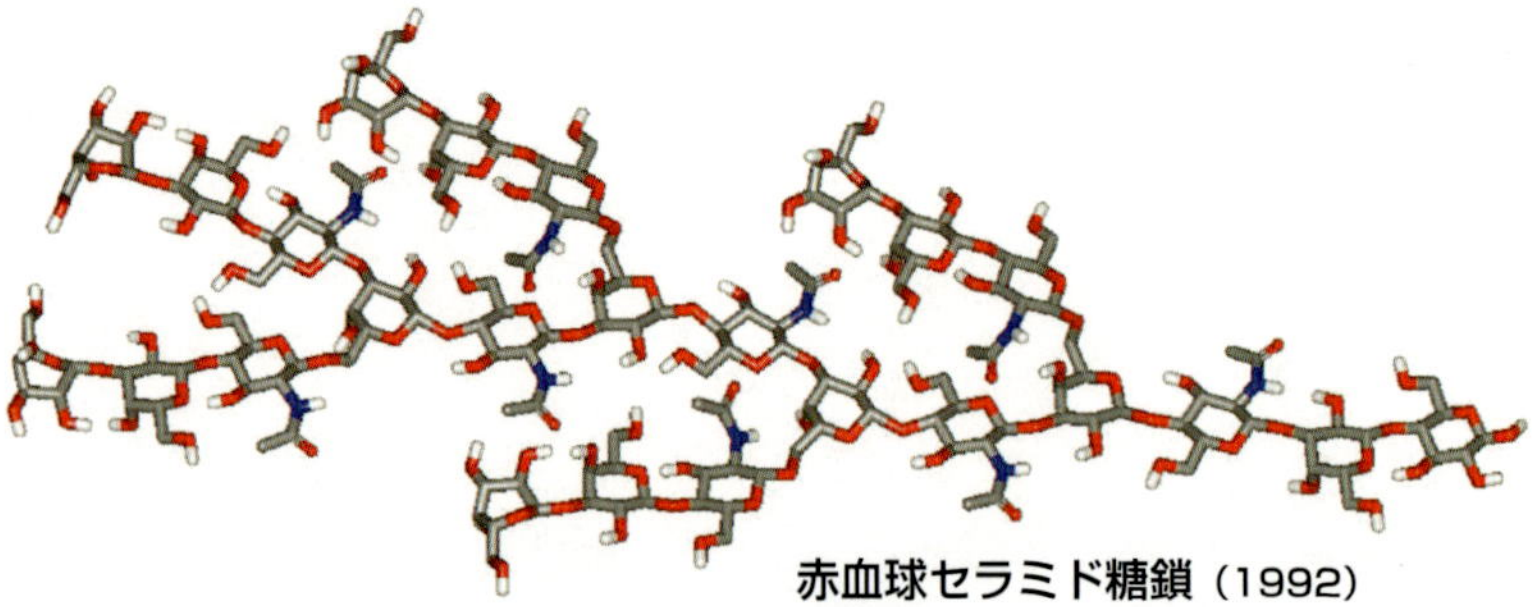

赤血球セラミド糖鎖（1992）
小川智也

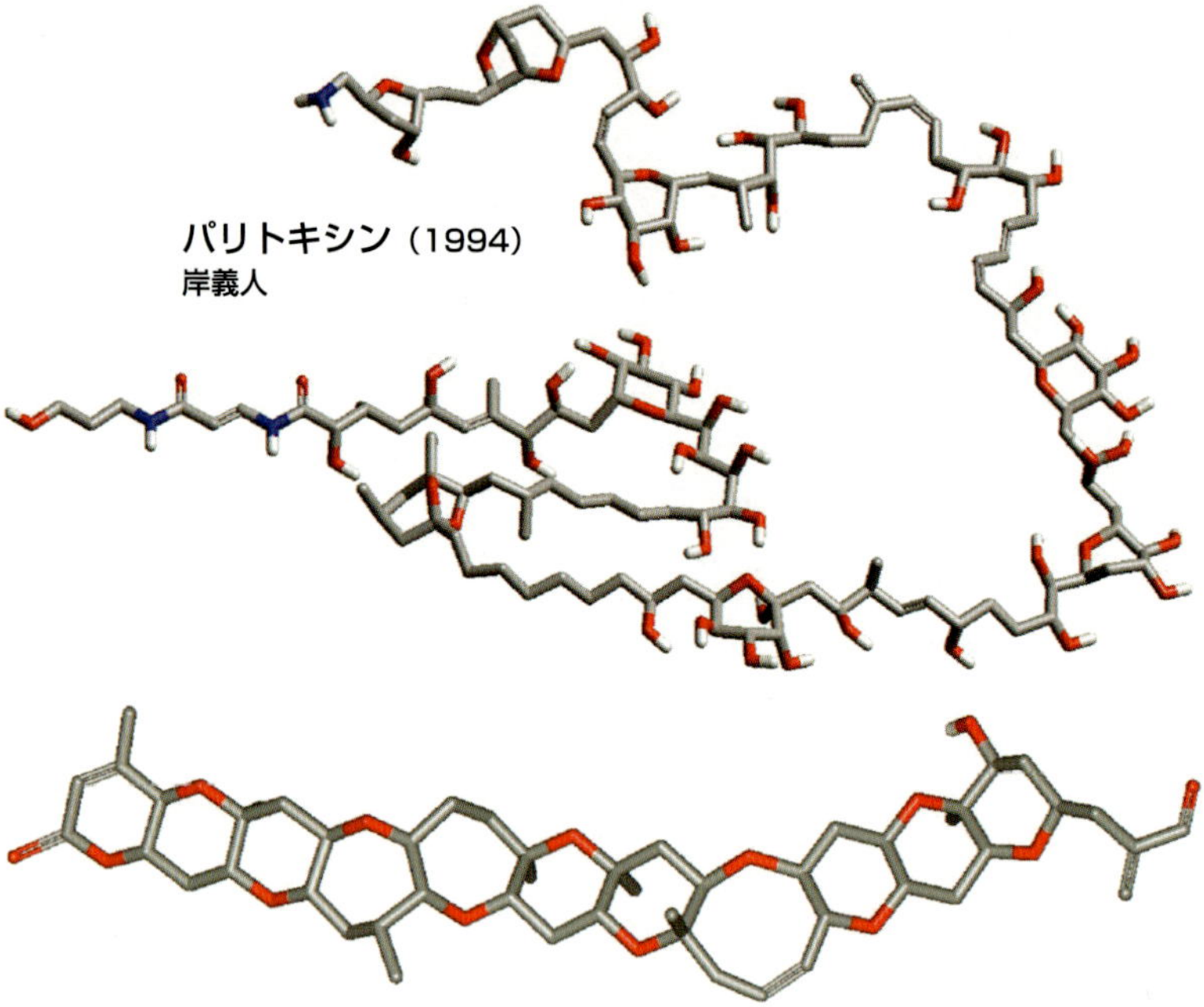

パリトキシン（1994）
岸義人

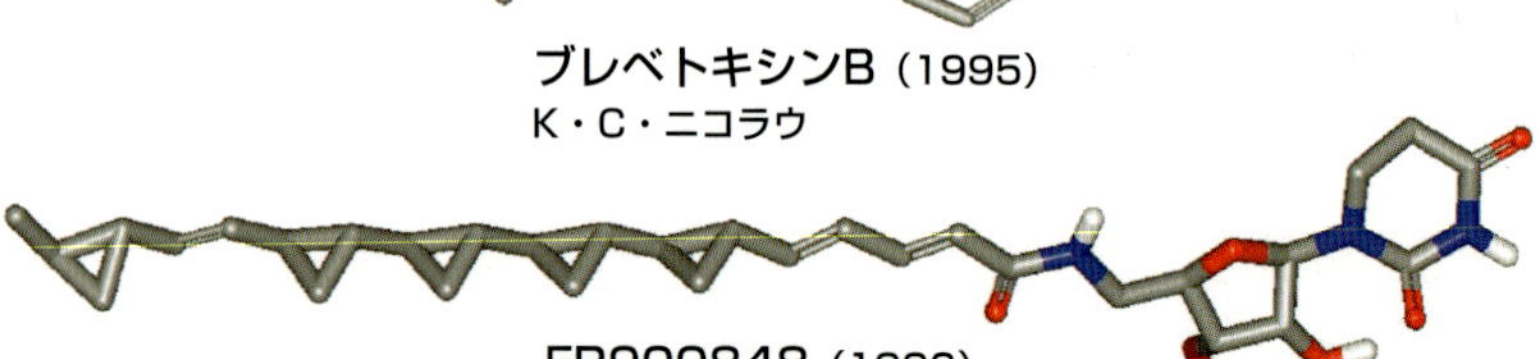

ブレベトキシンB（1995）
K・C・ニコラウ

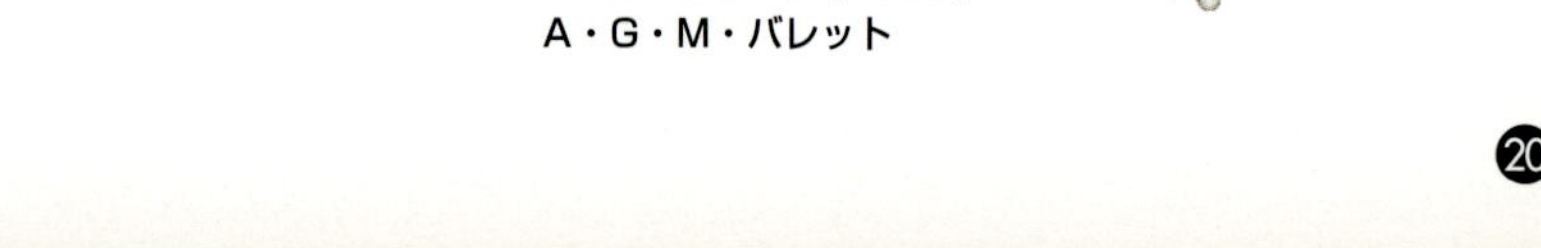

FR900848（1996）
A・G・M・バレット

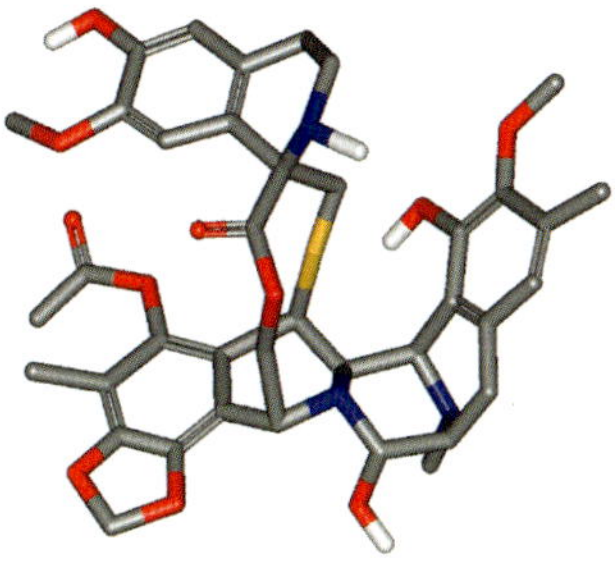

エクテナサイジン743
(1996)
E・J・コーリー

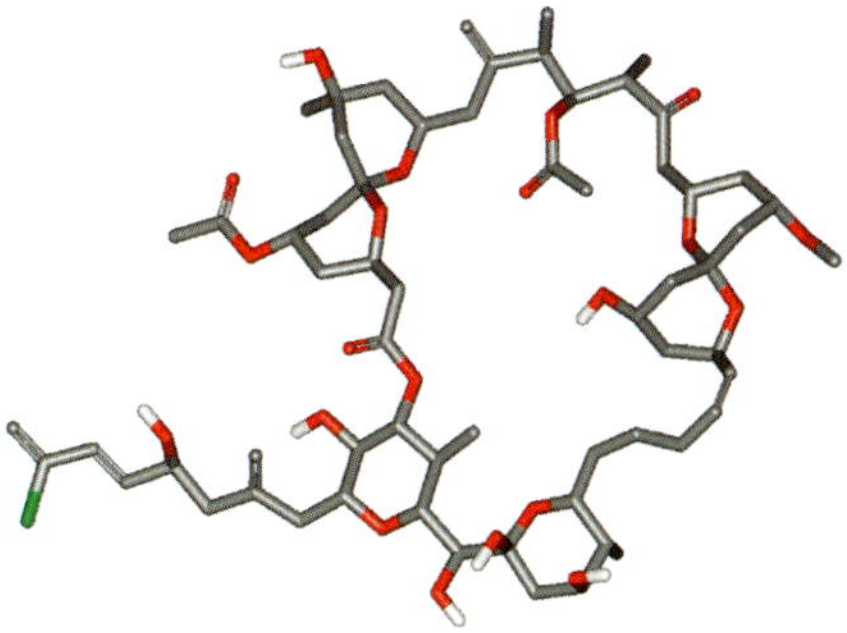

スポンジスタチン2
(1997)
D・A・エヴァンス

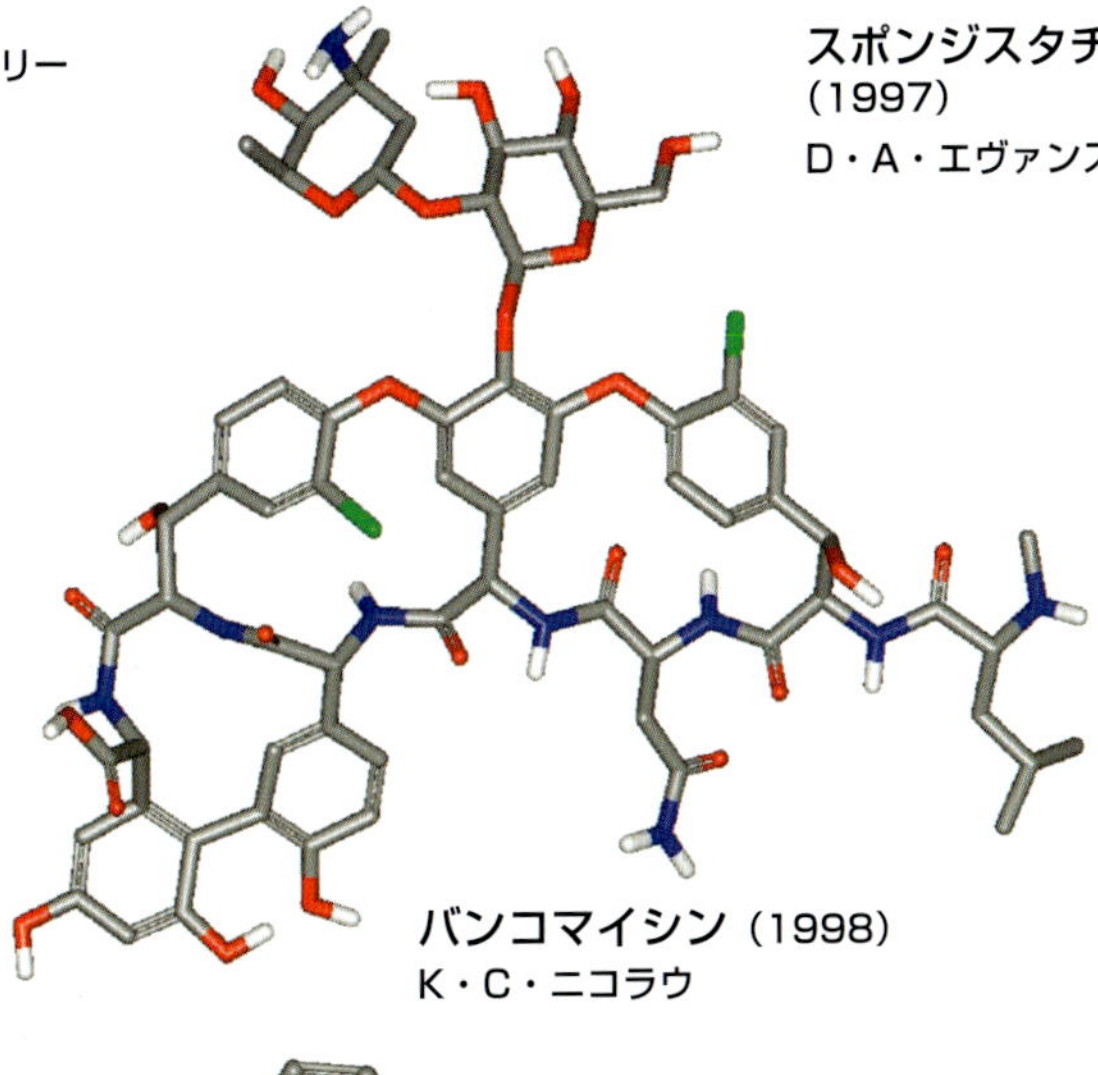

バンコマイシン (1998)
K・C・ニコラウ

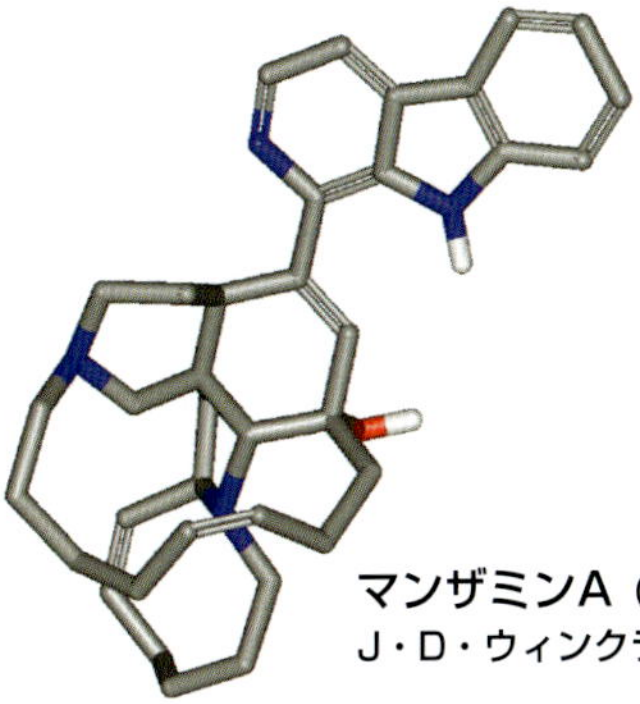

マンザミンA (1998)
J・D・ウィンクラー

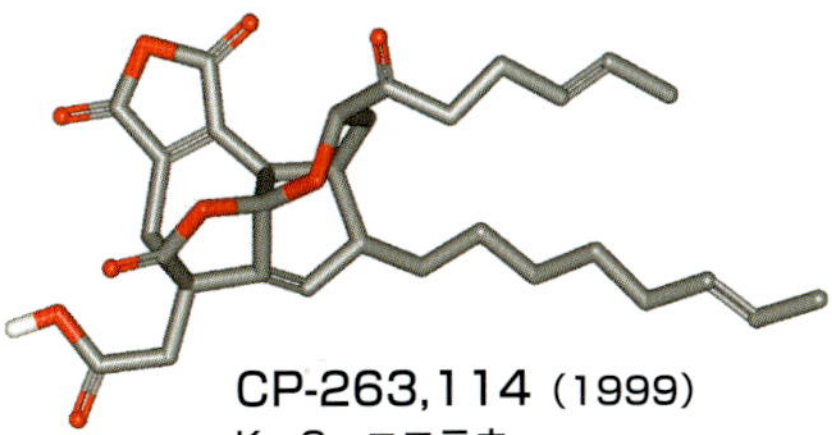

CP-263,114 (1999)
K・C・ニコラウ

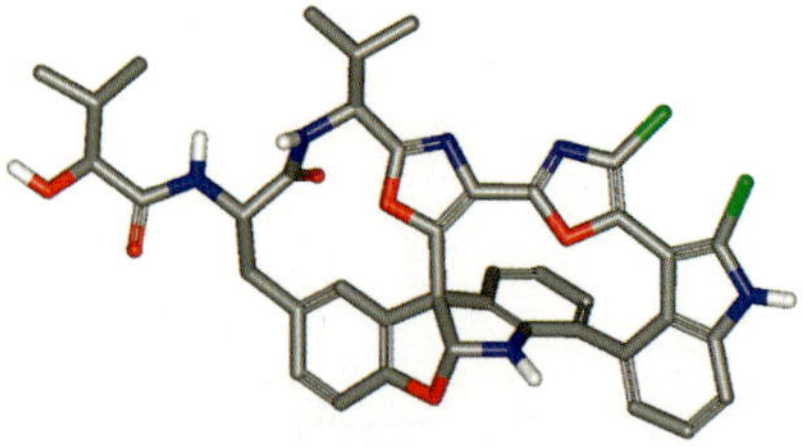

ジアゾナミド (2001)
P・ハーラン

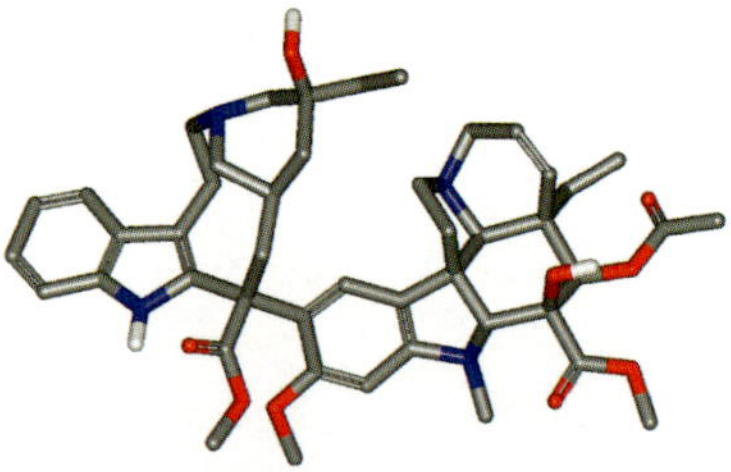

ビンブラスチン (2002)
福山透

シガトキシン3C (2002)
平間正博

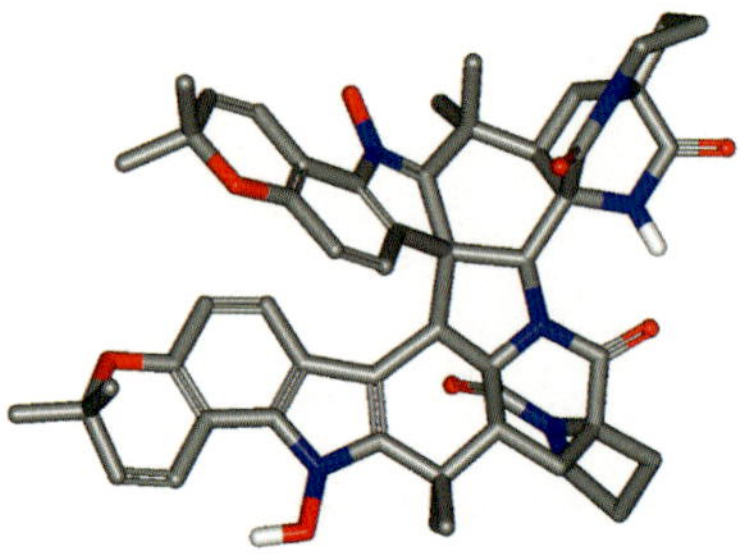

ステファサイジンB (2003)
A・G・マイヤース

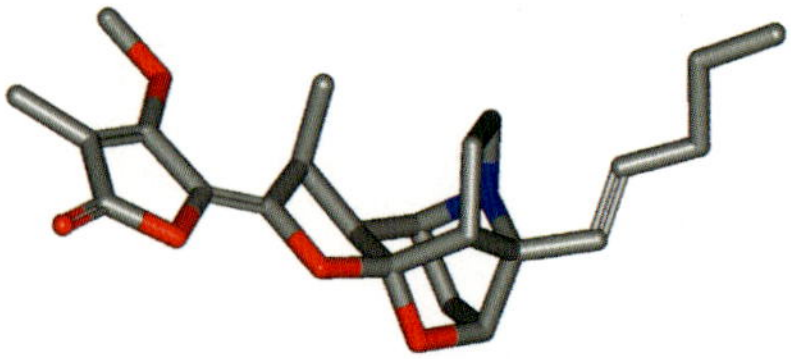

ジデヒドロステモフォリン (2003)
L・E・オーバーマン

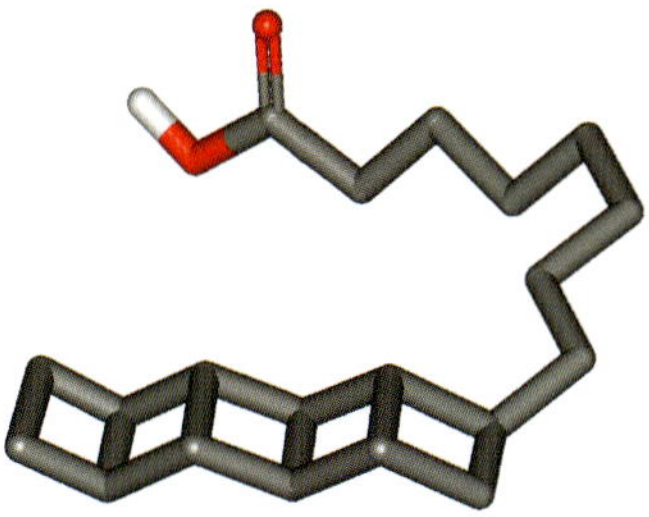

ペンタシクロアナモキシル酸
(2004)
E・J・コーリー

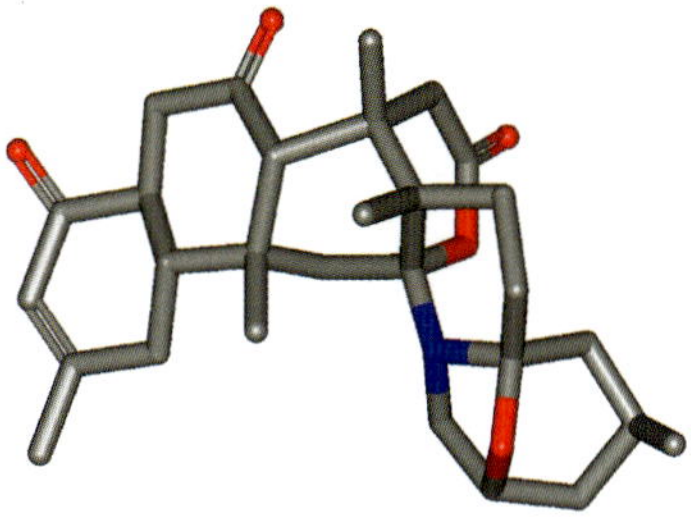

ノルゾアンタミン (2004)
宮下正昭

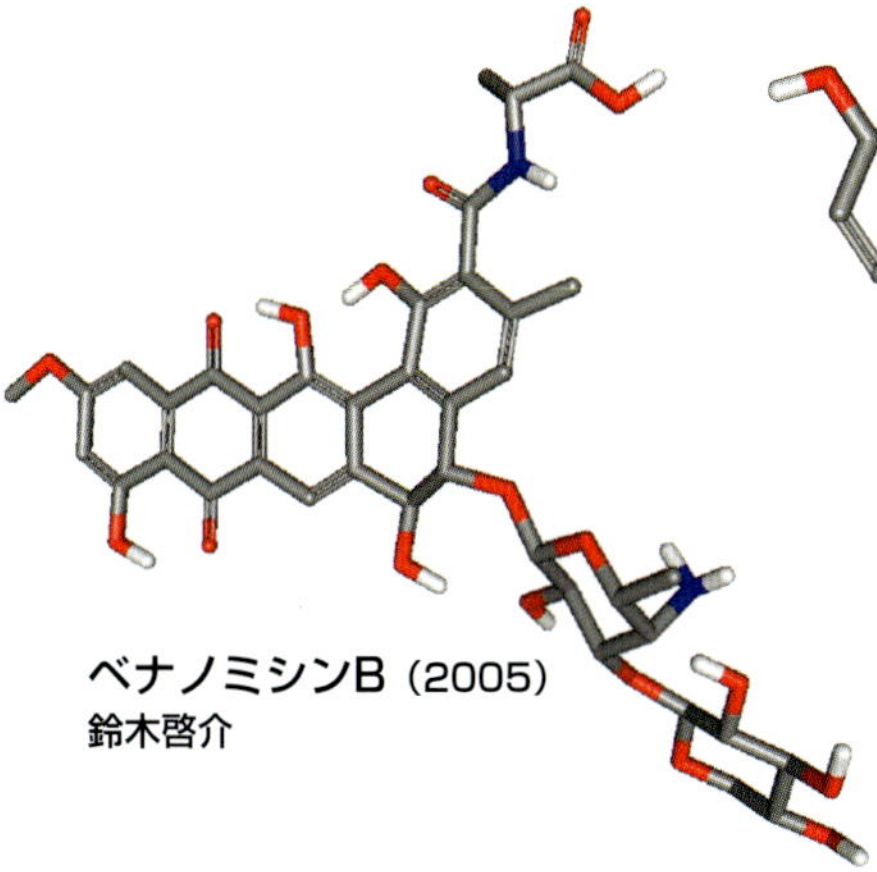

ベナノミシンB (2005)
鈴木啓介

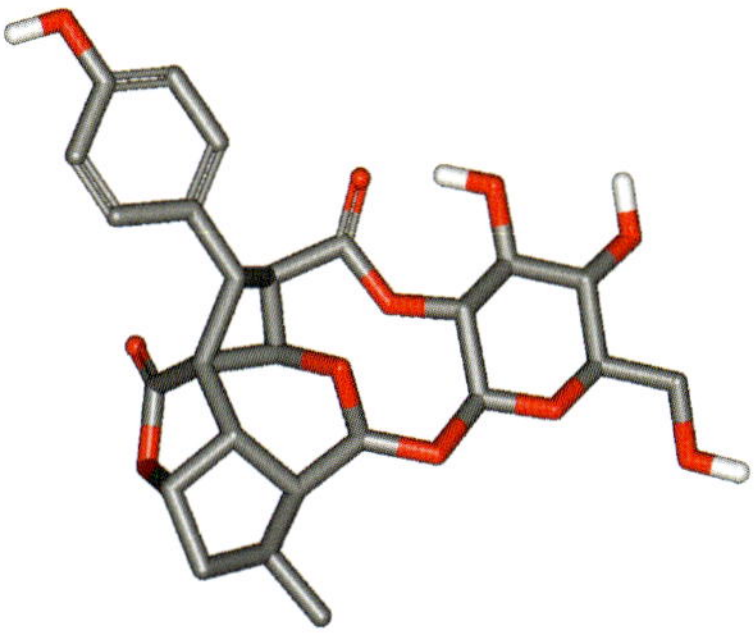

リットラリゾン (2005)
W・C・マクミラン

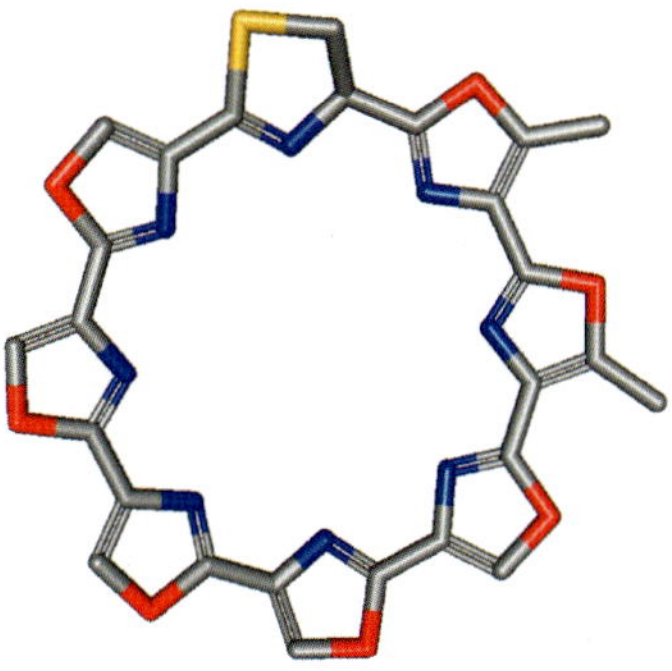

テロメスタチン (2006)
高橋孝志

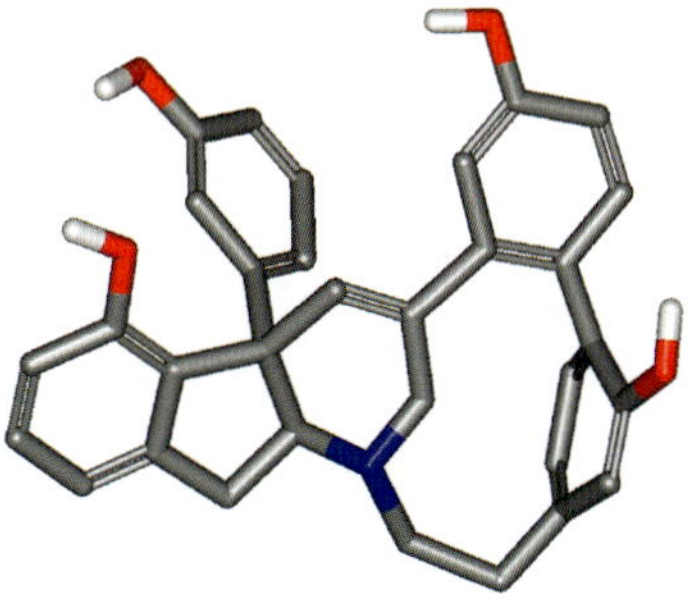

ハオウアミンA (2006)
P・S・バラン

ポルフィリンの万華鏡

様々な機能を引き出すことを狙い、多くのポルフィリンの多量体が合成されている。これらには機能のみならず、造形的にも目を引くものが少なくない。

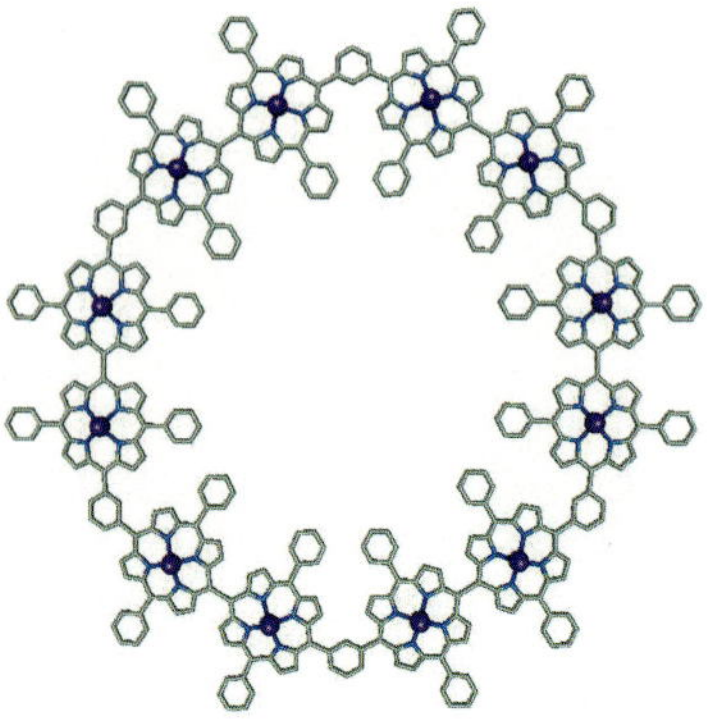

ポルフィリン環状12量体

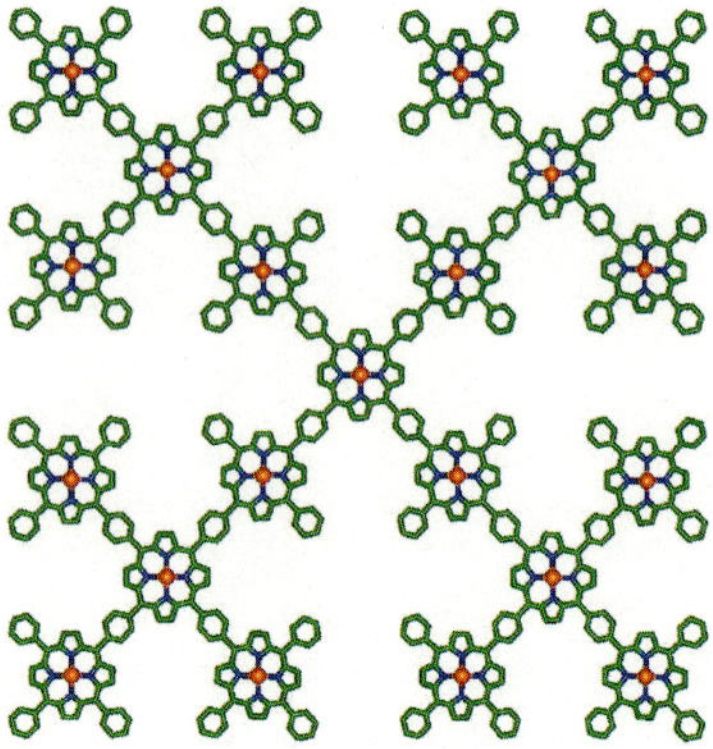

曼陀羅模様を思わせるポルフィリン21量体

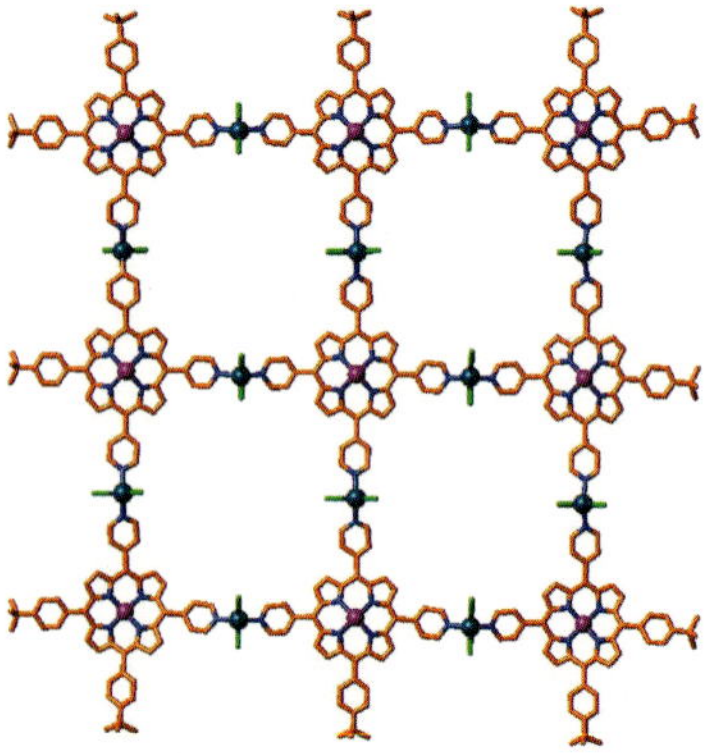

自己組織化によって出来上がるグリッド型錯体

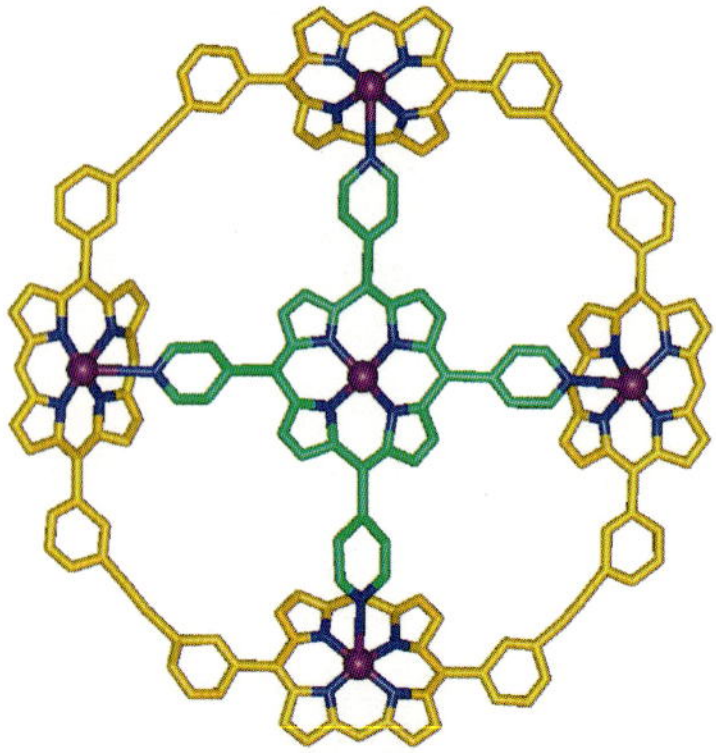

中央（水色）のポルフィリンを「鋳型」として、周辺の環が組み上げられる

六角形の分子たち

有機化学の基本構造「亀の甲」の組み合わせから、様々な美しい分子が生み出される。

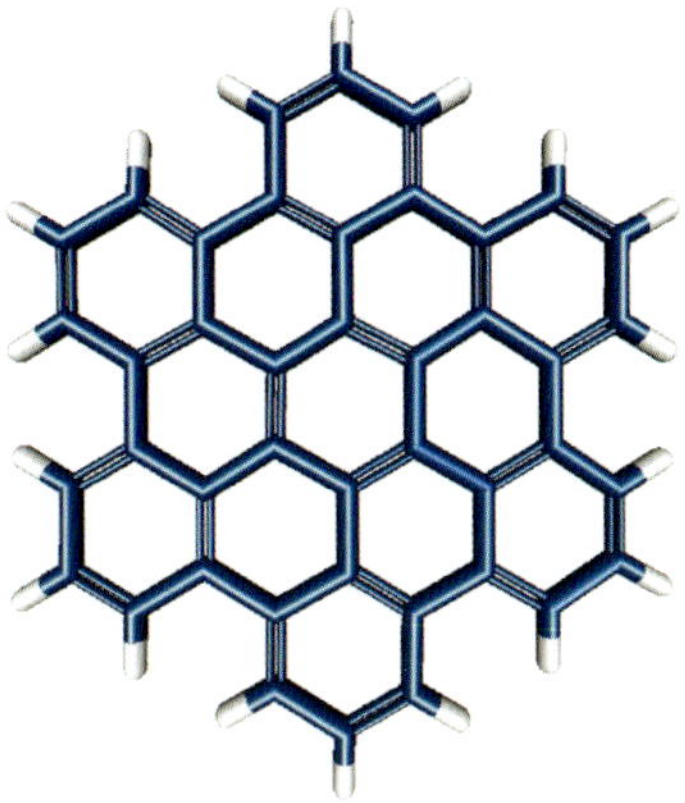

ヘキサベンゾコロネン

有機ナノチューブ・液晶など新規材料の素材として注目される

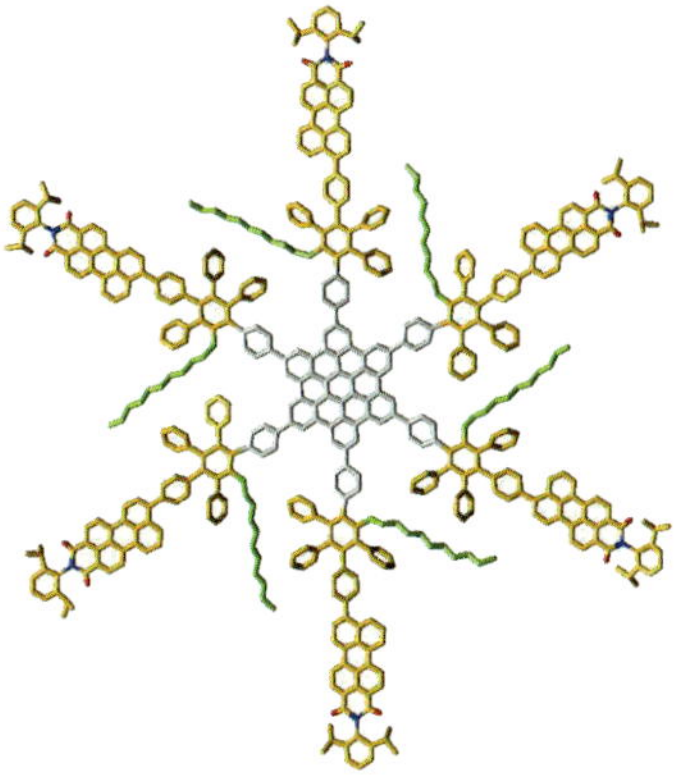

光合成を目指して合成された分子

周辺から中央に向けて光エネルギーが伝達される

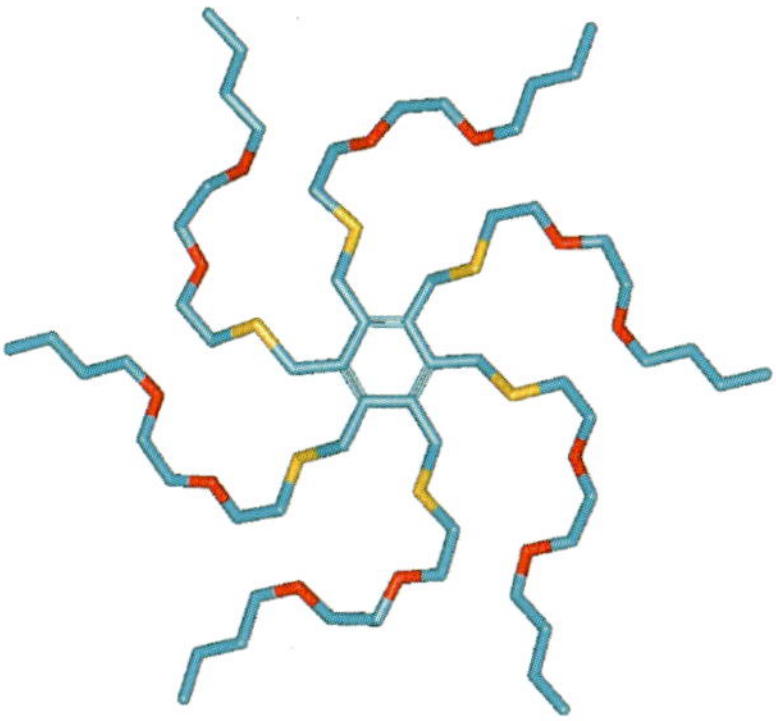

オクトパス分子

腕の酸素原子がからみつき、陽イオンを捕らえる

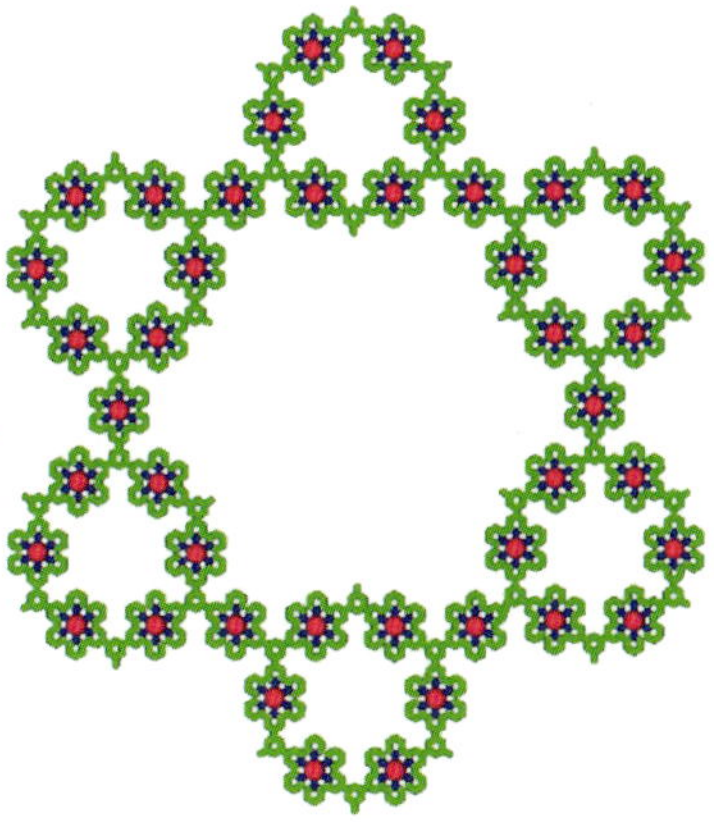

史上初のフラクタル構造を持つ分子

超分子化学の主役たち

内部の空洞に他の小分子を捕らえることのできる化合物群が、近年注目を集めている。

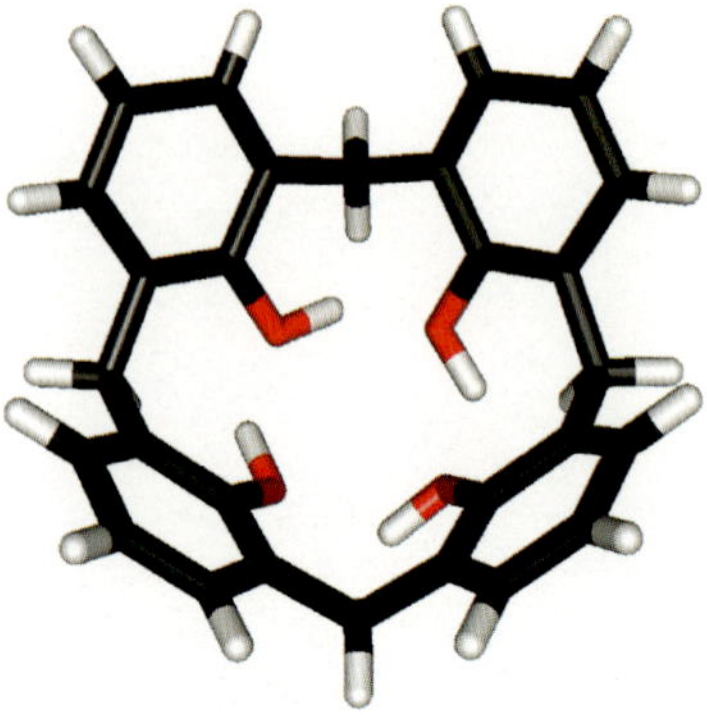

カリックスアレーン

適当な柔軟性を持ち、加工が容易であることから近年応用例が増えている

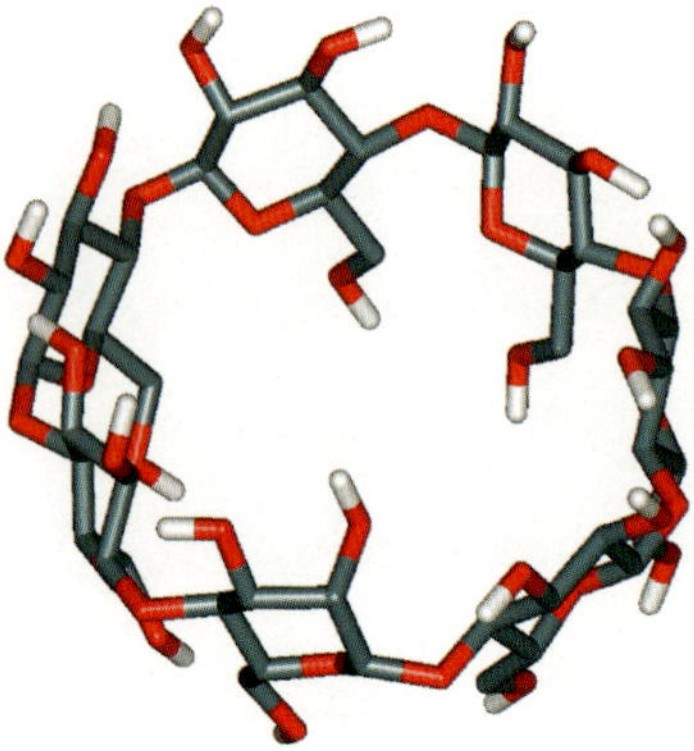

シクロデキストリン

糖が6～8個環状につながったもの。毒性が低いため、添加物としての応用も多い

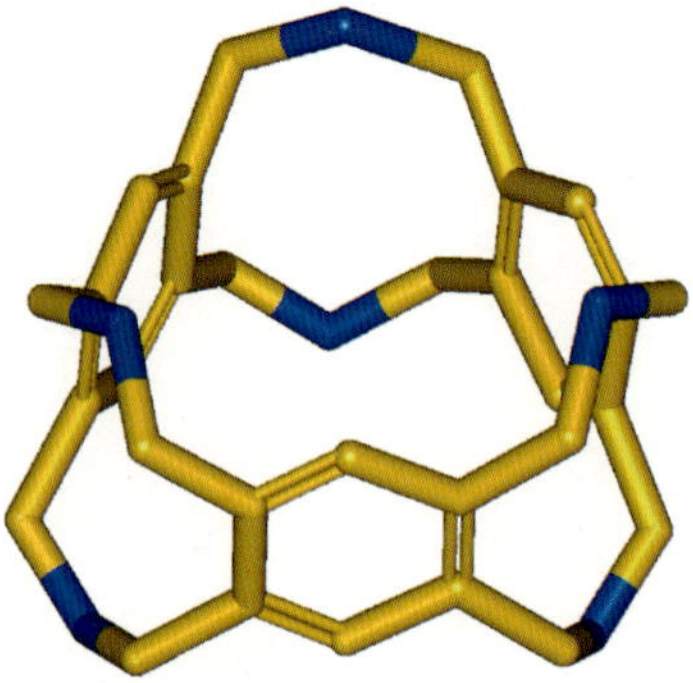

シクロファン

構造の自由度が高く、様々なホストに合わせた分子設計が可能

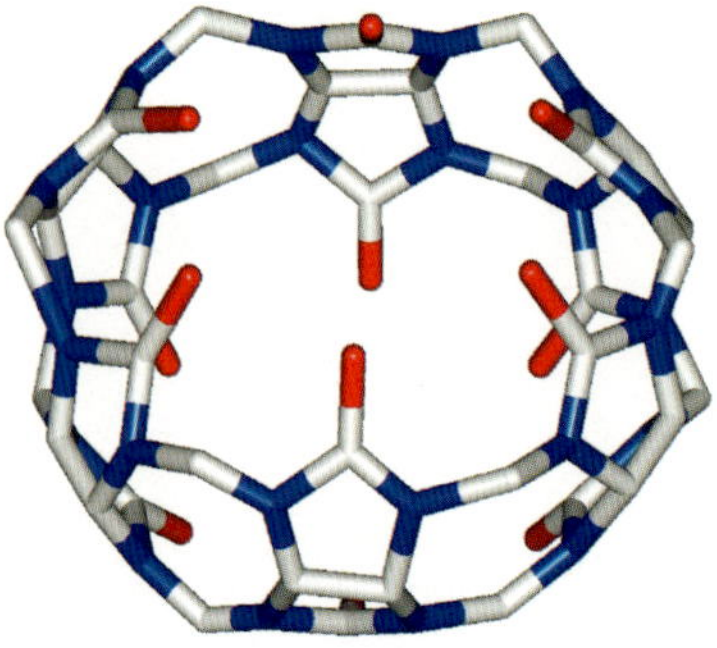

ククルビットウリル

ホスト分子のニューフェイス。大量合成が可能なため、応用例が増えつつある

さらに精密な分子設計により作り出されたカプセル分子。特定の分子を見分けて捕らえたり、空洞内で特殊な反応を行うなどの応用が進められている。

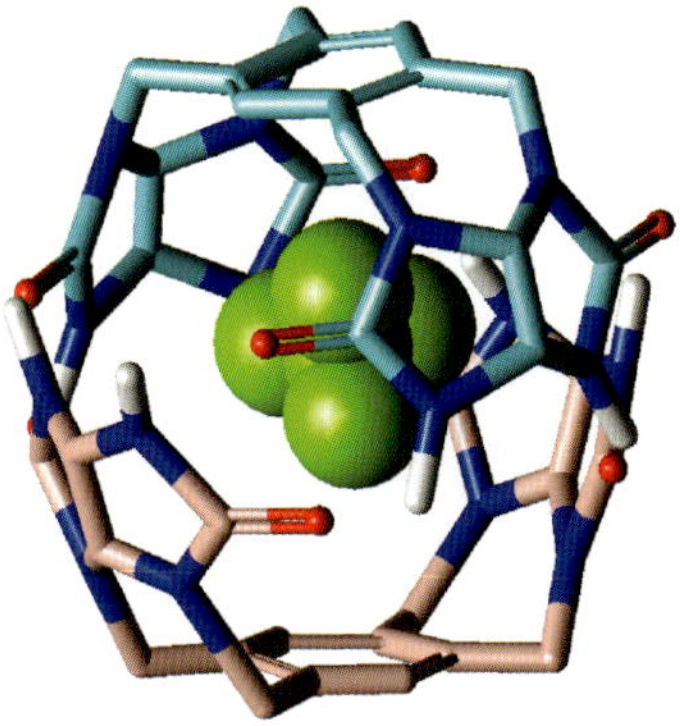

リーベックによる「分子カプセル」

同じ形の分子が2つ、水素結合を介してテニスボールのように組み合わさることにより、小分子を閉じ込める空間を作り出す

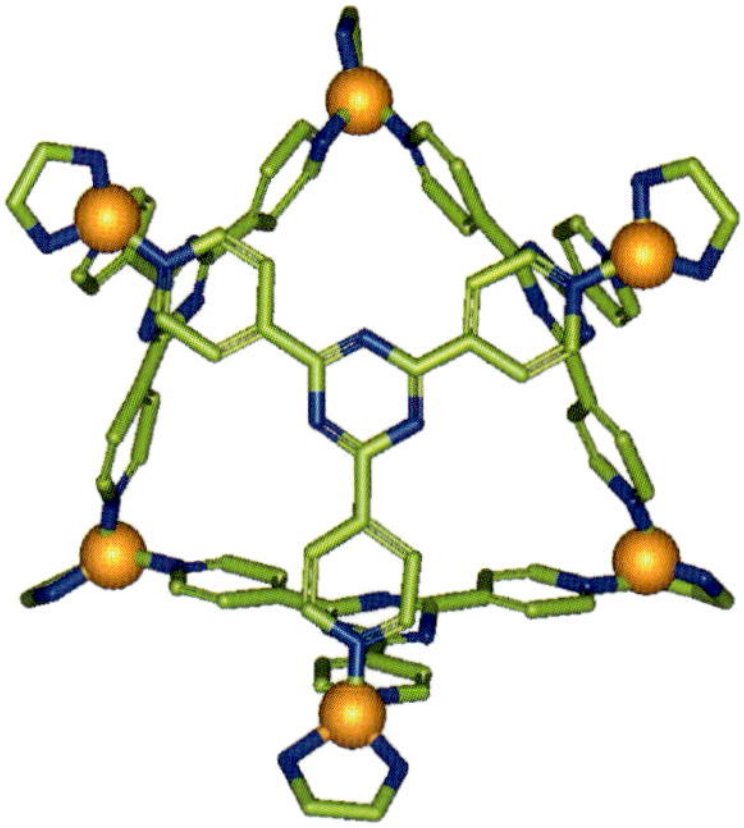

藤田らによる「ナノフラスコ」

正八面体の空間にかなり大きな分子を取り込み、内部で様々な反応を行うことができる

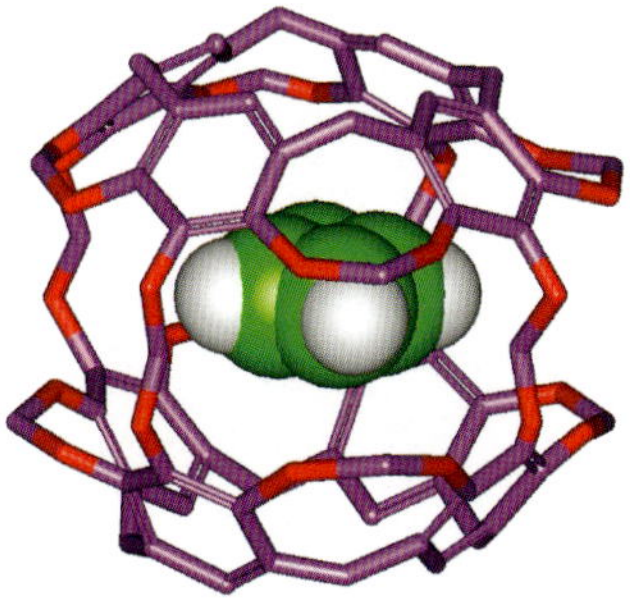

クラムが合成した「カルセランド」

小さな分子を閉じ込めて完全に外界から遮断してしまうことにより、不安定な分子を直接に観察することに成功した

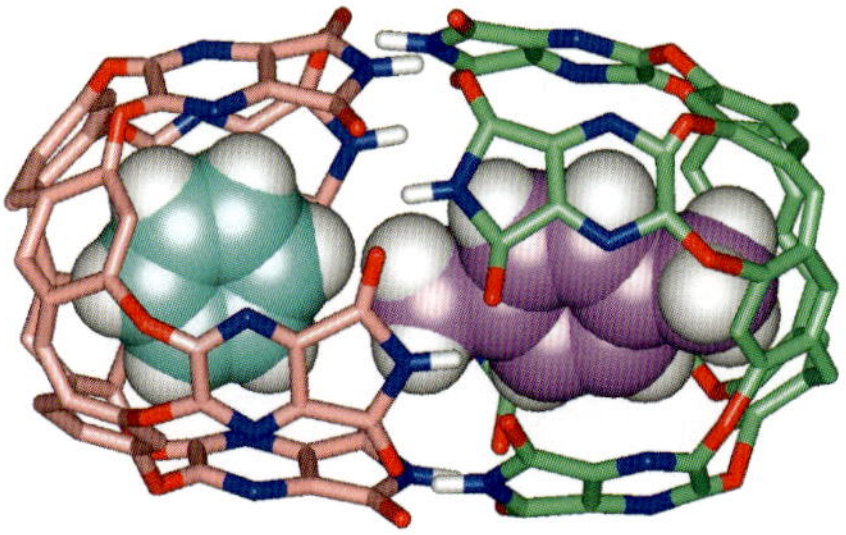

カリックスアレーンをベースとしたカプセル分子

細長い空間を持つため、複数の分子を取り込むことができる

カテナンとロタキサン

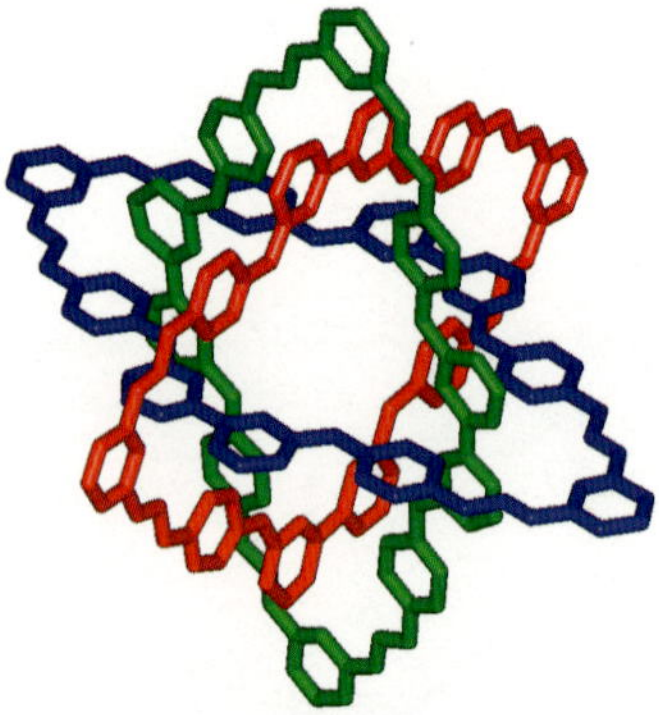

3つの環がからみ合った分子ボロミアンリング

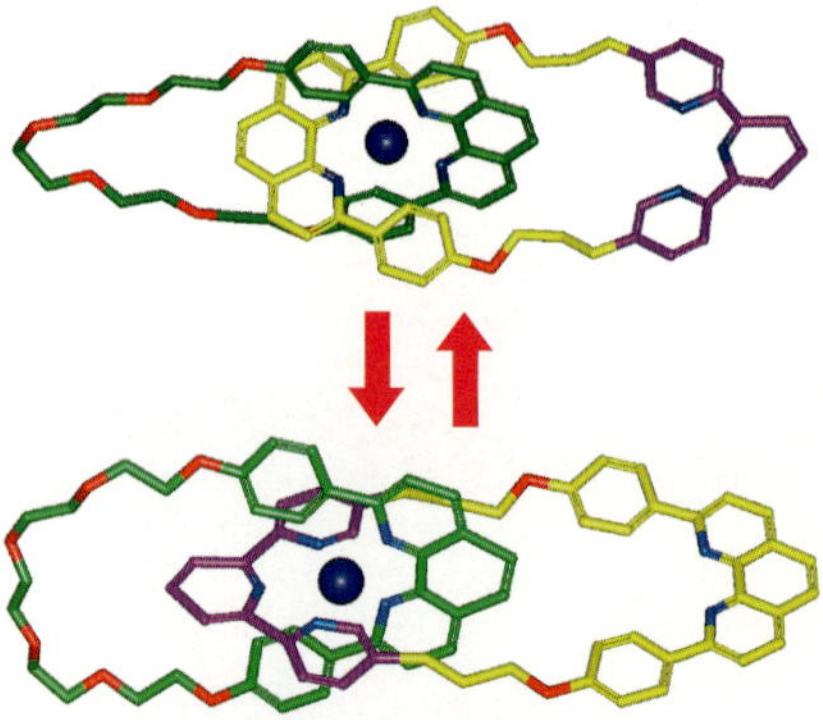

銅の酸化還元によって回転する分子モーター

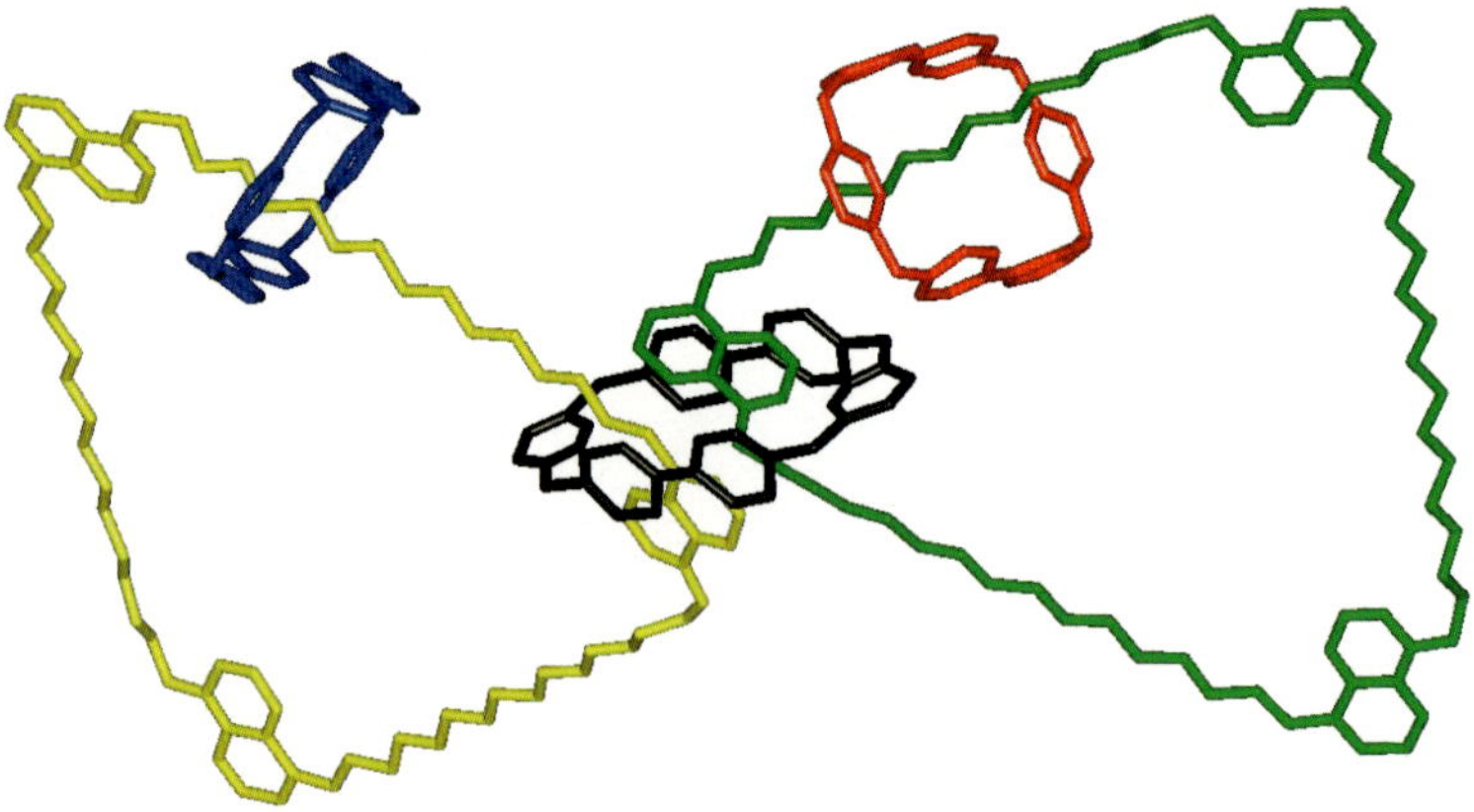

5つのリングがからみ合ったオリンピック分子「オリンピアーダン」

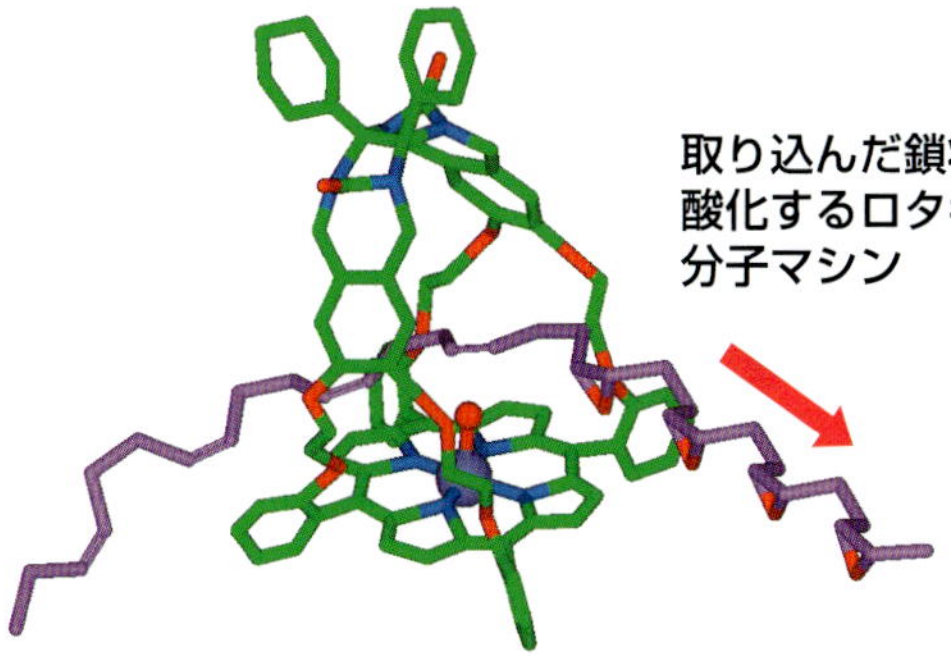

取り込んだ鎖状分子を次々に
酸化するロタキサン型
分子マシン

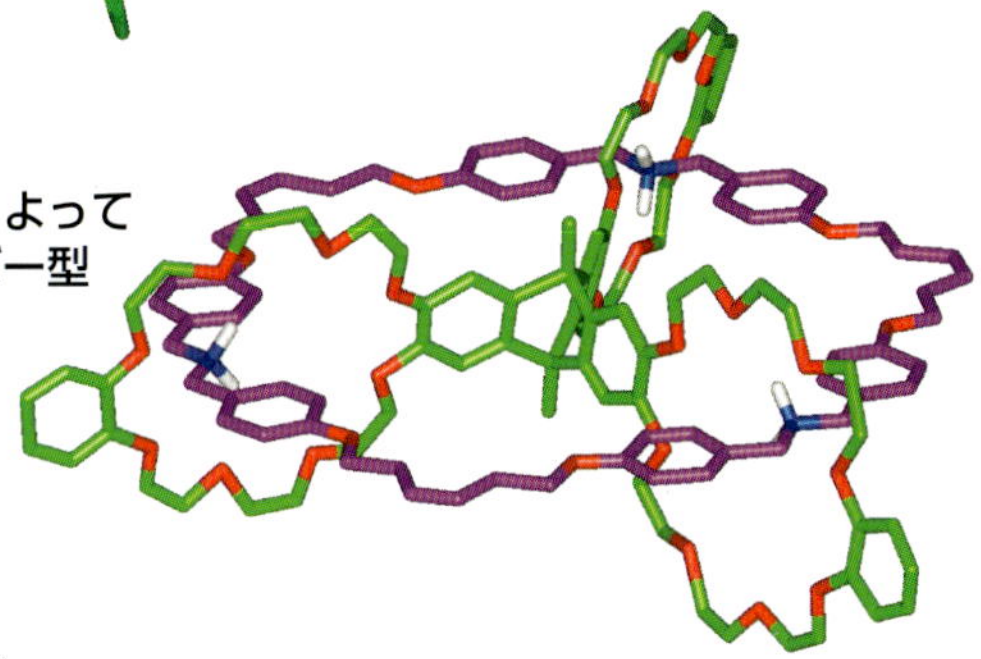

メタセシス反応によって
作られるクローバー型
カテナン

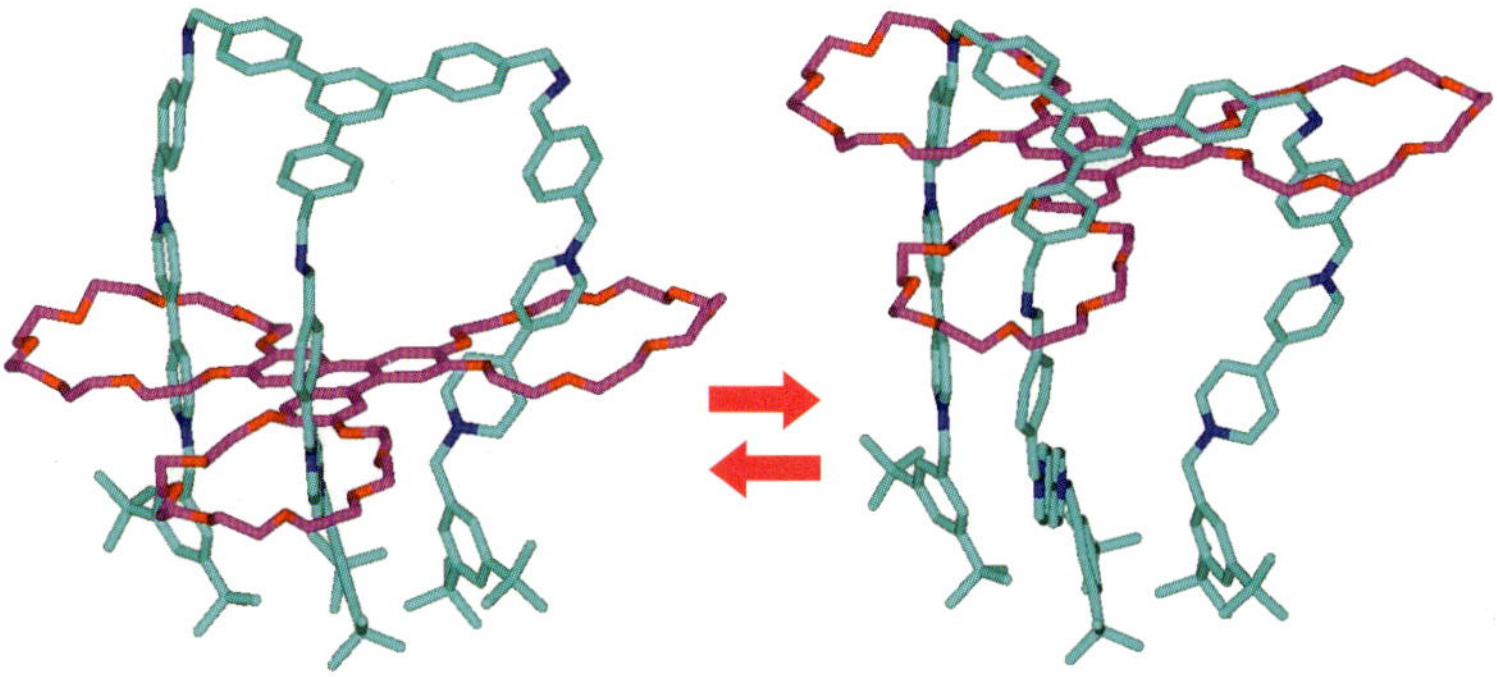

環状分子（紫）が上下する分子エレベーター

分子モーター～回転を制御する～

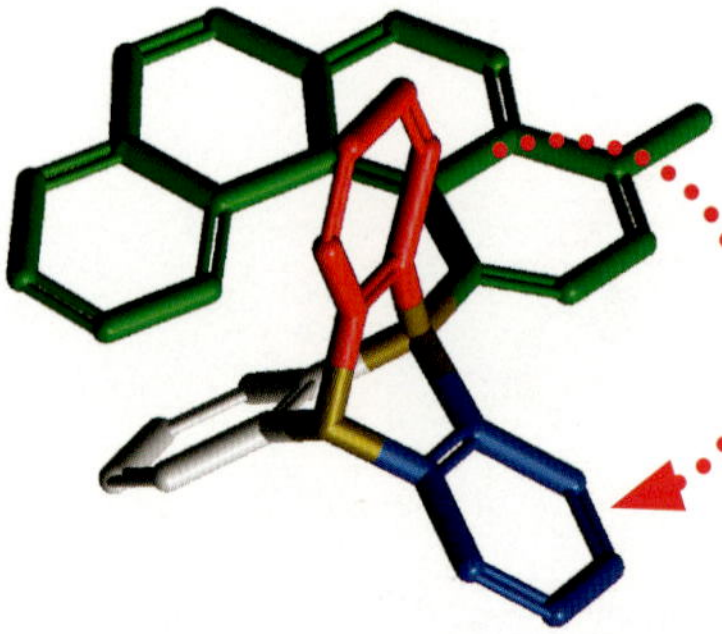

分子ラチェット。さらに手を加えることにより、一方向にのみ三枚羽根を回すことが可能

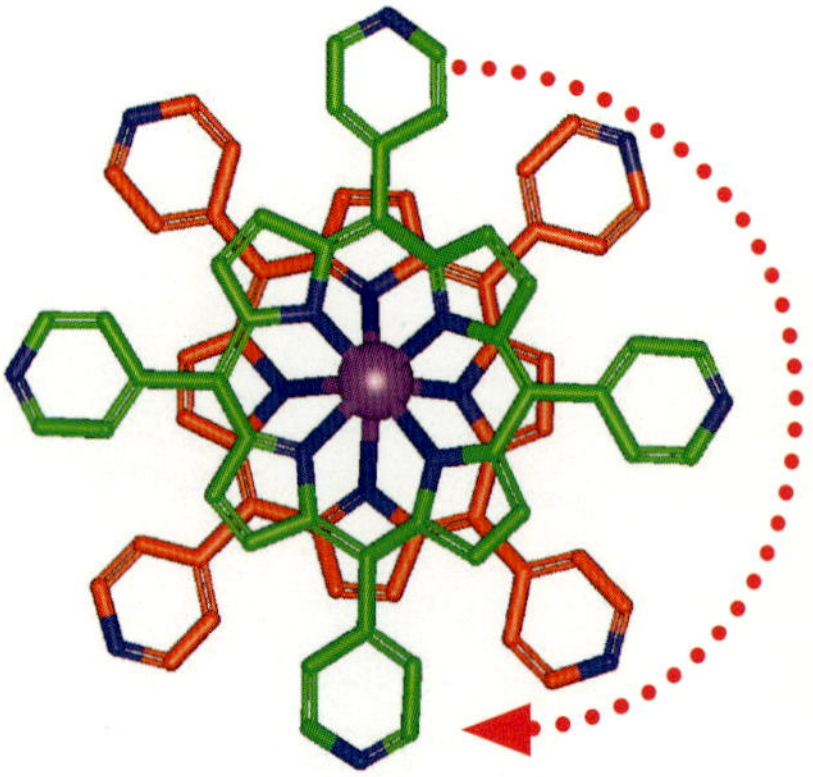

緑とオレンジのポルフィリンが独立に回転する。ストッパーで回転を止めることも可能

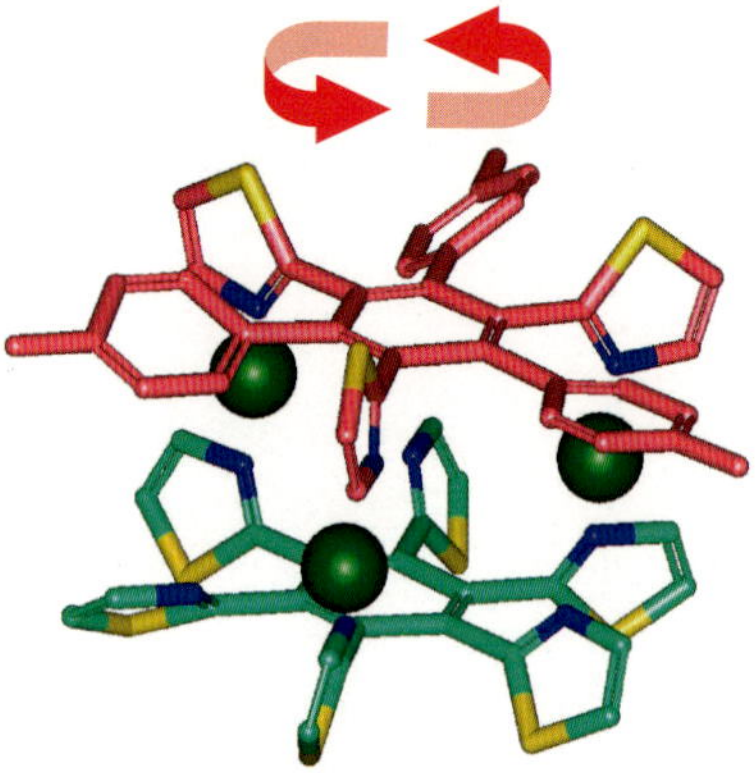

分子ボールベアリング

3つの金属イオンを介し、上下の円盤状分子がボールベアリングのように回転する

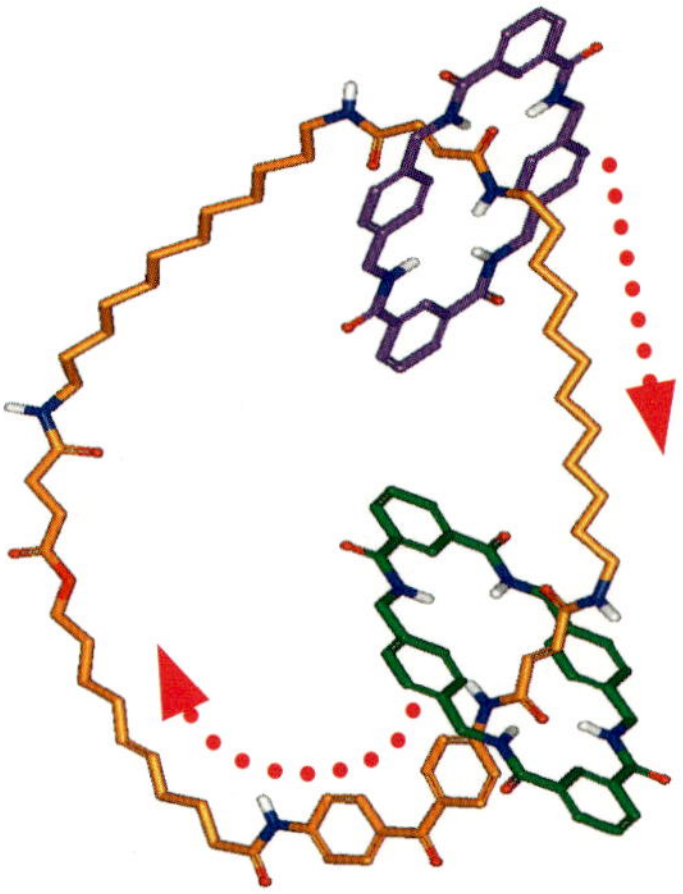

光エネルギーにより一方向にのみ小さな環を回すことができるカテナン型分子モーター

夢の化合物

これらの化合物は現在まだ合成されていない、化学者の挑戦を待っている分子たちである。実現はいつの日になるだろうか？

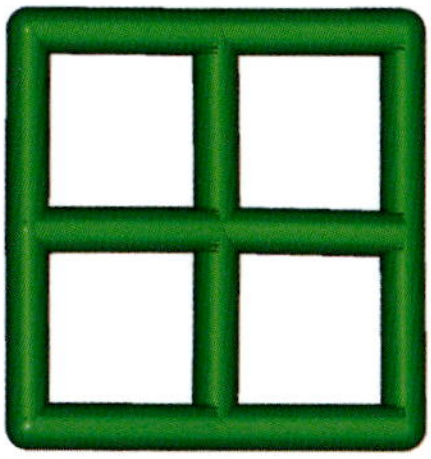

フェネストラン
中央炭素は平面になるか興味が持たれる

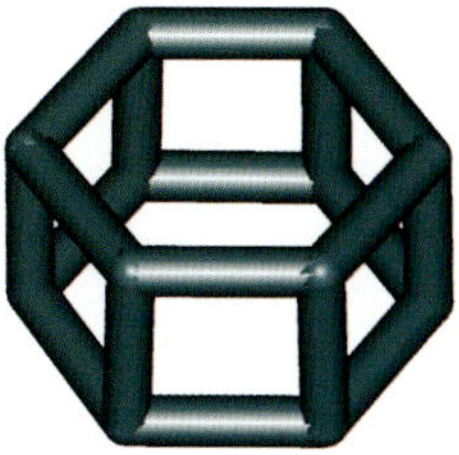

ヘキサプリズマン
三、四、五角柱は実現しているが六角柱分子はまだ合成されていない

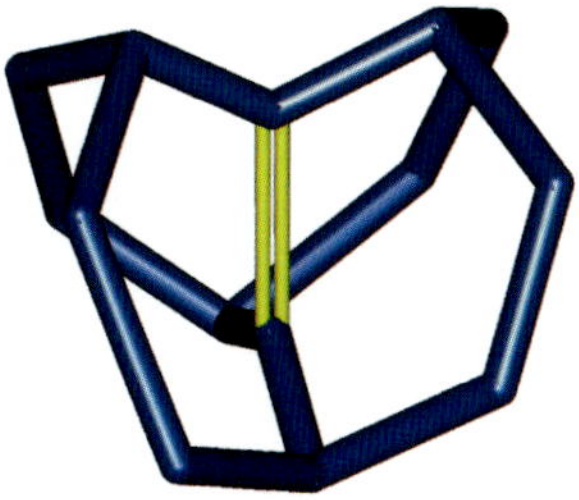

オルソゴネン
中央黄色の二重結合がほぼ直角にねじれている

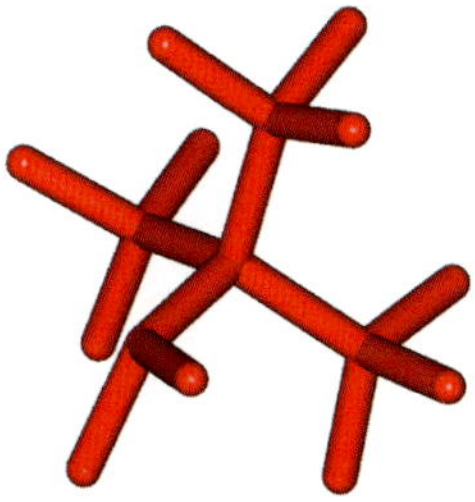

立体的に混み合いすぎて合成不可能と見られる最小の炭化水素

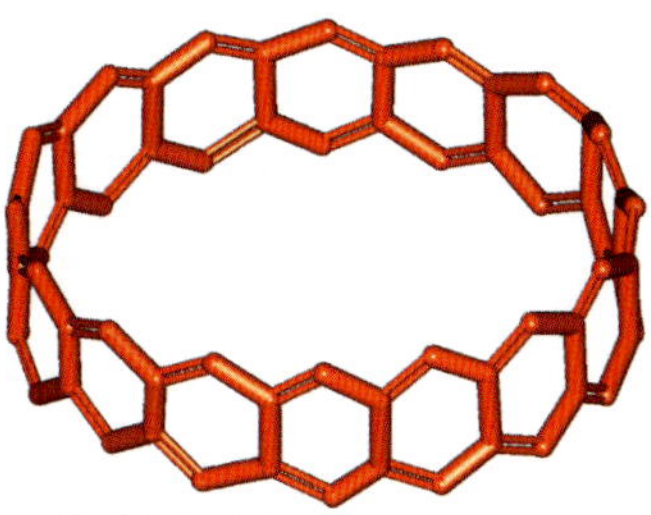

シクラセン
ナノチューブの輪切りに相当する

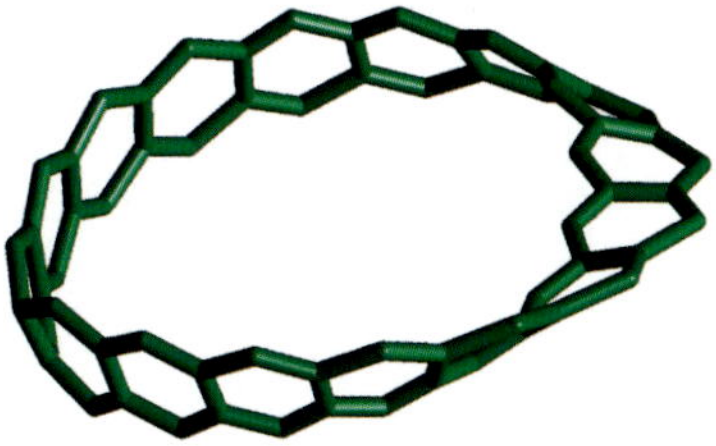

メビウスシクラセン
シクラセンに、さらにひねりが加わった形。電子状態はどうなるか興味が持たれる

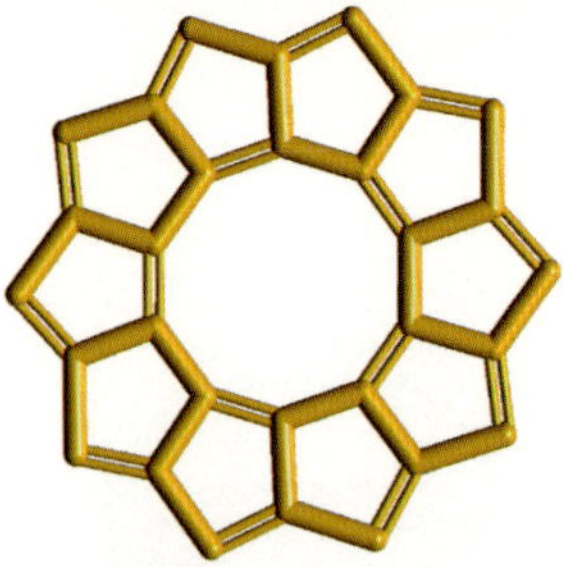

[10.5]コロネン

有機分子には珍しい常磁性（磁石に吸い付く）を持つと予想されている

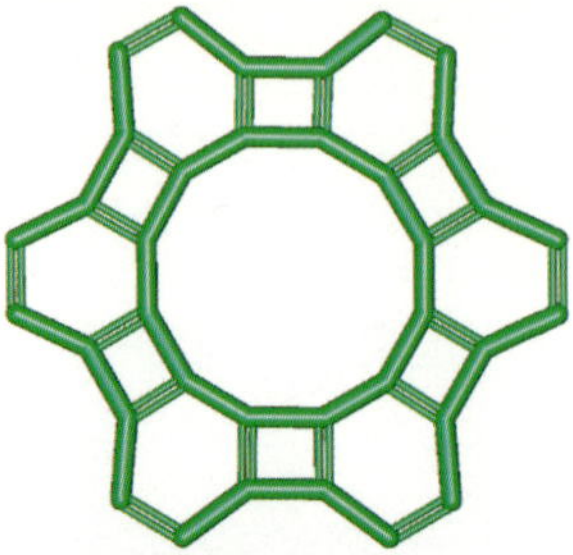

アンチケクレン

ケクレン（→43ページ）に似ているが、反芳香族性を持つことからの命名

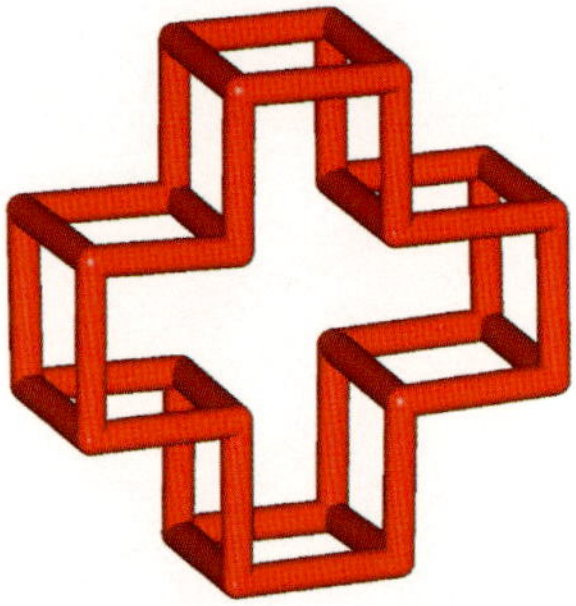

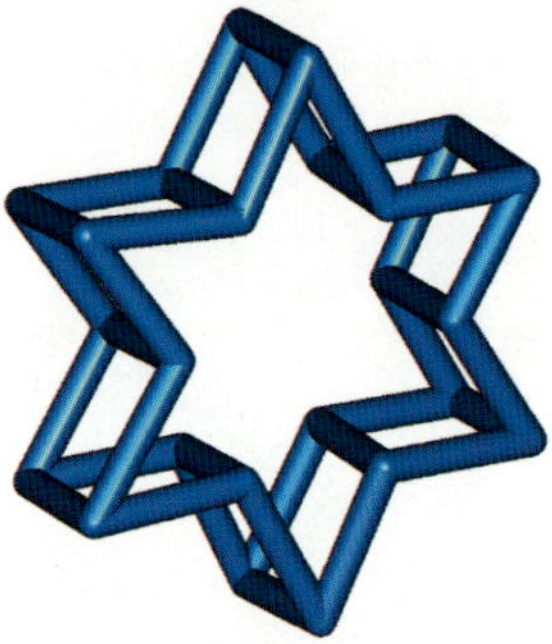

ヘルベタン（左）とイスラエラン（右）

どちらがより安定か、スイスとイスラエルの学者の間で論戦が戦わされた（→25ページ）

デカヘドラン

10面体分子。21ページも参照

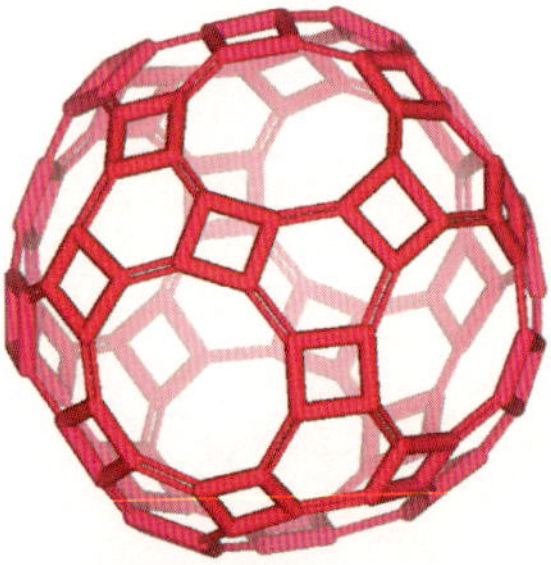

C_{120}フラーレン

62面体分子。理論計算上安定に存在できると考えられている

知りたい！サイエンス

佐藤健太郎＝著

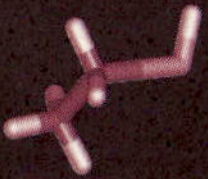

有機化学美術館へようこそ

分子の世界の造形とドラマ

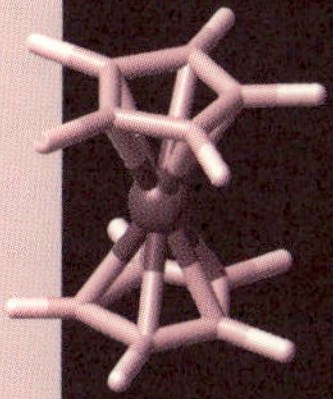

化学というと、
小さな原子や分子がくっついたり
離れたりしているだけの
地味な学問を想像するだろうか？
食品、プラスチック、金属、医薬……
見わたせば、
我々の生活を支える品々は、
全て化学の力によって
作り出されている。
なかでも**有機化学**は、生命や身の回りの
あらゆる物質を研究する学問であり、
生活を営む上で最も必要な
学問の一つといえる。
そんな**有機化学**の世界では、
今日も美しい分子がひしめきあい、
幾多のドラマが繰り広げられている。
そこは、まるで舞台の上のように
不思議で面白い。

技術評論社

有機化学美術館へようこそ　まえがき

　理科系離れ、という言葉が叫ばれてずいぶんになります。数学や物理は決して人気のある科目ではありませんし、書店でも科学関係の本はごく少数、それも店の一番隅の人目につかない一角にひっそりと積まれているという場合がほとんどのようです（本書もそうなっているでしょうか?・）。

　化学という分野は、中でも一番地味な部類に入るといえそうです。天文学なら星空の悠久なロマン、生物学なら生命の神秘といった人を引きつけるキャッチフレーズが考えられそうですが、化学は目には見えないほど小さな原子や分子がくっついたり離れたりしているだけ、確かに地味と言われても仕方がないジャンルかもしれません。

　しかし実際には、食品、プラスチック、金属、染料、医薬といった我々の生活を支える品々は、全て化学の力によって作り出されています。また環境、健康、エネルギーなどの重要な問題を考える時にも、化学の知識は絶対に欠かすことができません。中でも有機化学は生命や身の回りのあらゆる物質を研究する学問であり、生活を営んでいく上で最も必要な学問であるはずです。

　しかし中学・高校の化学の教科書というのは実に不親切で、なんとかして化学嫌いを作るために工夫に工夫を重ねたとしか思えないものばかりです。またどういうわけか、書店の科学書の棚に並ぶのは数学や天文学、生物学といったジャンルばかりで、化学の本は極めて専門的なものが棚の上の方にほこりをかぶって並んでいる程度です。これでは一般の人が化学に興味を持とうにも、きっかけすらないというのが現状ではないでしょうか。

ならば筆者も化学者の端くれ、世間に少しでも化学——中でも有機化学に興味を持ってもらうことはできないだろうかと考え、製薬企業の研究員としての仕事の傍ら、１９９８年末にインターネットの個人ホームページ「有機化学美術館」(http://www1.accsnet.ne.jp/~kentaro/yuuki/yuuki.html) を立ち上げました。妙なタイトルではありますが、有機化学の世界は無味乾燥な記号の羅列などではなく、造形的にも美しく目に楽しい分子がたくさんあること、芸術の世界と同様に、先端を行く研究者、誇り高き職人たちの情熱によって絶えず進歩している世界であることなどを込めたつもりです。アルファベットと亀の甲だけの愛想のない構造式や面倒な数式はなるべく排除し、立体的なＣＧによって美しい分子の姿を数多く掲載することにしました。

作ってみたページは幸い評判もよく、暇を見てぼちぼちと書いているうちに8年が経って、書いている当の本人が驚くほどの量になっていました。そこに出版の話をいただき、なんとか本の形にまとめ上げたのが本書です。

難しい教科書的な知識について解説するのは他の本に任せることにして、ここでは美しい分子、面白いエピソード、ちょっと驚くような話を集めてみました。中にはかなり高度な内容に触れている部分もありますが、とりあえずは面白いところを拾い読みし、美しい分子の絵をぱらぱらと眺めていただければ十分と思います。本書が分子という目に見えないほど小さな世界の役者たちに、少しでも目を向けるきっかけになれば幸いです。では早速、数々の分子たちが織りなす不思議な世界をのぞいてみて下さい。

本書の刊行に当たり、美しい画像を提供いただいた中村栄一教授（東京大学）、磯部寛之教授（東北大学）、小松紘一名誉教授、村田靖次郎准教授（京都大学）、首都大学東京ナノ物性グループの諸先生方に深く感謝致します。また原稿のチェックに協力いただきました岩崎幸太郎、柏木行康、河合英敏、川口照子、坂本和子、関篤史、田嶋智之、西崎守之、原田一太郎、増岡隆照、山口潤一郎、山辺真行の各氏に深く感謝致します。また出版を快く容認いただき、便宜を図って下さった社内関係者の皆様、公私両面にわたって協力し、励ましをいただいた家族・友人の全てにも同じく感謝を捧げます。こうした方々の協力なくして、この本が世に出ることはありませんでした。これら関係した全ての方々に、本書を捧げさせていただきたいと思います。

２００７年４月　佐藤健太郎

CONTENTS

口絵

有機化学美術展

炭素の同素体 …… ❶
フラーレン・炭素の織り成す小宇宙 …… ❷
フラーレンの変身 …… ❸
フラーレンに水素を詰め込む …… ❺
フラーレンから生まれる新素材 …… ❻
ナノチューブ内部空間の新しいサイエンス …… ❼
ノーベル賞の分子たち …… ❽
有機化学ギネスブック …… ❿
ジェームズ＝ツアー教授の世界 ナノサイズの人間と車 …… ⓯
デンドリマー・分子の珊瑚礁 …… ⓰
全合成された化合物 …… ⓲
ポルフィリンの万華鏡 …… ㉔
六角形の分子たち …… ㉕
超分子化学の主役たち …… ㉖
カテナンとロタキサン …… ㉘
分子モーター～回転を制御する～ …… ㉚
夢の化合物 …… ㉛

まえがき …… 3
入館にあたって …… 10

第1章 美しい分子、面白い分子
1-1 ネーミングいろいろ……12
1-2 炭素の多面体……21
1-3 炭素のトライアングル……30
1-4 亀の甲をつなげると……37
1-5 ナノ世界の小人たち……48
COLUMN 日の丸印の元素名……54

第2章 化学者たちのドラマとエピソード
2-1 導電性高分子——白川英樹博士の業績……56
2-2 ノーベル化学賞・野依良治教授の業績……62
2-3 結晶、この厄介なもの……71

2-4 タキソール――全合成のドラマ……78
2-5 ペプチドホルモンの構造決定……87
2-6 臭い化合物の話……96
COLUMN ホームページの反響……103

第3章 分子の力――新しい機能をひらく

3-1 分子の王冠・クラウンエーテル……106
3-2 シクロファンの世界……114
3-3 「史上最強の酸」登場……123
3-4 ポルフィリンの化学……131
3-5 デンドリマー――分子の珊瑚礁……140
3-6 窒素はどこまでつながれる?……146
COLUMN インターネット上の化学……153

第4章 ナノテクノロジー最前線

4-1 サッカーボール分子・バックミンスターフラーレン……156
4-2 フラーレンの変身……163
4-3 世界を変えるか、驚異の新素材カーボンナノチューブ……168
4-4 ナノカー発進！……178
4-5 分子の知恵の輪・カテナン……181
4-6 フラフープ分子・ロタキサン……189
4-7 分子マシンへの挑戦……194
COLUMN 博士の愛した構造式……201
参考文献……203
索引……207

入館にあたって

本書では、登場する分子の構造をほとんど全て立体的なコンピュータグラフィックスで表示しています。これらはアクセルリス社製の化合物ビューワ「Weblab Viewer 3.2」と、Elsevier MDL社の「ISIS/Draw」（いずれもMacOS9用）というフリーのソフトを組み合わせて作成しました（ただし両者ともすでに配布を打ち切っています）。

Weblab Viewerは非常に優れたソフトなのですが、構造の最適化までは行ってくれません。従って表示されている分子のコンフォメーションは、必ずしも現実の分子と一致するものではないことをお断りしておきます。また見やすさを優先させるため、一部の化合物では本質と関係ない置換基を削っているものがあります。

またこれも見やすさのために、多重結合や炭素に付いた水素を表示していないものがあります。したがって同じ化合物でありながら下図のような表記が混じってしまっていますが、この点ご了承下さい。本文中の構造式では、基本的に、灰色が炭素、赤色が酸素、白色が水素、黒色が窒素を表しています。

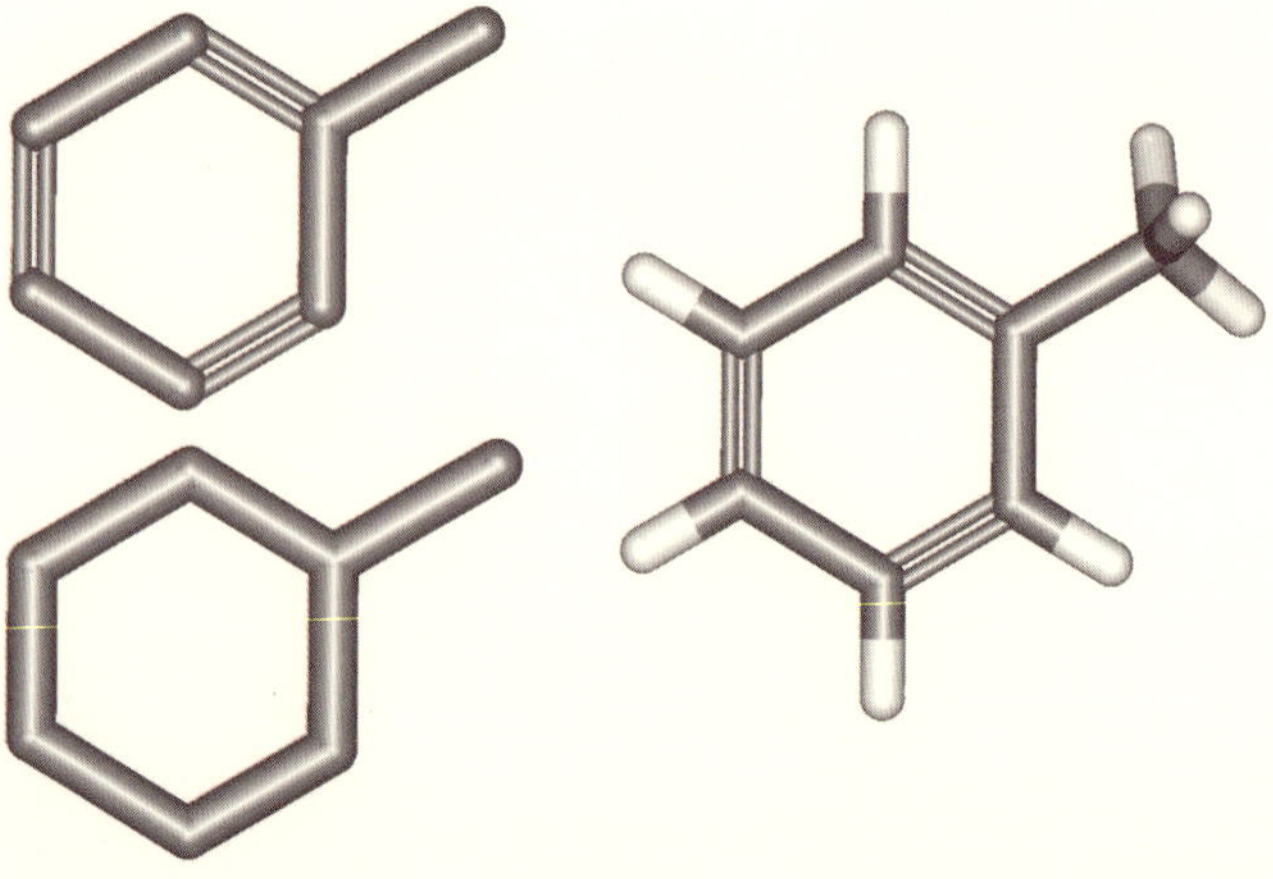

1

美しい分子、面白い分子

1-1

ネーミングいろいろ

化学者は日夜実験をくり返し、新しい化合物の合成・発見に努めています。こうして新しい化合物が得られたら、当然ながら名前が必要になります。正式な命名法は国際純正・応用化学連合（IUPAC）という組織で決められた万国共通の方式があり、構造式を機械的に名前に置き換えて命名します。しかしこの命名法では学問的正確さはあるものの、ちょっと複雑な分子を表そうとするととんでもなく長い名前になってしまいます。例えば砂糖（スクロース）の正式なIUPAC名は、**（2R、3R、4S、5R、6R）-2-[（2S、3S、4R、5R）-3、4-ジヒドロキシ-2、5-ビス（ヒドロキシメチル）オキソラン-2-イル]オキシ-6-（ヒドロキシメチル）オキサン-3、4、5-トリオール**という名前になります（図1・1）。これではいくら何でも不便ですので、多くの分子にはわかりやすい「あだ名」がよくつけられています。ここでは、面白い形にちなんで命名された人工分子を取

図 1.1
スクロース

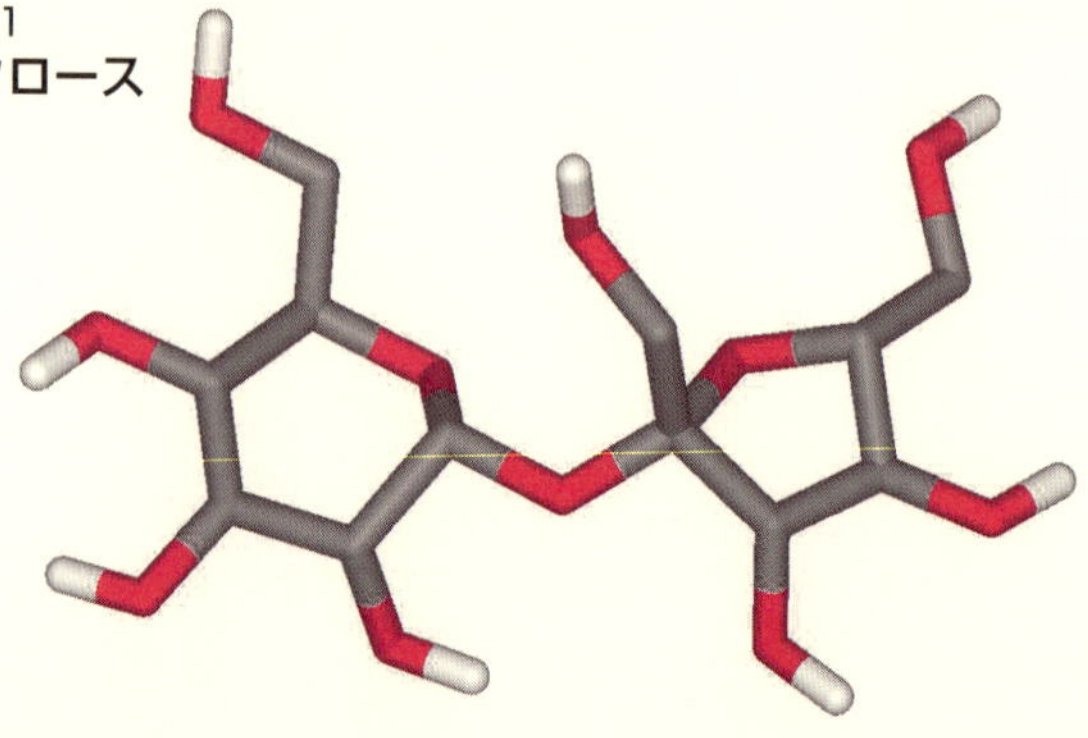

り上げてみましょう。

面白い形にちなんだネーミング

図1・2のさいころ型の分子1964年にシカゴ大学のイートン教授らによって合成され、その形（cube）から**キュバン**（cubane）と名づけられました。キュバンは高度にひずんでいるためいろいろと面白い性質を示し、当時ちょっとした話題になりました。図1・3はキュバンにさらに取っ手をつけたような形で、**バスケタン**（basketane）といいます。もちろんバスケットを開けた形に見立てての命名です。

図1・4の分子は**ランパン**（lampane）、図1・5は**プロペラン**（propellane）と名づけられました。いずれも形を見れば一目瞭然でしょう。これらは人工の分子ですが、天然からもプ

図 1.2
キュバン

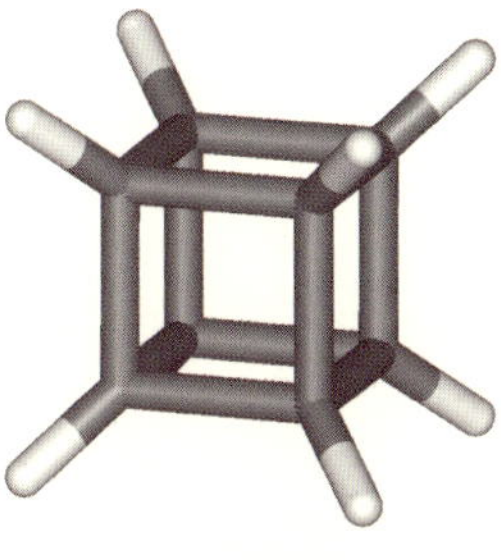

図 1.3
バスケタン

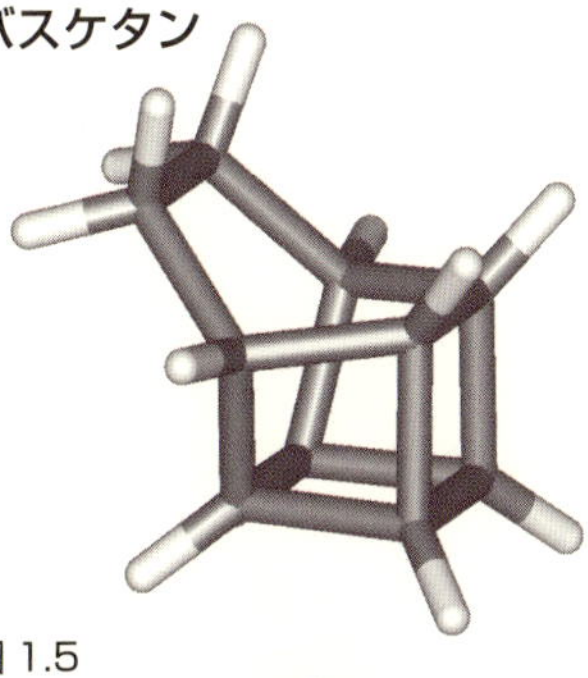

図 1.4
ランパン

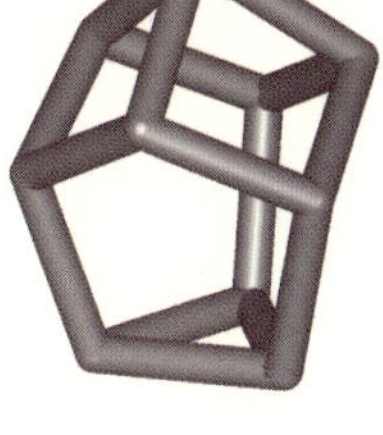

図 1.5
プロペラン

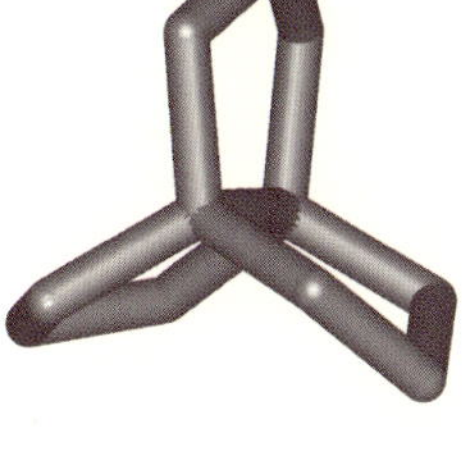

ロペラン骨格を持った分子が発見されています。

作った化合物を動物に見立てることも結構行われていて、図1・6はペンギンに似ているため**ペンギノン**、図1・7はネコの顔を思わせるので**フェリセン**（feliceはラテン語でネコ）と名づけられています。図1・8は翼のある恐竜プテロダクティルに見立て、**プテロダクティラジエン**の名がついています。

花に似た分子というのもあり、例えば図1・9の分子はサンスクリット語の「花」を意味する言葉から**スマネン**と名づけられています。フラーレン（156ページ）の部分構造として注目され、合成される以前から名前が先につけられていましたが、2003年になって大阪大学の平尾教授らが巧妙な手段で初の合成に成功しました。

図1・10はひまわり（sunflower）の花に似ているところ、硫黄（sulfur）を含むことから**サルフラワー**

図 1.6
ペンギノン

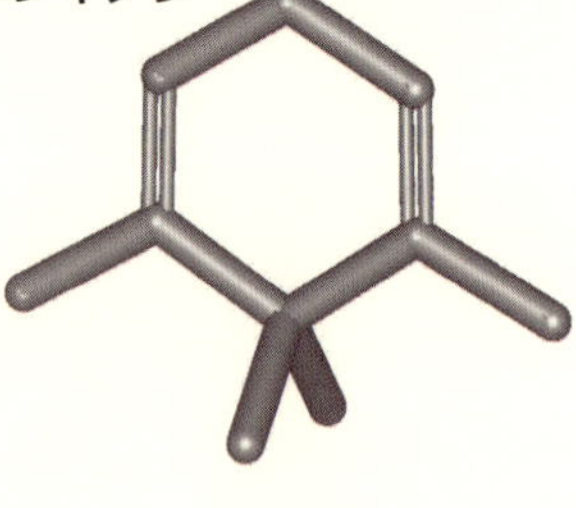

図 1.7
フェリセン

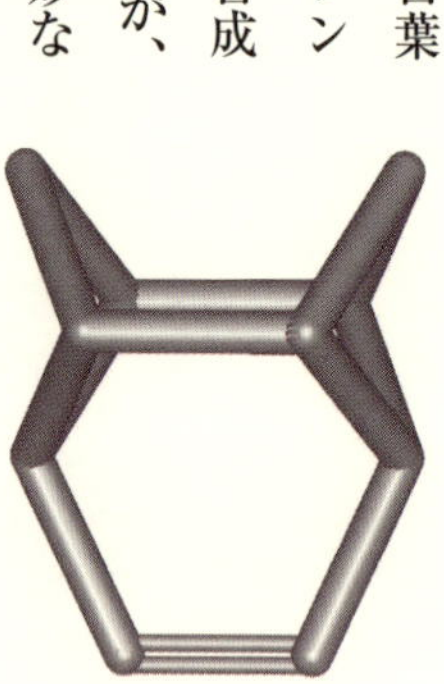

図 1.8
プテロダクティラジエン

図 1.9
スマネン

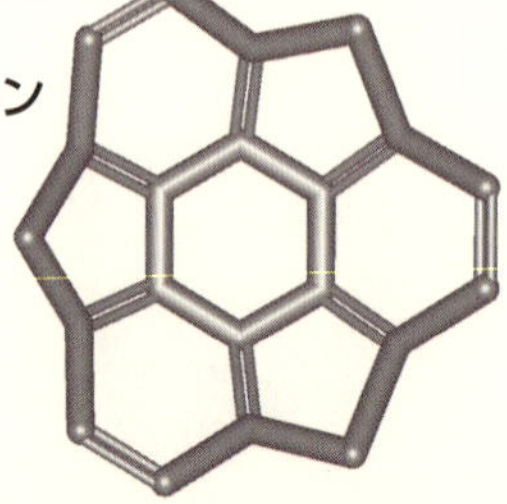

(sulfflower) と命名されました。水素などを含まず、炭素と硫黄だけからできているという非常に珍しい分子です。

名前のつけ方はいろいろであり、ロケットに似ているので**アポラン**、**ロケッテン**と名づけられた分子もあります（図1・11、12）。このあたりはもっと違うものに見えるという方も多いでしょう。

日本語を含む化合物名

植物や動物、細菌類はさまざまな、変化に富んだ化合物を作り出しています。これら自然界から得られる化合物は一般に「天然物」と総称されます。人類は新しい薬や香料を求め、昔からそれらを抽出、分離する研究をさかんに行ってきました。それらが単離、構造決定されると、当然名前が必要になります。化合物名の多くは単離された生物の名（学名）や発見された地名から取られ、化合物により適当な語尾をつけて命名されます。この分野でも日

図 1.10
サルフラワー

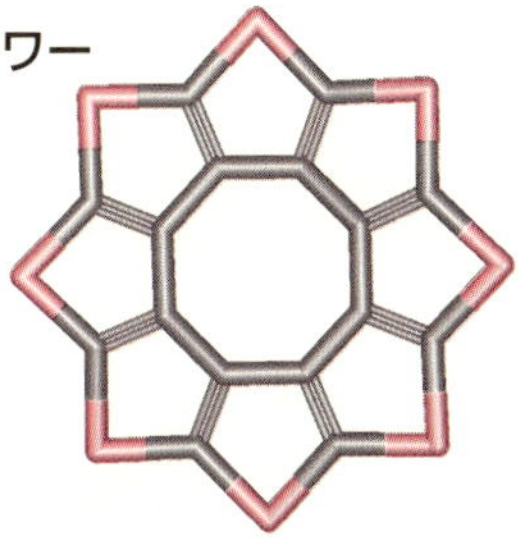

図 1.11
アポラン

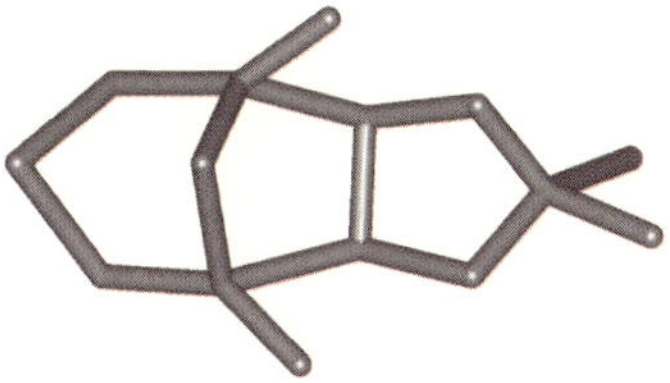

図 1.12
ロケッテン

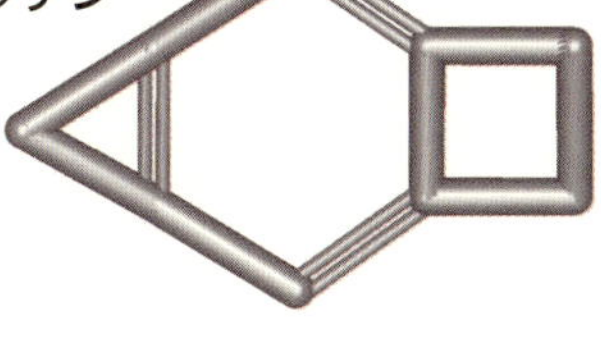

●**語尾**
水酸基を含むものは「-ol」、二重結合を含むものは「-ene」など、主要な官能基によって決められる。

本人化学者の貢献は大きく、当然日本語を含む化合物名もかなりあります。

・植物名

香り成分の研究は付加価値の高い香料の生産に結びつくため、昔から盛んに行われています。例えばヒノキやマツタケの香り成分はそれぞれ**ヒノキチオール**、**マツタケオール**という化合物です。この他海人草から得られる**カイニン酸**、麦の根から取れた**ムギネ酸**など多くの化合物が知られています（図1・13～16）。

植物ではなく、植物由来の食品にちなんだネーミングとして**オカラミン**という化合物があり、オカラに生えた菌から分離されたものです（図1・17）。殺虫作用などの生理作用を持つそうで、日本の伝統食品も使いようで面白い用途が開けるものです。

図 1.13
ヒノキチオール

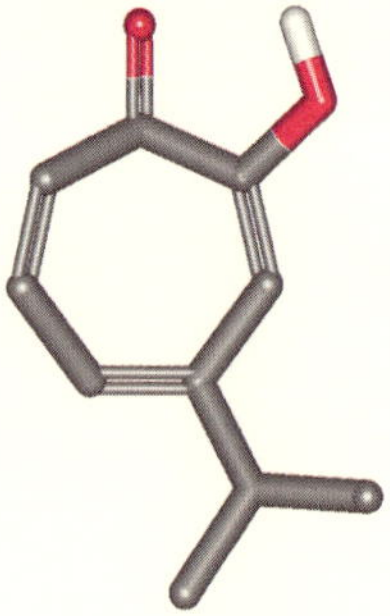

図 1.14
マツタケオール

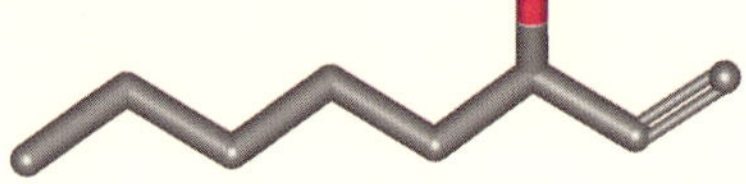

図 1.15
カイニン酸

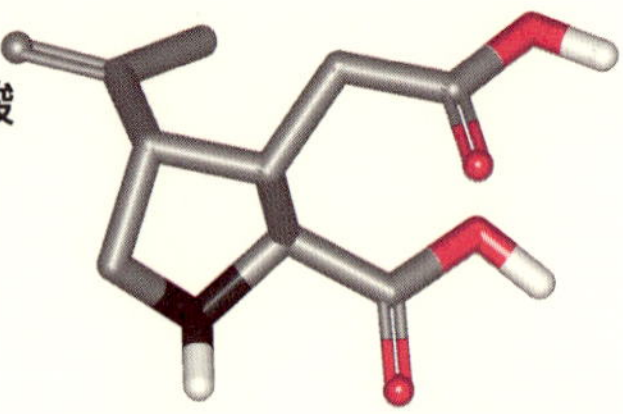

図 1.16
ムギネ酸

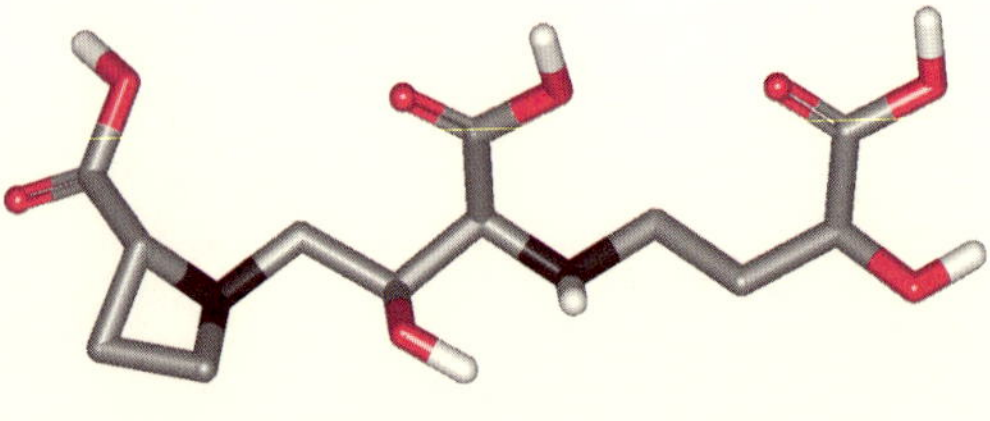

・地名

ナナオマイシン、ニッコウマイシン、スルガトキシンなど、日本の地名を含むものもかなりあります。特に沖縄は海流や温度の条件がよいため海洋天然物の宝庫で、当然その地名はよく化合物名になっています。万座毛で見つかった**マンザミン**、慶良間列島で見つかった**ケラマフィジン**などはその複雑な構造のため合成化学者の注目を集め、全合成のよいターゲットになっています（図1・18、19）。

地名というには語弊がありますが、そのものズバリ**日本酸**という化合物も存在します。図1・20に示すような、炭素鎖21個の両端にカルボキシル基がついた構造です。これはドイツの化学者が20世紀の初めごろ、日本産のハゼの木の木蝋（当時「ジャパンワックス」として珍重されていた）から単離したものです。

図 1.17
オカラミンN

図 1.18
マンザミンA

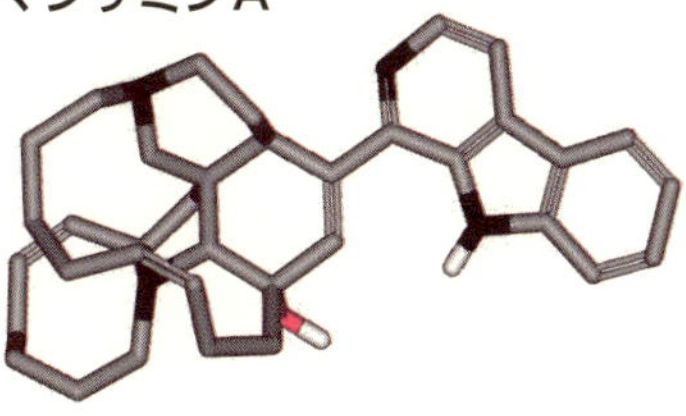

図 1.19
ケラマフィジンB

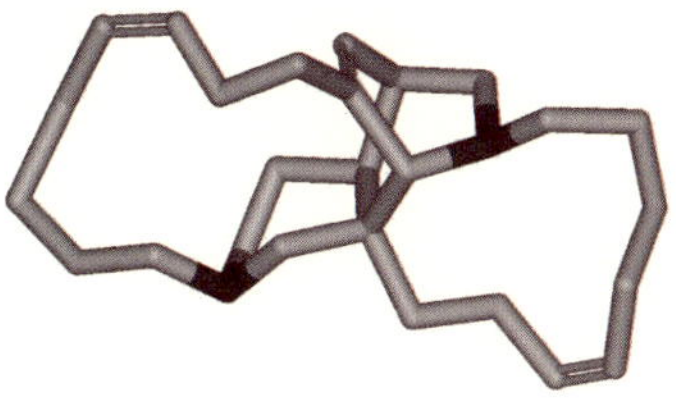

図 1.20
日本酸

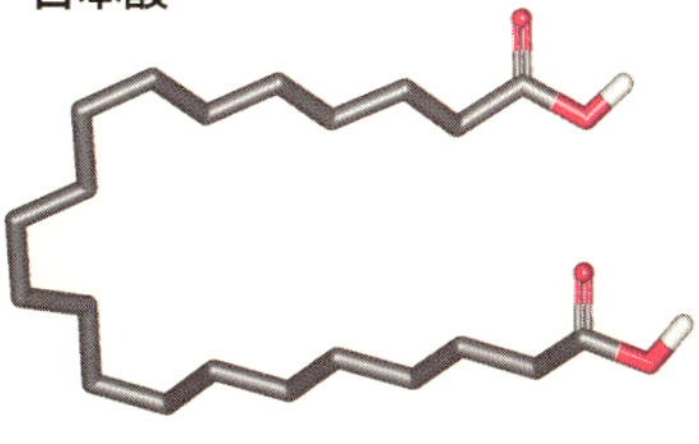

・人名その他

人名はあまり例がありません。**オカダ酸**という化合物がありますが、これは*Halichondria okadai* という学名の日本産の海綿から得られたものです（図1・21）。学名にはよく発見者の名がとられますので、間接的に人名由来のネーミングといえるでしょう。これも複雑な骨格で、よく全合成の標的になっています。

「人」とはちょっといえませんが、「シュゴシン」と名づけられたタンパクもあります。これは細胞分裂が正しく行われるよう管理する役回りのタンパク質で、酵母から人間まであらゆる生物がこの「シュゴシン」を持っています。生物の繁殖を支え続けてきた、文字通り生命の「守護神」といえる化合物です。

少々脱線しますが、どうやら生化学者はこうしたネーミングが得意であるようで、いくつか面白い命名をされているタンパク質があります。例えば2006年に発見された、ネコの尿のにおいのもとになるタンパク質は「コーキシン」(cauxin) と名づけられました。「**Ca**rboxylesterase like **u**rinary e**x**creted prote**in**」の略だそうですが、もちろん「好奇心はネコをも殺す」ということわざに引っかけた命名でしょう。

が、こうした命名が失敗に終わることもあります。2005年、DNAからRNAへの情報コピーを抑制する機能を持った遺伝子（転写抑制因子）の一種が新たに発

図 1.21
オカダ酸

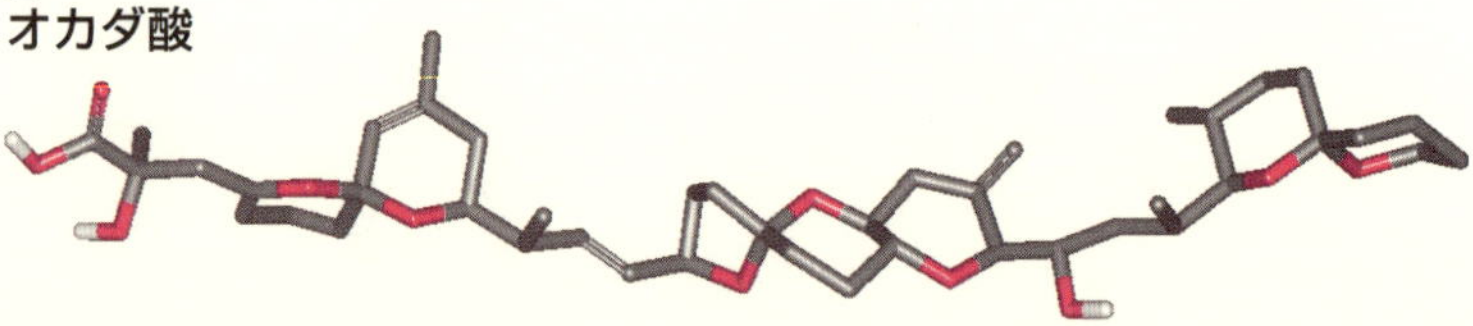

見され、「POKEMON」というびっくりするような名前がつけられました。**POK**
erythroid **m**yeloid **on**togenic factorの略だそうで、うまくこじつけたものです。
ところが数カ月後、版権元からこの命名にクレームがつき、結局この遺伝子はZbtb7という面白くも何ともない名称に改名されるはめになりました。版権の問題もさることながら、癌の引き金になる危険な遺伝子に子供達のヒーローの名をつけられてはたまらないと思ったのでしょうか。ちなみに「ソニック・ヘッジホッグ」と名づけられた遺伝子も存在していますが、こちらは今までクレームをつけられることもなく世界で通用しているようです。

最後に正真正銘、日本の伝統に基づいたネーミングを紹介しましょう。シクロデキストリンという、D-グルコースが6～8つ輪につながった化合物があります（口絵㉖ページ）。1991年、徳島文理大の西沢教授らはこのグルコースをL-ラムノースという糖に変えた類縁体を人工合成し、これを地元の名物にちなんで**シクロアワオドリン**と名付けて発表、日本中の有機化学者を腰砕けにさせました（図1・22）。日本の科学者というとお堅いばかりの印象ですが、ユーモリストも中にはいます。北大にいる筆者の知り合いがこれを聞いて「なら俺はサッポロユキマツリンを作る！」と息巻いてい

●ソニック・ヘッジホッグ
脊椎動物の胚形成の際に働く遺伝子。この遺伝子を欠いたハエの幼虫がハリネズミ状に変異することから名付けられた。ソニック・ザ・ヘッジホッグはセガから発売されたアクションゲームの題名。

ましたが、その後どうなったか消息は聞きません。

面白い命名は他にもたくさんあり、この本の中でもおいおい取り上げていきます。しかしこうした名づけ方の数々を見ていると、化学者が自分で作り出した化合物への思い入れや愛着、そして何より白衣を着込んでしかつめらしい顔をしている彼らが、実は化学を心から楽しんでいることを感じ取っていただけるのではないでしょうか？

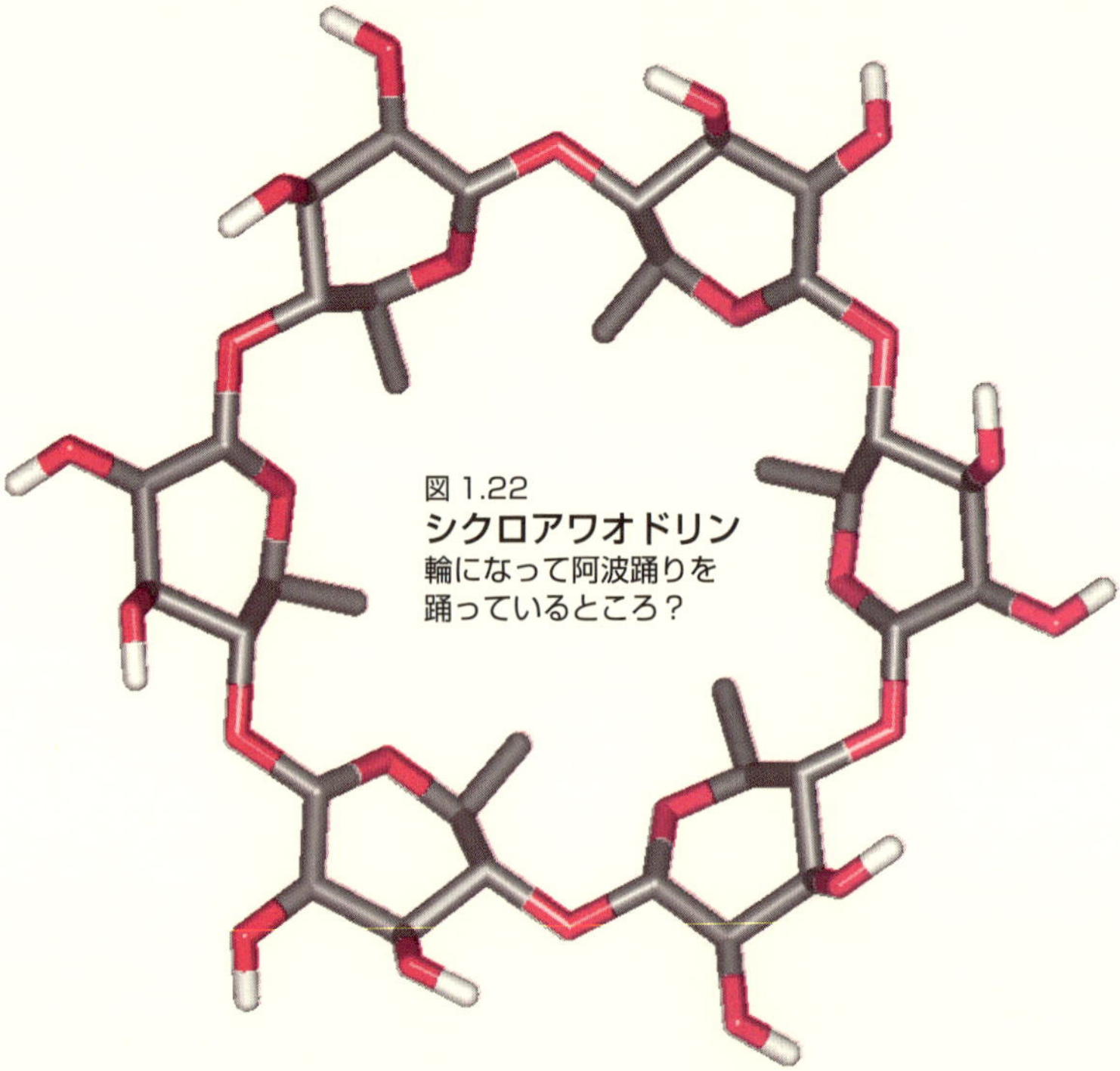

図 1.22
シクロアワオドリン
輪になって阿波踊りを
踊っているところ？

1-2 炭素の多面体

対称性の高い多面体は、数学者だけでなく化学者にとっても魅力的な存在です。多面体分子といえば何といってもフラーレン類ですが、こちらは別項（第4章）を参照して下さい。この項では主に炭化水素の作り出す、美しい多面体の世界を鑑賞してみましょう。

正四面体

炭素の4本の腕は正四面体をなす角度（約109・5度）に突き出ています。しかし炭素原子の方を正四面体の頂点に置いた**テトラヘドラン**（図1・23）は極めてひずみが大きく、いまだそのものの合成はされていません。このあたりは次項「炭素のトライアングル」をご覧下さい。

有機化合物に限らなければ、**白リン**（P_4）がまさにこの正四面体構造をとります（図1・24）。白リンは比較的低温で発火するので、

図 1.23
テトラヘドラン（未合成）

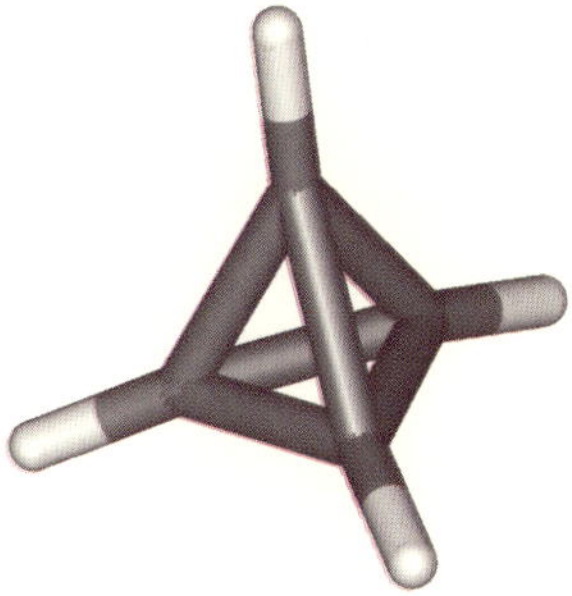

図 1.24
白リン

かつてはマッチの点火剤に使われていました。現在では自然発火などの危険があるため、代わりに赤リンが使われています。

立方体

前節でも登場した有機分子**キュバン**（図1・2）は、立方体の形をした化合物です。キュバンはテトラヘドランほどではないにせよ、相当にひずみが大きい分子で、以前は安定には存在できないだろうと予想されていました。しかし実際に合成されてみると、キュバンは意外にも非常に安定な結晶でした。おそらく分子の対称性が高いので、ひずみが分子全体に均等に行き渡っているためでしょう。

ちなみに立方体の分子は、炭素の親戚筋に当たるケイ素やゲルマニウム、スズなどでも合成されています。ただしこれらの元素同士の結合は炭素の場合ほど安定でなく、そのままでは酸素などと反応して壊れてしまいます。そこで図1・25のように、周りをトナカイの角のような大きな置換基でガードしてやって初めて安定に取り出すことができます。

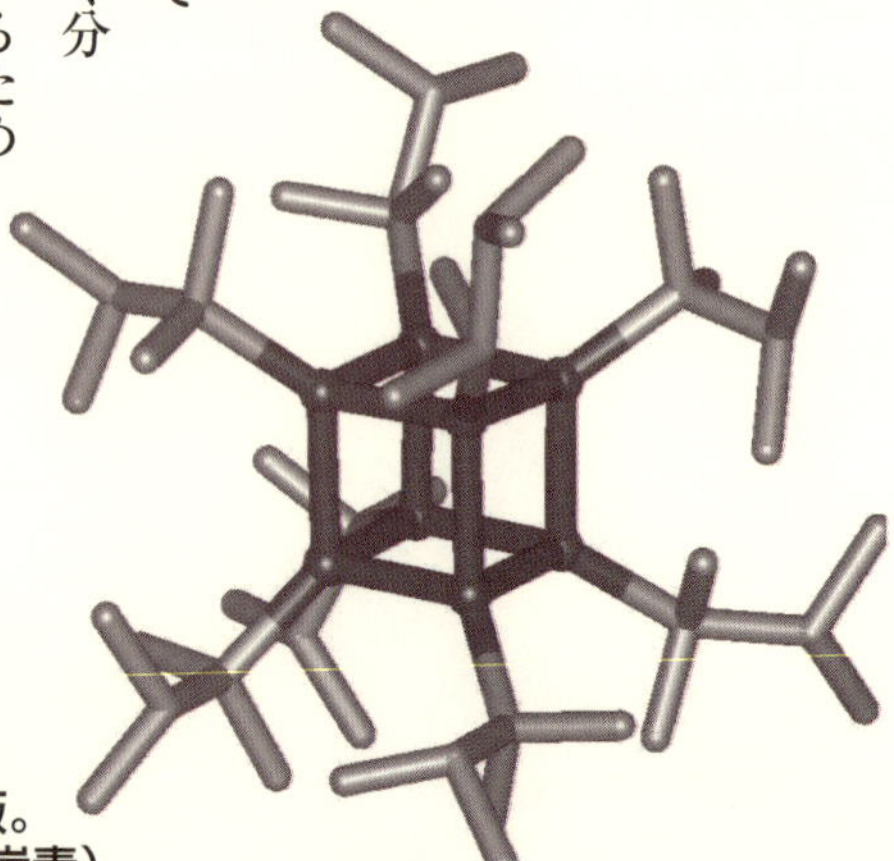

図 1.25
オクタシラキュバン
（キュバンのケイ素版。
黒色はケイ素、他は炭素）

正二十面体

炭素は腕が4本しかないので正二十面体は作れませんが、ホウ素ではこの骨格を持ったものがあります。$B_{12}H_{12}^{2-}$という分子式で、**ドデカヒドロドデカホウ酸イオン**という舌を噛みそうな名前がついています。ホウ素は驚くほど芸達者で、三中心二電子結合という特殊な結合によって互いに結びつき、多種多様な多面体を作ることが知られています。たとえばβ菱面体ホウ素（B_{84}）は、二重の正二十面体がさらにフラーレンと同じサッカーボール構造の中に内包されたとんでもない分子です。実はサッカーボール分子としてはフラーレンよりもこちらの方が先輩なのです。

ホウ素の代わりに2つ炭素を組み込んだ「カルボラン」（$C_2B_{10}H_{12}$）は中性の分子であり、有機分子と結合させることができます。これを使って癌細胞の近くにホウ素を送り込み、中性子線を当てて癌細胞だけを破壊する新しい癌治療への応用が期待されています。また炭素1つとホウ素11個から成るクラスター**カルボラン酸**は、史上最強の酸として知られます（口絵⑫ページ）。カルボラン酸に関しては、126ページをご覧下さい。

●**三中心二電子結合**
3つの原子が2つの電子によって橋かけされて結びついた特殊な結合で、ホウ素やアルミニウムの化合物にのみ見られる。

正多角柱

角柱のことを英語で「prism」といいます。有機分子では正三～五角柱が実現しており、プリズマン類と名づけられています（正四角柱はキュバン）。

19世紀初めに化学者ラデンブルクは、ベンゼンC_6H_6はこの三角柱構造をとるのではないかという説を唱えていました。しかし実際に合成された三角柱分子**トリプリズマン**（図1・26）は不安定で、徐々に安定な平面六角形のベンゼンへ異性化していくことがわかっています。

五角柱分子**ペンタプリズマン**を合成したのはキュバンと同じイートン教授のグループですが、彼らはこれを**ハウサン**（houseから）というあだ名で呼んでいました。これは図1・27を見れば一目瞭然でしょう（水素省略）。ちなみにこの合成の過程で出てくる図1・28の骨格は**チャーチャン**（churchane)」と呼ばれています。突き出た部分を教会（church）の尖塔に見立てたネーミングでしょう。

六角柱以上の分子はまだ実現していませんが、十二角柱分子は一体どの

図 1.26
トリプリズマン

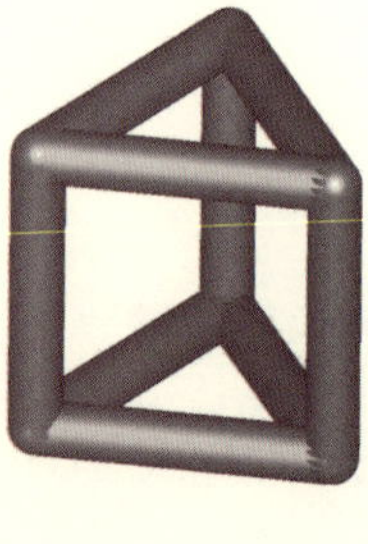

図 1.27
ペンタプリズマン

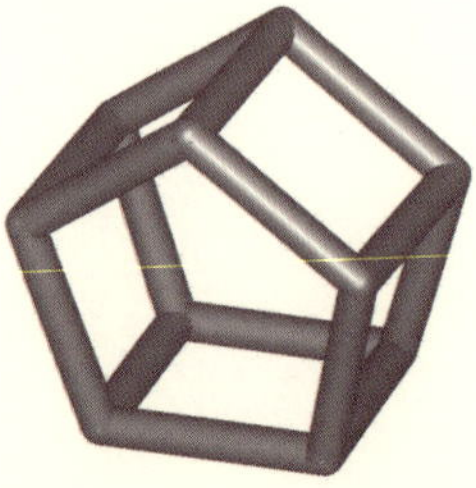

ような構造をとるか、議論が交わされたことがあります。きっかけを作ったのはスイスのエッシェンモーザー教授で、イスラエルで行った講演でのことでした。彼は口絵㉜ページのような六角星形の構造をイスラエル国旗にちなんで**イスラエラン**、十字型をスイス国旗から**ヘルベタン**（ラテン語でスイスは「ヘルベチア」）と呼び、十二角柱分子はより安定なヘルベタン構造をとるであろうと予言したのです。

これを聞いて黙っていなかったのがイスラエルのギンズベルグ教授で、彼はある学会誌のエイプリルフール号に「ヘルベタンよりも我がイスラエランの方がより安定という実験結果を得た」と発表し、反撃を開始したのです（もちろんこれは冗談論文で、とてもイスラエランが合成できるルートではありません）。2人のユーモアあふれる論戦は続きましたが、現在の精密な計算結果ではどうやらヘルベタンの方がはるかに安定であると見積もられています。ただし今のところ両分子とも実際の化合物として作り出されたことはなく、本当のところはどうなるかまだわかっていません。ひずみが大きいため極めて困難でしょうが、どなたか合成にチャレンジし、両氏の論戦に決着をつけようという方はいないでしょうか？

図 1.28
チャーチャン

●**エッシェンモーザー教授**
Albert Eschenmoser（1925～）
チューリッヒ工科大学名誉教授。多くの合成反応・試薬を開発、またステロイドの生合成研究などの業績で知られる。

正十二面体

正十二面体はギリシャの昔から、最も高い対称性を持つ美しい立体として知られていました。これを炭素骨格で作るという試みは合成化学者にとって最高度に挑戦的な目標で、その合成はエベレスト登頂にも例えられたほどです。

十二面体分子**ドデカヘドラン**はキュバンなどと違ってひずみはほとんどなく、非常に安定な分子です（図1・29）。しかし模型を組むのとは違って、実際の合成は目に見えないほどに小さな分子を相手にするわけですから、どこでも好きなところを切ったり貼ったりするというわけにはいきません。これまでに知られている反応をうまく組み合わせて、試行錯誤を繰り返しながら進んでいくことになるわけですが、こうしたかご型の特殊な分子では予想外の反応が起こりやすく、その合成は困難を極めました。

こうした化合物の合成では、戦略の立て方が何より重要になります。例えばハーバード大学のウッドワード教授は五角形3枚から成る**トリキナセン**を2つつないでドデカヘドランを作ることを考えました（図1・30）。また、イートン教授は**ペリスチラン**と名付けられた化合物を合成し、ここに五角形の「ふた」を取り付けて十二面体骨格を形成しようとしました（図1・31）。しかし残念ながらこれらのルートでは、いずれも

●ウッドワード教授
Robert Burns Woodward（1917～1979）ハーバード大学教授。数々の天然物合成を達成し、20世紀有機化学最大の巨人と呼ばれる。1965年ノーベル化学賞受賞。

最終目的のドデカヘドランにはたどり着いていません。

こうして20ほどもあったライバルの研究室が次々と脱落する中、飽くなき執念でドデカヘドラン全合成に挑み続けたのがオハイオ州立大のパケット教授でした。パケット自身も様々なルートを試し、失敗を重ねています。例えば最終目的への一里塚として**ビバルバン**（bivalveは二枚貝の意味）や**ヘキサキナセン**（6枚の五角形を意味する）といった中間体を作り出していますが、ここからは残念ながらドデカヘドランにはたどり着くことができませんでした（図1・32、33）。絵だけ見るとあと数本の結合を作るだけで簡単そうに見えますが、実際の分子に言うことを聞かせるのは非常に大変なことなのです。

図 1.30
ウッドワードルート

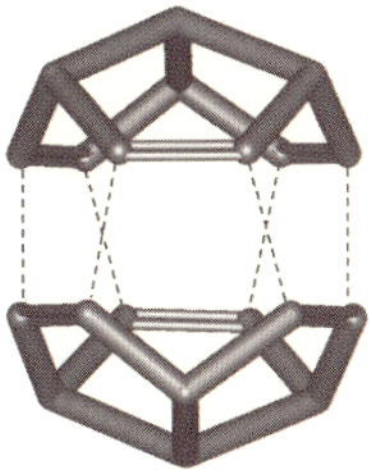

図 1.31
イートンルート

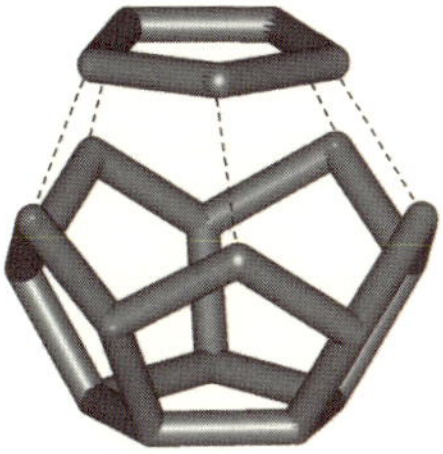

図 1.32
ビバルバン

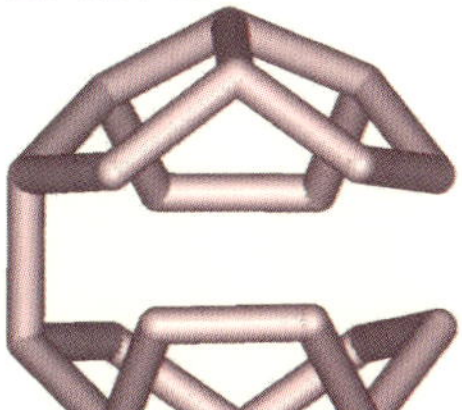

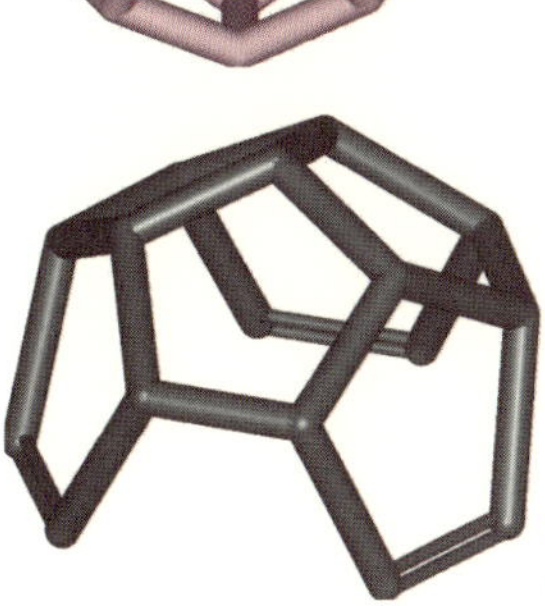

図 1.33
ヘキサキナセン

図 1.29
ドデカヘドラン

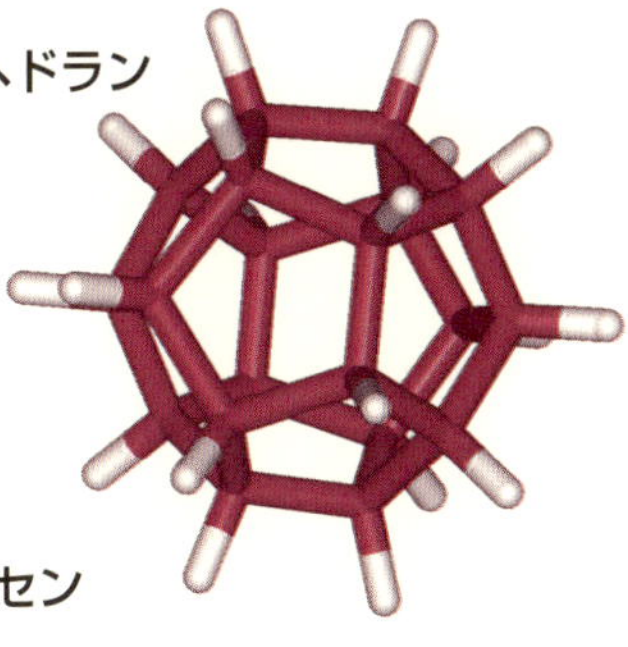

しかしそれでも教授は諦めず20年近くにもわたって研究を続け、結局、一歩一歩環を積み上げていく手法によって、ついに1981年に炭素が2つ余計についているジメチルドデカヘドランを、さらに82年にはドデカヘドランそのものの全合成を完成しました。有機合成の神様ウッドワード教授さえも手の届かなかったドデカヘドランは、ついにその弟子パケット教授の凄まじい執念の前に陥落したのです。この全合成は多くの有機化学の教科書にも取り上げられる見事なもので、有機化学史の大きなランドマークの一つと評されています。

5年後の87年、今度はドイツのプリンツバッハ教授が2番目のドデカヘドラン合成を報告しました。こちらは**パゴダン**（「パゴダ」は五重塔に似た東南アジアの仏塔のこと）と名付けた化合物をまず合成し、ここに酸を作用させてドデカヘドランへと変換するというルートをとっています（図1・34）。パケット教授の最初のルートに比べ、だいぶ洗練されたものになっています。

図 1.34
パゴダン

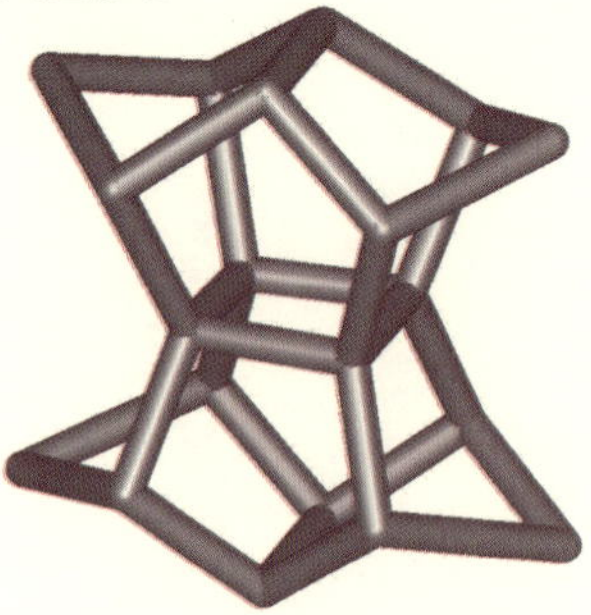

多面体分子の数々をお目にかけました。こうした研究には、「美しいけれど特に役に立たない分子を、莫大な研究費と長い時間をかけて合成するのにどれだけの意味があるのか」という批判が常につきまといます。有機合成の世界でも、近年は生物学を指向した研究が盛んで、こうした「非実用的な」研究は全体に下火のようです。もちろん、今一番活発に動いているジャンルである生物学分野へのアプローチは重要なことではありますが、有機化学という学問のアイデンティティからすれば、こうした傾向はやや淋しい気がしないでもありません。もっとわくわくするような、楽しいターゲットに挑戦する研究もたまには見てみたいものだ……と個人的には思う次第です。

1-3 炭素のトライアングル

炭素の作るリングにもいろいろな種類があります。ここでは炭素が3つ環になった化合物、**シクロプロパン**類をご紹介しましょう。

シクロプロパンとは

「プロパン」といえば燃料の名前としてみなさんもよくご存じと思いますが、これは炭素が3つ直線につながった化合物です。「シクロ」（cyclo）という接頭語は「環状の」という意味を表しますので、**シクロプロパン**といえば炭素が三角形につながった分子ということになります（図1・35）。ややや味気ないネーミングではありますが、正確さ、統一性を重んじる学術用語としてはやむを得ないところです。

ちなみにシクロプロパン自身は吸入麻酔薬として用いられることがありますが、なぜこのような効果を示すのか詳しいことはわかっていません。というより実は麻酔作用自体が実は謎の現象で、なぜある種

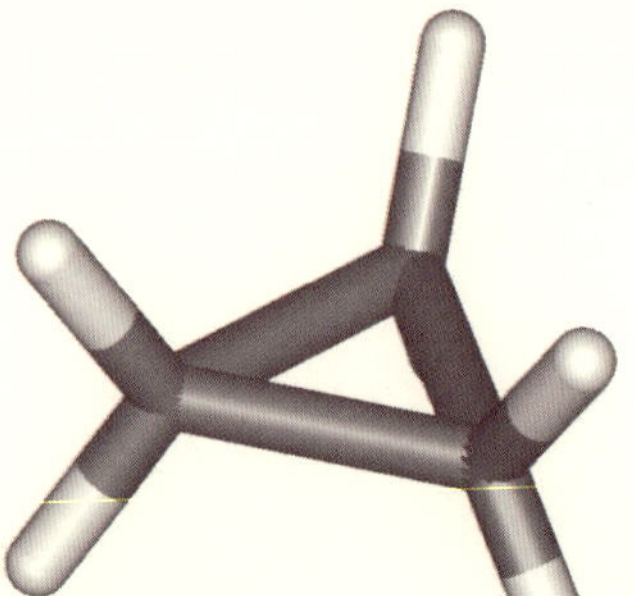

図 1.35
シクロプロパン

の薬物によって中枢神経が麻痺するのか、今のところ誰にも説明ができていません。なんだか麻酔手術を受けるのが怖くなるような話ではありません。

三員環を含む天然物

さてシクロプロパンやその誘導体では、3つの炭素が正三角形を成しています。本来炭素の結合角（腕と腕の角度）は109・5度くらいがもっとも安定とされますが、シクロプロパンではこれが60度にまで狭められているので、かなりひずみがかかっています。このため三員環を作るには少々工夫を要し、また四員環以上の環にはない独特の反応をすることが知られています。

このためなのか、天然の動植物が生産する化合物の中にはシクロプロパン単位を含むものはあまり多くありません。図1・36〜38にその例として**ピレスリン**、**プタキロシド**、**デュオカルマイシン**を挙げておきます。ちなみにこれらはそれぞれ殺虫性、発癌性、抗腫瘍性という生理作用を示しますが、その発現にシクロプロパ

図 1.36
ピレスリン

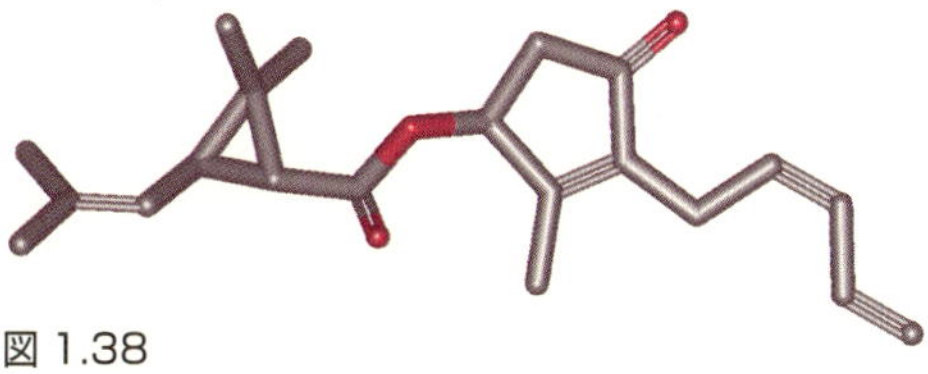

図 1.37
プタキロシド

図 1.38
デュオカルマイシン

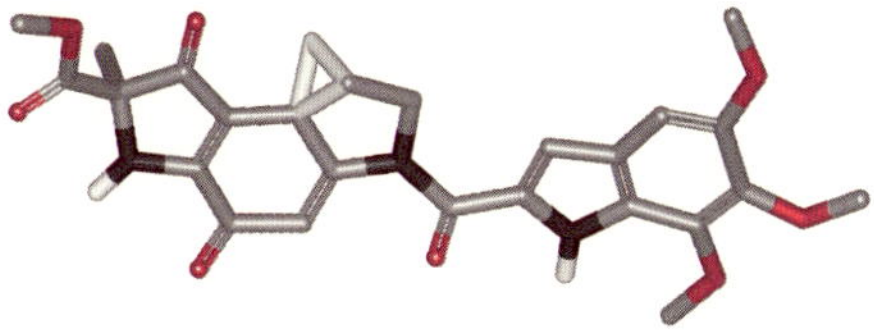

ン部分が大きく関わっていることがわかっています。

例えばプタキロシドはワラビに含まれる有毒成分で、強い発ガン性を示します。これはプタキロシドのシクロプロパン環部分が切れて環が開き、これがDNAに結合してその正常な機能を失わせてしまうためということがわかっています。といってもプタキロシドは熱に弱いため、火を通してから食べる分には問題はありません。ワラビは必ずゆでてから食べるという古くからの知恵は、科学的に見ても正しいということになります。

ところが最近になって、この天然には希少なはずのシクロプロパンをずらずらとつなげたような化合物が続けざまに見つかり、有機化学者たちを驚かせました（図1・39）。これらはそれぞれ別々の製薬会社で、違う生理活性を持つものとして発見されてきた化合物ですが、立体配置も、1つ間が空いているところもそっくりです。自然というのは、ときどき人間の想像のつかないようなものを作り出すことがあるという好例といえます。

人工の三員環化合物

有機化学者だって負けてはいません。こうした高ひずみ化合物は化学者

図 1.39
FR900848（上）とU-106305（下）

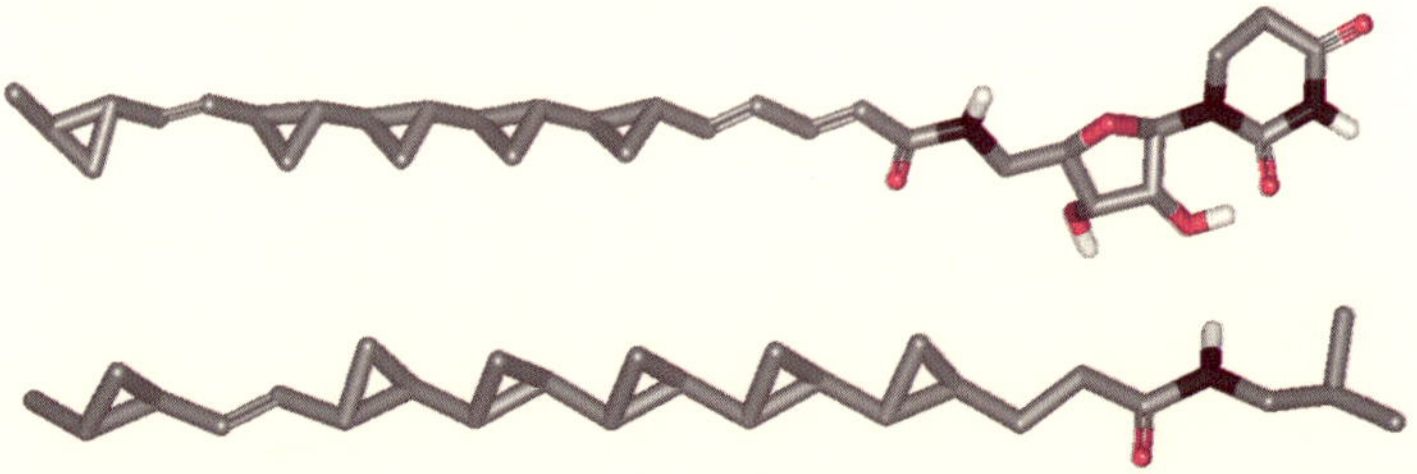

たちの挑戦意欲を誘うようで、様々なシクロプロパン誘導体が産み出されています。

トップバッターは正三角形4枚から成る**テトラヘドラン**です（図1・23）。ただしこの化合物はひずみが極めて大きいため大変に不安定で、他の分子とすぐに反応して壊れてしまいます。これを防ぐため各頂点に大きな「覆い」となる置換基を取り付け、ようやく単離に成功しています（図1・40）。

2005年には筑波大の関口教授らのグループによって、このテトラヘドランを2つつないだような分子が合成されました（口絵⓫ページ）。この分子の中央、黄色で示した結合は0・1436ナノメートルと通常の単結合に比べて7パーセント近く短く、ひずみのかかっていない炭素－炭素単結合の中ではこれまでの最短記録だそうです。これは両端の炭素の結合角が60度まで歪められているせいで、この結合が二重結合に近い性質を帯びるためと説明されています。

図1・41に示す**［1・1・1］プロペラン**という分子は究極の高ひずみ化合物というべきでしょう。これは1982年に報告されましたが、意外

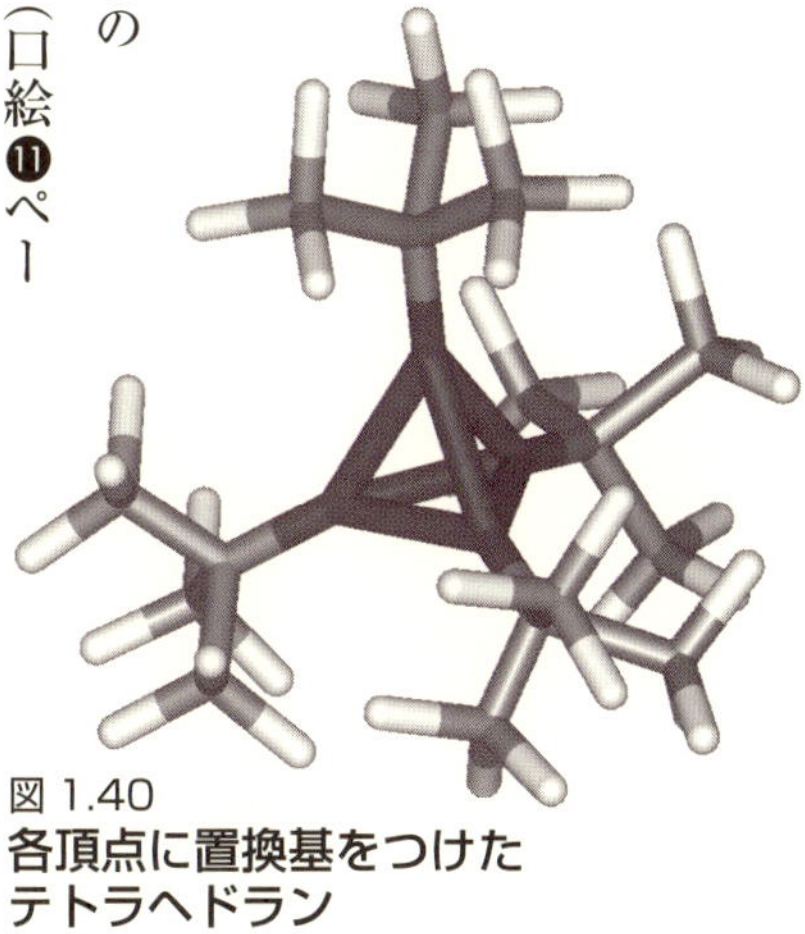
図 1.40
各頂点に置換基をつけたテトラヘドラン

図 1.41
[1.1.1] プロペラン

にもかなり安定に存在し、大量に合成することも可能です。

シクロプロパン同士を頂点でつなげていった骨格（このタイプの結合を「スピロ結合」と呼びます）をたくさん作っているのはドイツのアーミン＝ド＝マイヤー教授で、彼らはこうした構造を**トライアングラン**（triangulane）と名付けています。n個のシクロプロパンがつながった分子を**［n］トライアングラン**と表記します。

さて正三角形が直線的に4つつながると、両端がぶつかるためそれをよけるためにらせん状にねじれた構造をとらざるを得なくなります（図1・42）。この分子には左回りと右回りの2種類があるため、不斉炭素がないのにキラリティを持ちます。現在では15個ものシクロプロパンを直線に連ねたトライアングランまでが合成されているということです。

その他、いくつもの美しいトライアングル分子がド＝マイヤー教授の研究室から送り出されています。こんな面白いものもできるのか、と毎度のことながら驚かされます（図1・43、44）。シクロプロパンを連結させて伸ばしていく

図 1.42
［4］トライアングラン

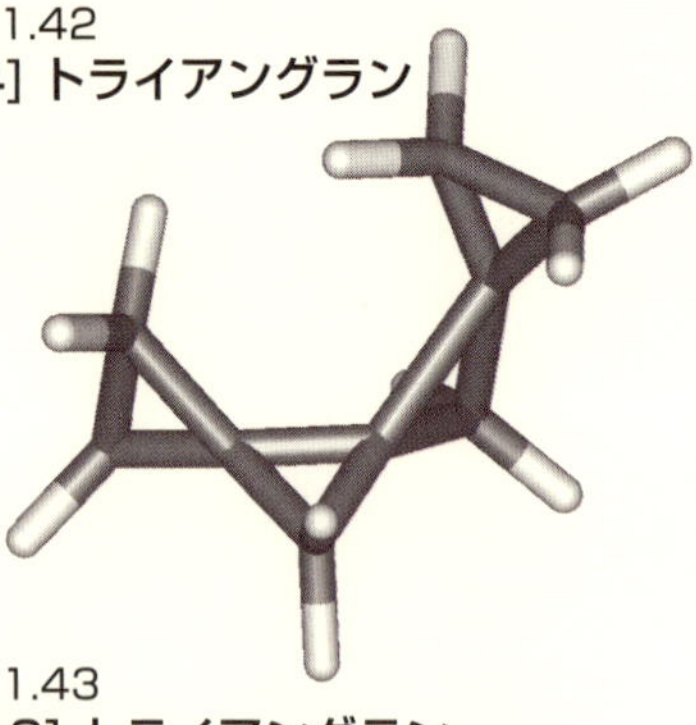

図 1.43
［10］トライアングラン

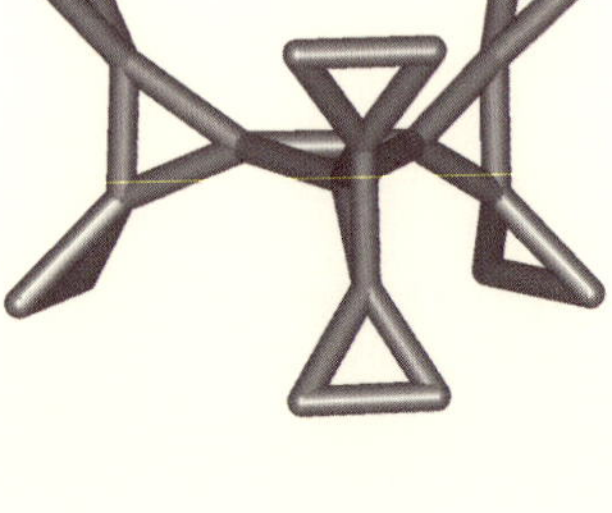

●**不斉炭素**
不斉炭素に関して、詳しくは62ページ「野依先生の業績」を参照。

と、向きによっては一周して環になるはずです。三員環が6つ環につながったものはイスラエル国旗にある「ダビデの星」にちなんでダビダンと命名されていますが、実際には平面には収まらず、正三角形が互い違いに並んだ構造になると予想されています（図1・45）。しかし今のところ多くの努力にも関わらずこの分子の合成は達成されておらず、現在に至るまで「化学者の夢の化合物」であり続けています。

理論計算によればこうした環状トライアングランでは8つの正三角形をつないだものが一番安定と考えられていますが、こちらもいくつかのアプローチにも関わらずいまだ合成は実現していません。どうやらこうした「環状トライアングラン」はひずみが非常に大きく、実際に合成するのはかなり難しいようです（図1・46）。

図 1.46
[8] シクロトライアングラン

図 1.44
[15] トライアングラン

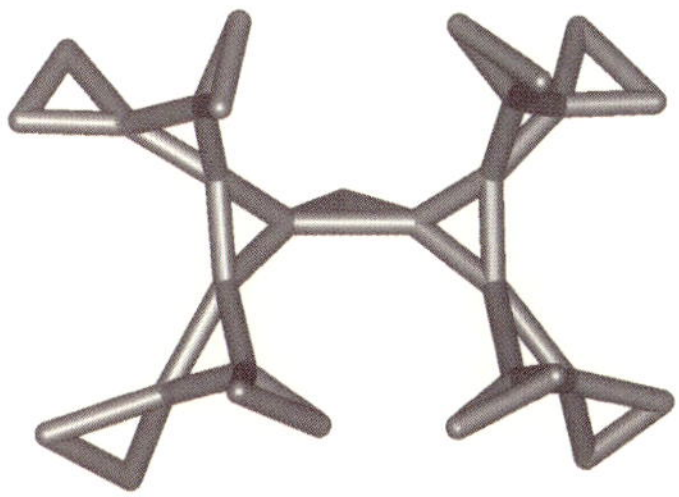

図 1.45
ダビダン

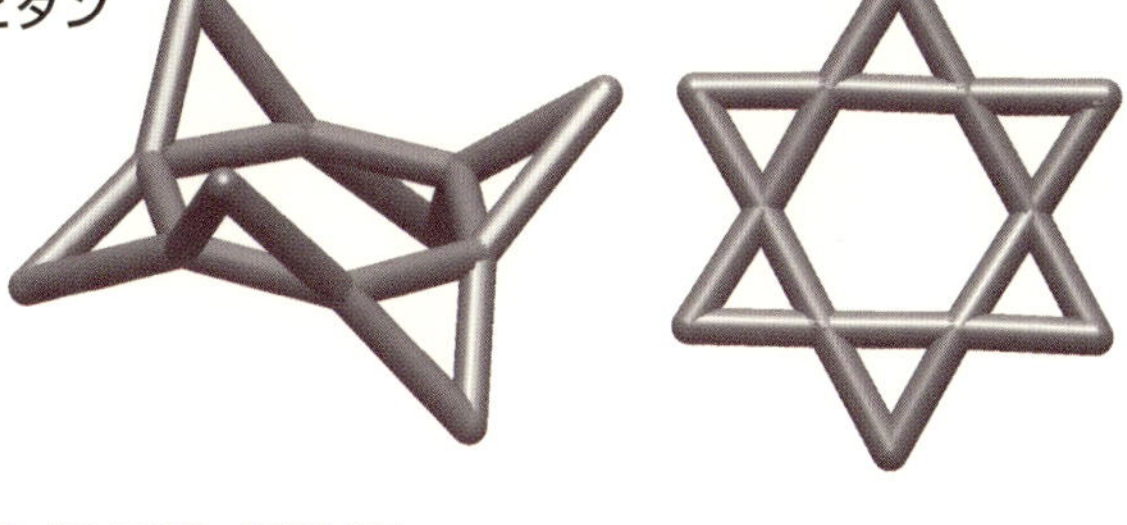

n員環の炭素すべてにシクロプロパン環がスピロ結合したものを**［n］ロータン**（rotane）といいます。まあ言葉で言うより図で見ていただく方が早いでしょう（図1・47）。こちらは比較的合成が容易で、nが3から6までのロータンが報告されています。

その他多くのシクロプロパン誘導体が世界の研究室から送り出されていますが、ひとつ究極のターゲットとでもいうべき化合物をご覧に入れましょう（図1・48）。三角形20枚から成る見事な構造で、理論計算上は安定に存在しうるとのことです。合成はいつの日になるでしょうか？

自然の作り出す化合物も美しく驚きに満ちていますが、人工の化合物もまた造形の妙を感じさせるものばかりです。有機化合物の世界の限りない広がりに歯止めをかけるものがあるとしたら、それは人間の想像力の限界だけということになるのかもしれません。

図 1.47
ロータン類

図 1.48
切頂八面体型トライアングラン

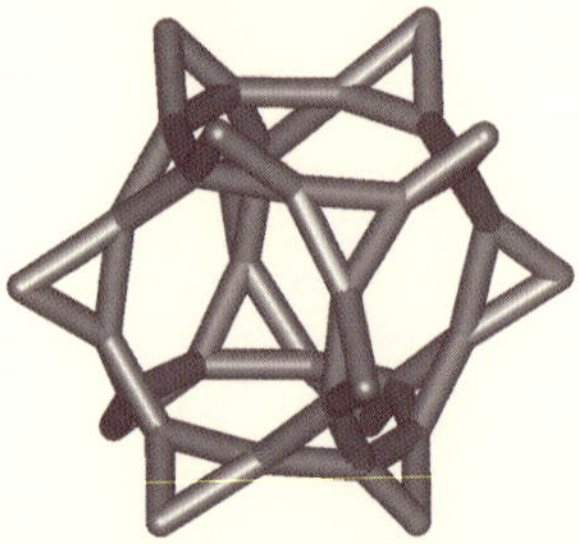

1-4 亀の甲をつなげると

有機化学というといわゆる「亀の甲」、六角形のベンゼン環を思い浮かべる方が多いと思います（図1・49）。この六角形のベンゼン分子、実はいろいろつながり合って面白い分子を作ることもできるのです。

「亀の甲」の発見

今でこそベンゼンの六角形構造は常識となっていますが、19世紀の化学者にとってベンゼンの構造は大きな謎でした。ベンゼンがC_6H_6という分子式である以上、単結合だけで作られた分子でないとは予想されたのですが、ベンゼン分子は二重結合や三重結合を持つ他の分子に比べてはるかに化学的に安定なのです。これをなんとか説明しようと、当時の化学者たちは様々な構造式を提案しました。たとえばデュワーは「日」のような形をした分子構造を提出してい

図 1.50
デュワーベンゼン

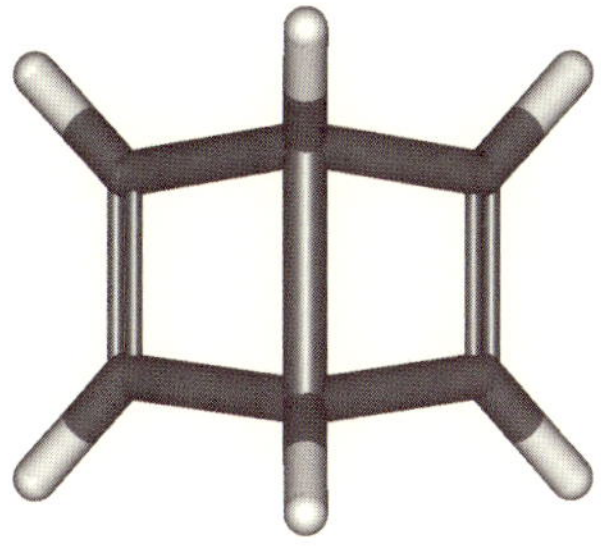

図 1.49
ベンゼン

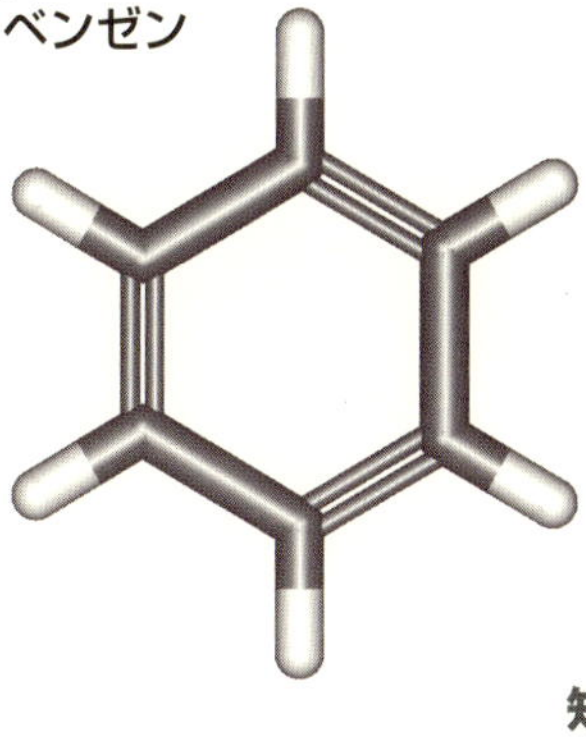

ますし（図1・50）、ラデンブルクは三角柱型の構造をとると主張しています（図1・51）。

1865年、現在使われているベンゼンの構造式を提案したのはチェコ出身の化学者、**オーギュスト＝ケクレ**でした（図1・52）。彼は6匹のヘビが互いのしっぽをくわえて輪になっている夢を見て、この構造を思いついたと言われます。そしてベンゼンの単結合と二重結合は素早く入れ替わっているため、区別ができなくなっていると考えました。

現在の知識からすればケクレのこの考えは当たらずとも遠からずといったところで、結合を作るπ電子が六員環全体に均等に行き渡り、一・五重結合が6本で正六角形を作っていると考えるのが実際に近いところです。とはいえケクレの式（単結合と二重結合が交互に入った六角形）はなかなか便利で、これを使うことで理解しやすくなる事柄も少なくないため、今でも一般によく使われています。この「亀の甲」を専門用語では「芳香環」（aromatic ring）、芳香環を含む分子を「芳香族化合物」などと呼んでいます。これはベンゼン

図 1.51
ラデンブルクベンゼン

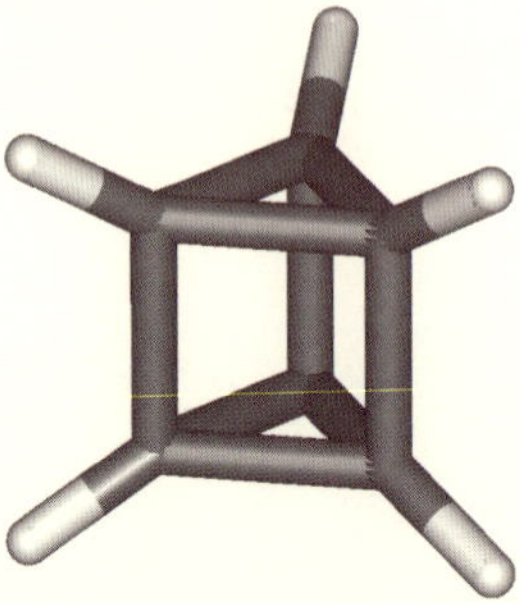

●**オーギュスト＝ケクレ**
Friedrich August Kekule von Stradonitz（1829 ～ 1896）チェコ出身のドイツの有機化学者。炭素の原子価が4であること、炭素同士が鎖状につながることなどを提唱し、有機化学の礎を築いた。

環を含んだ分子に、よい香りを持つものが多いために付けられた名前です。

ベンゼン環上の6つのπ電子がうまく行き渡り、相互作用して安定になるためには、6つの炭素原子が完全に1枚の平面に載り、正六角形を作るのが理想です。何かの事情でこれが歪められるとπ電子同士の相互作用が弱まり、芳香族性は低下して不安定になっていきます。フラーレン（156ページ）がベンゼン環20枚を貼り合わせたような構造でありながら、通常の芳香族化合物より高い反応性を示すのは、丸まった構造をとっているため平面からずれていることが原因といえます。

亀の甲をつなぐ

さて六角形を2つくっつけた分子は**ナフタレン**と呼ばれ、防虫剤としておなじみの化合物です（図1・53）。もちろんこれも芳香族化合物の一員であり、全体として10個のπ電子を持って安定化していると見ることもできます。

図 1.52
ケクレの構造式

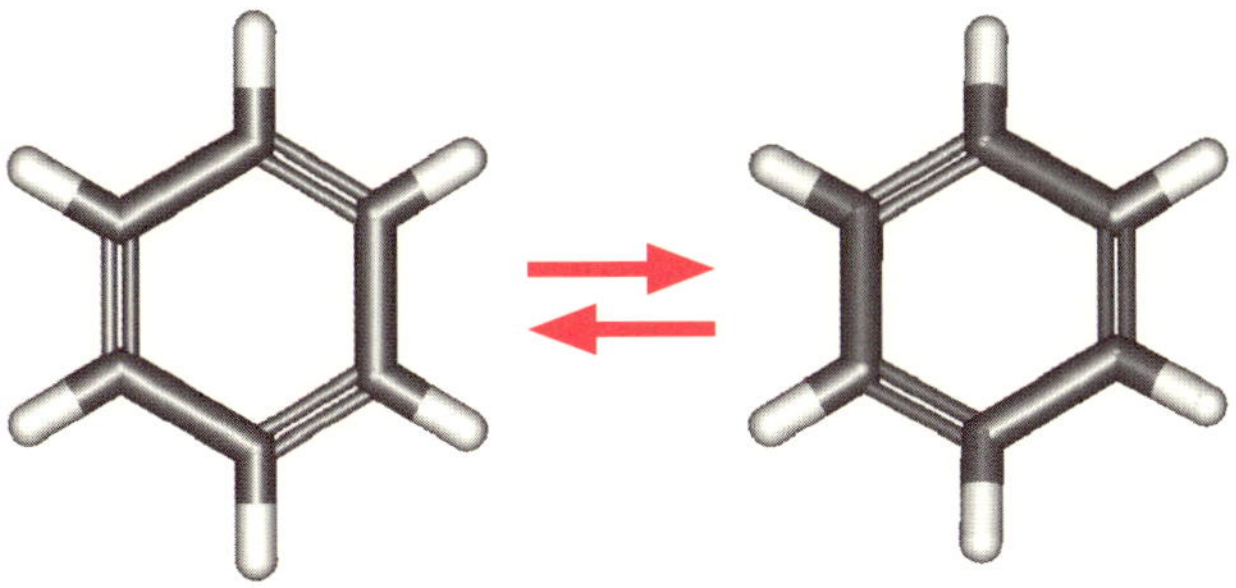

さらに横一列にベンゼン環を継ぎ足した形の分子もありますが、分子が長くなるにつれて徐々に不安定になっていくことが知られています（図1・54、55）。これらの構造式を描いてみると、3つの二重結合を持つ六員環は2つだけで、残りの環にはどうやっても二重結合2つだけしか組み込めません。このため徐々に芳香族性が低下し、不安定になってくるのです。

ジグザグにベンゼン環をつないでいった場合は、どの環にも3つの二重結合を持たせることができます。このためジグザグ系列は分子が長くなっても比較的安定です（図1・56、57）。

ベンゼンを3つ、三角形につないだ分子はないのか？　実はこれは存在しません（図1・58）。この形の分子に二重結合を描き込んでみると、全ての六角形に二重結合を3本ずつ描くことは不可能であることがわかります。このためこの三角分子は全体が芳香族性を持つ分子としては成り立ちません。先に述べた、ケクレ構造式を使うことで理解しやすい事柄があるといったのはこうしたことです。

六角形を6つ集めればひとまわり大きな六角形ができます。この形をした分子は**コロネン**（図1・59）と呼ばれます。太陽のコロナからとられた命名です。これは完全に平面の分子です。

図 1.53
ナフタレン

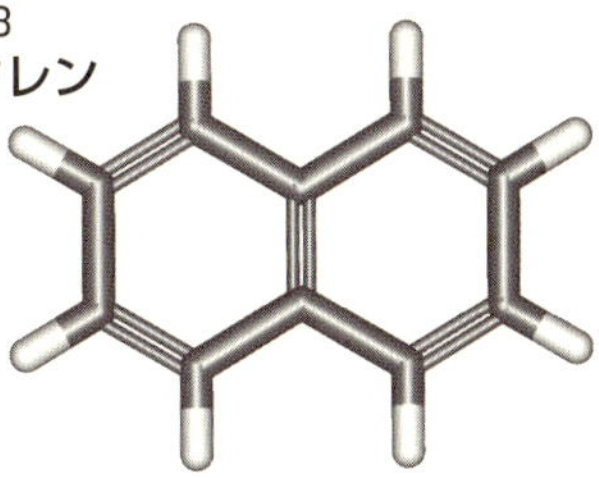

図 1.54
アントラセン

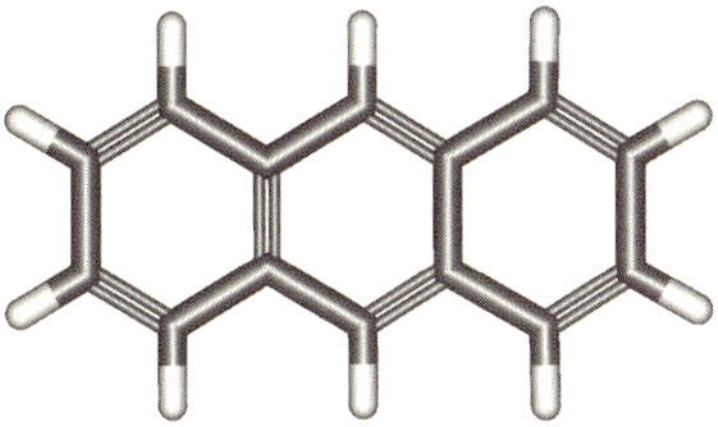

図 1.55
テトラセン

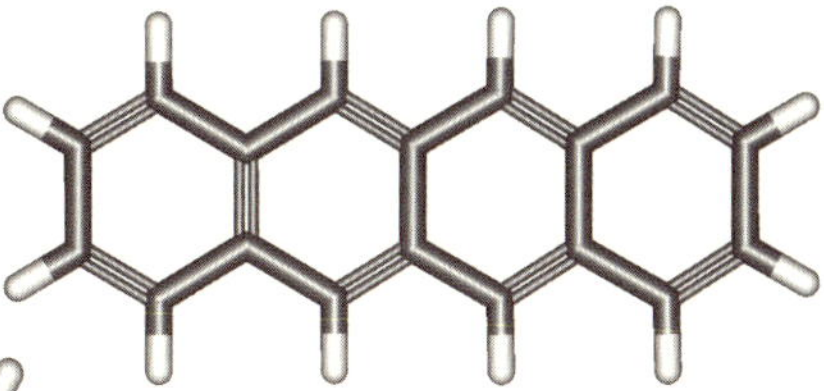

図 1.56
フェナントレン

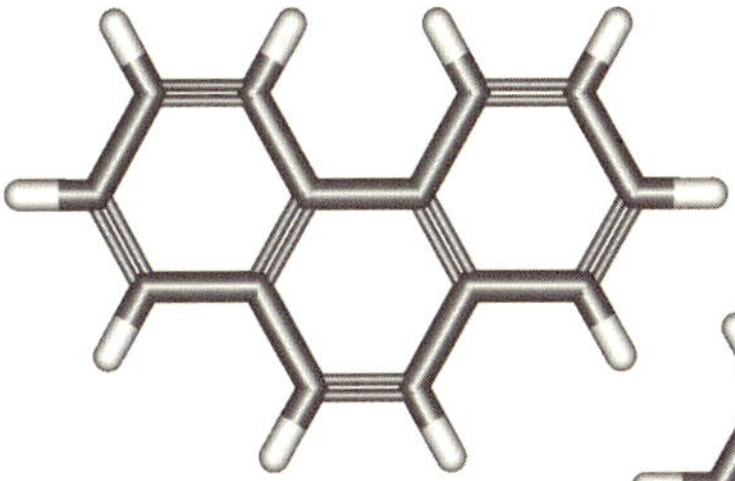

図 1.57
クリセン

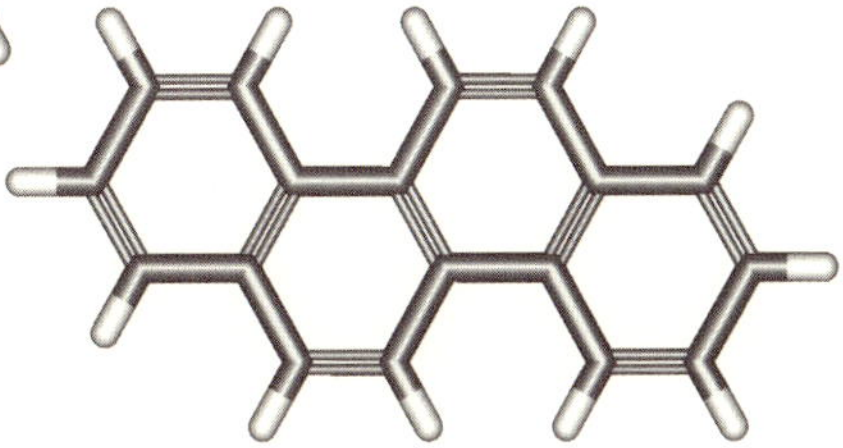

図 1.58
丸印のついた炭素は二重結合でつながっていない

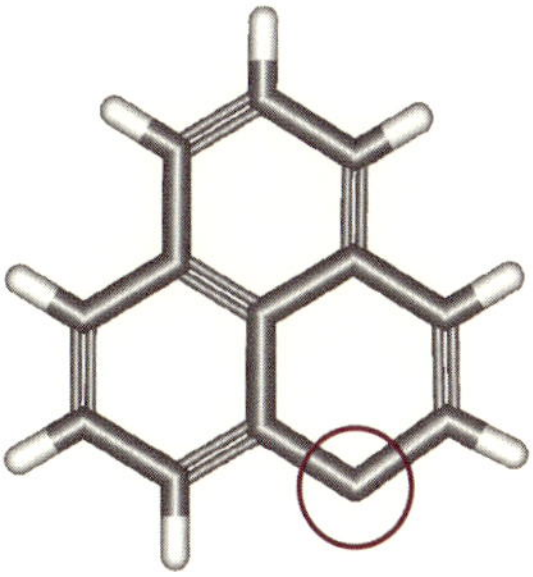

図 1.59
コロネン

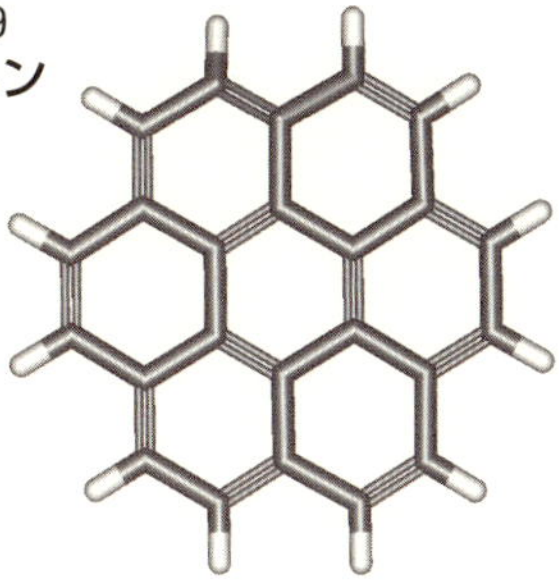

ここまで書いてきた通り芳香環は平面の正六角形です。しかし図1・60のように六角形5つで環を作った場合はどうなるでしょうか？　この分子の場合、平面性を満たそうとすれば正六角形が崩れ、正六角形を保とうとすれば平面から外れてしまいます。実際にこの分子を合成してみた結果、この**コランニュレン**は皿のような形をとっていることがわかりました。またこの分子はサッカーボール分子フラーレンの一部を切り出した形でもあり、フラーレン骨格の発想の元にもなりました（156ページ）。

逆に7つのベンゼンが環を作った場合にはどうなるでしょう？　実際に六角形の紙を7枚貼り合わせてみればわかりますが、これは平面には収まらず、鞍《くら》型に反り返った構造になります（図1・61）。このようにベンゼンがn個集まって環を作った構造を**［n］サーキュレン**と呼びます。これらの構造は現在注目される新素材・カーボ

図 1.60
コランニュレン

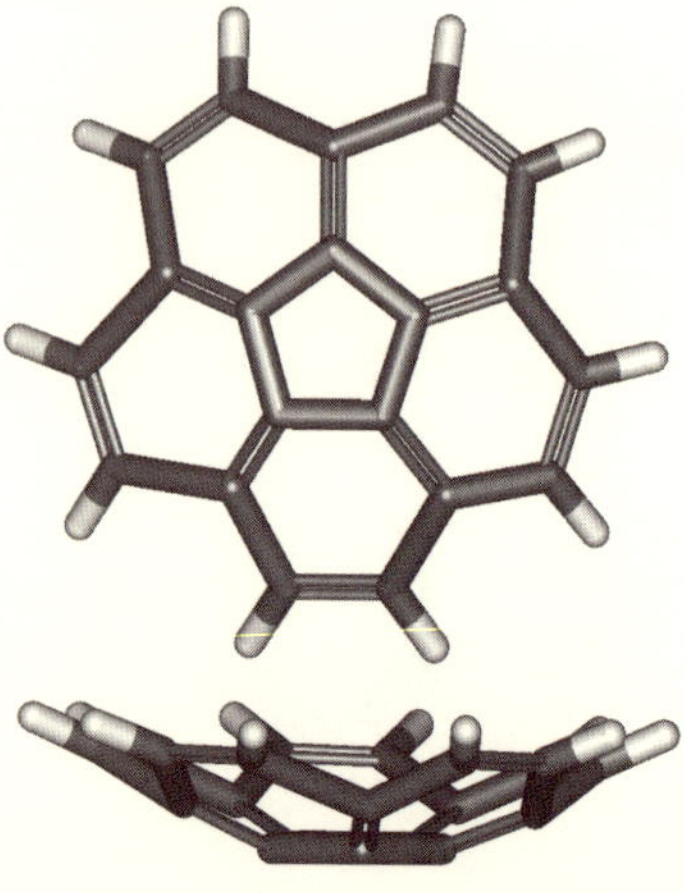

図 1.61
[7] サーキュレン

ンナノチューブ（168ページ）の部分構造であり、その形態を決める大きな要因になると考えられています。

さて、先ほどベンゼンの構造を解き明かしたのはケクレであるといいましたが、彼の名前を記念した分子もあります。図1・62に示す**ケクレン**がそれです。

ご覧の通り12個のベンゼン環が集まってできた大きな正六角形の分子です。1978年、ディードリックらによって大変な苦労の末に合成されたものです。対称性が高いので密に詰まった結晶構造をとっており、このため融点が高く（620℃以上）溶媒への溶解性も極端に低いそうです。

最近ではさらに大きな分子も合成されています。このジャンルの第一人者はドイツのクラウス＝ミューレン教授で、巨大な多環系炭化水素を次々に報告しています（図1・63、口絵⑪ページ）。このままどこまでも炭素がシート状につながったのが**グラファイト**（黒鉛、口絵❶ページ）ということになりますが、これらの分子がどのあたりからグラファイトに近い性質を示し始めるのか興

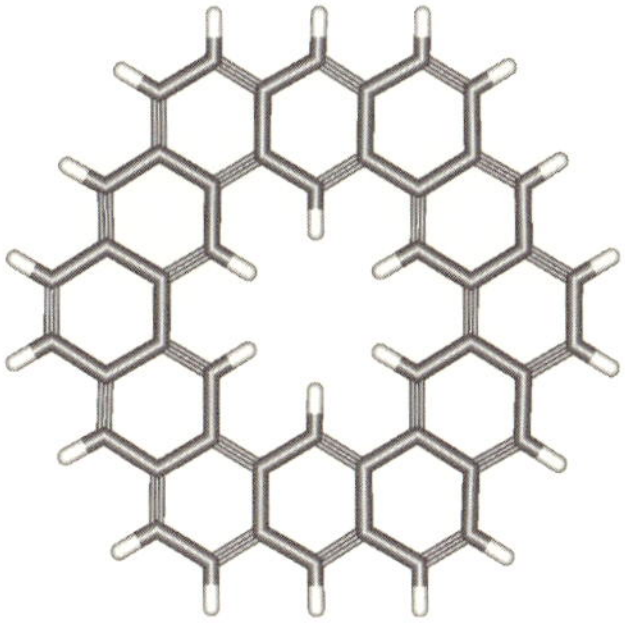

図 1.62
ケクレン

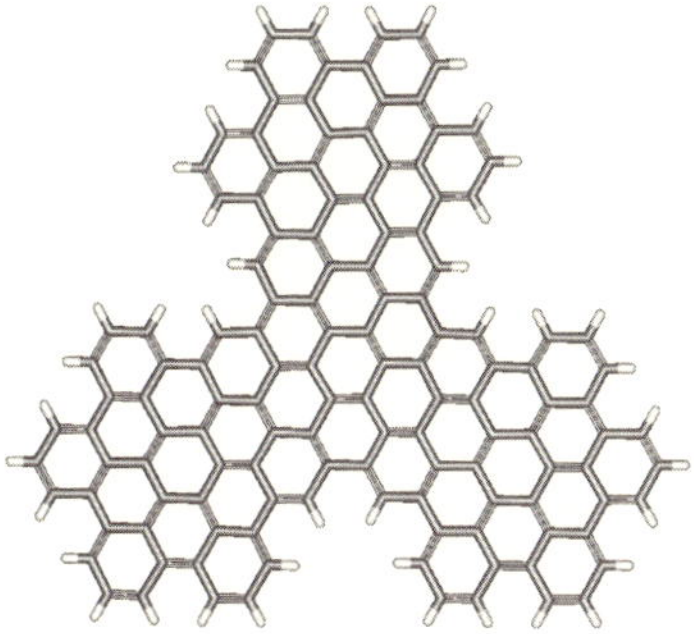

図 1.63
46環系芳香族炭化水素

味が持たれるところです。

ここまでは比較的平面的な分子ばかりでしたので、立体的な分子も1つ紹介しましょう（図1・64）。ベンゼン環を次々につないでいけば6個で一周してコロネン型になりますが、それが上下にずれていけばらせん状の分子ができあがるはずです。1955年にニューマン教授らは実際にこの分子を合成し、**ヘリセン**と名付けました。「helice」は英語で「らせん」のことですから、ぴったりのネーミングと言えるでしょう。当然この分子には右回りと左回りがあり、両者を分割することも可能です。不斉炭素を持たないのに、分子の込み具合によってキラルな性質を持つ分子があり得ることを示した歴史的業績といえます。

発ガン性物質・ベンゾピレン

最後にちょっと恐い話を。芳香族炭化水素の中には、強い発ガン性を持つものがあります。中でもコールタールや魚の焦げなどに含まれる**ベンゾピレン**は最も強烈な発ガン物質として知

図 1.64
ヘキサヘリセン

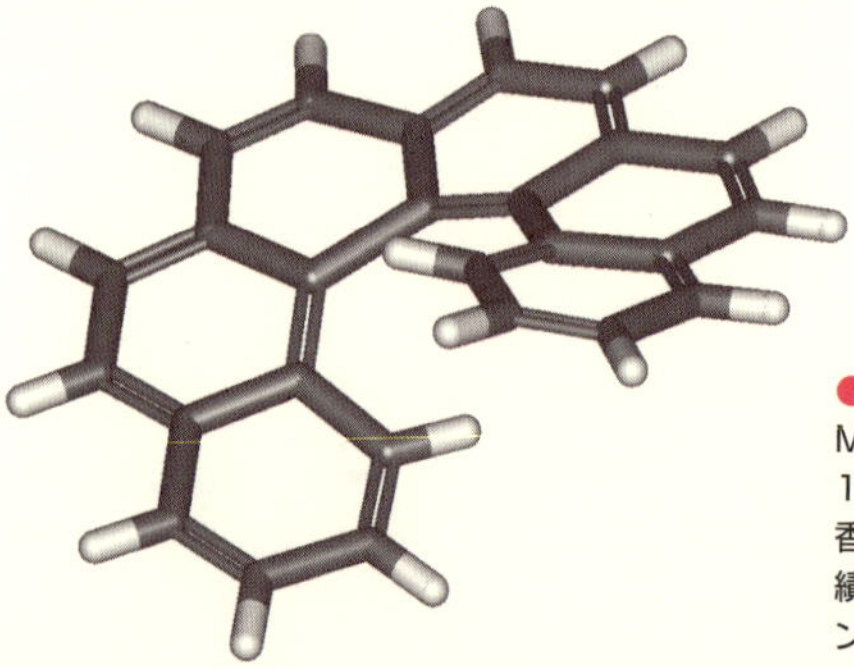

●ニューマン
Melvin Spencer Newman（1908～1993）オハイオ州立大教授。多環性芳香族化合物、立体化学の研究で多くの業績をあげた。現在も用いられるニューマン投影図の提唱者として知られる。

られています（図1・65）。

人間の体は、水に溶けにくい異物が入ってくると、これに酸素を取りつけて（酸化作用）、水に溶けやすくして体外に流し出そうとします。**ベンゾピレン**も図1・66のように酸化されるのですが、皮肉なことにこの酸化物が極めて強い反応性を持っており、近くのDNAと反応してこれを傷つけてしまうのです。DNAを破壊された細胞は異常な増殖を始め、やがてガン細胞に変化していきます。生体の防御機構は極めて巧妙にできていますが、この場合はそれが裏目に出てしまったわけです。

こうした化学物質による発ガンを最初に証明したのは東京帝国大学（現東京大学）の山極勝三郎教授で、1915年のことでした。当時はガンの原因について

図 1.66
ベンゾピレンが酸化されてできた発ガン物質

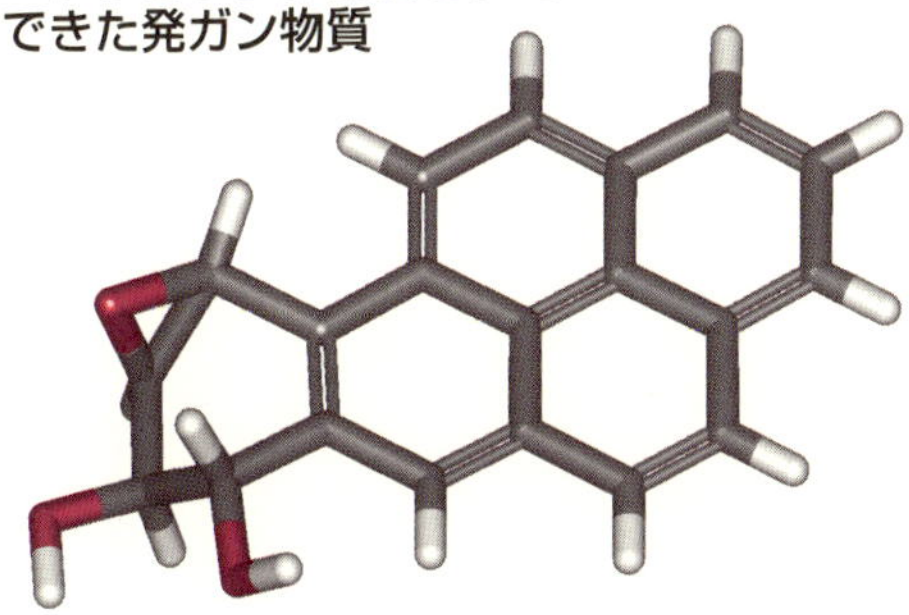

図 1.65
ベンゾピレン。ベンゼン環が5つ集まった構造

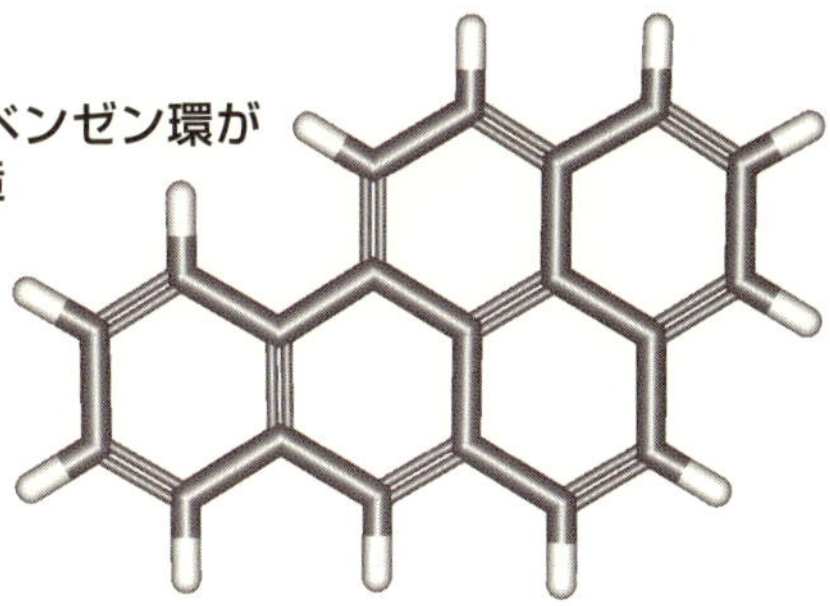

いろいろな説が提唱されていましたが、彼は煙突の掃除夫にガンが多発することから、コールタールに含まれる化学物質がガンの原因になるのではないかと考えたのです。山極は世間の批判を受けつつも、ウサギの耳にコールタールを塗りつける実験を辛抱強く行い、3年がかりで人工的にガンを発生させることに成功したのです。

ところが同時期にデンマークのヨハネス＝フィビゲルは「寄生虫がガンの原因である」とする実験結果を発表し、これによって1926年のノーベル医学・生理学賞を受賞してしまいました。しかし実はこの現象は特殊な種類のラットにのみ起こることであり、ヒトを含めた一般の動物にいえることではありませんでした。現代のガン科学は山極の業績の延長線上に成り立っており、重く評価されるべきは当然山極の方でした。

しかしこのことが判明したのは山極・フィビゲル両者の死後になってからであったため、今さら受賞者を取り替えるわけにもいかず、この件はノーベル賞史上最大の過誤として残ってしまっています。本来なら日本人のノーベル賞第1号には山極勝三郎の名が刻まれてしかるべきところだったのでしょうが、どうも彼にはよくよく運がなかったというほかはありません。コールタールからベンゾピレンが主要発ガン物質として単離されるのが1930年、その発ガン機構が解明されるのは1977年のことで、時として真実が明らかになるには時間がかかるものであるようです。

ベンゼン環をつないだ分子について概観しました。ケクレがベンゼンの構造を解き明かした時には「もう有機化学には解明すべきことは何も残っていない」とまで言われたそうですが、この言葉が全く当たっていなかったことはその後の歴史が示すとおりです。

芳香環をどこまでも平面的につないでいったものがグラファイトですが、これを筒状に丸めたものがカーボンナノチューブ、球状に丸めたものがフラーレンともいえますから、「亀の甲」は相変わらず科学の最先端を走り続けているともいえます。19世紀に発見された、有機化学の象徴ともいえる「亀の甲」の化学は、21世紀にもこの分野の中心の座を明け渡すことはなさそうです。

1-5 ナノ世界の小人たち

ナノワールドからの使者参上！

「イグノーベル賞」という賞をご存じでしょうか？　名前の通りノーベル賞のパロディで、「誰も真似することのできない、誰も真似すべきではない」、ちょっと笑ってしまうような研究に対して贈られる賞です。受賞者リストにはカラオケやバウリンガルの発明者、キツツキはなぜ脳震盪を起こさないかの研究、床に落ちた食べ物を食べても3秒以内なら大丈夫という「3秒ルール」の検証を行った科学者など、ユニークな「業績」が並んでいます。

さて2003年に、そのイグノーベル化学賞の有力な候補となりそうな論文が登場しました。ライス大学ナノテクノロジー研究センターのジェームス＝ツアー教授が送り出した論文、「人間型分子の合成・ナノプシャン」がそれです。「NanoPutian」という単語は10億分の1を表す「nano」と、ガリバー旅行記に出てくる小人の国「リリパット王国」の住人「Lilliputian」を掛け合わせた言葉で、「ナノメートル世界の小人」というような意味合いである——というのは、語学にあまり堪能でない筆者の解釈です。

この論文で彼らは、文字通り人の形の分子をいくつも作り出しています。基本形になるのは図1・67の分子、**ナノキッド**です。立体モデルは図（右）のようになりますが、化学者がよく使うタイプの構造式（図左）で表すと酸素原子が目玉に見えてよりそれ

図 1.67
ナノキッド

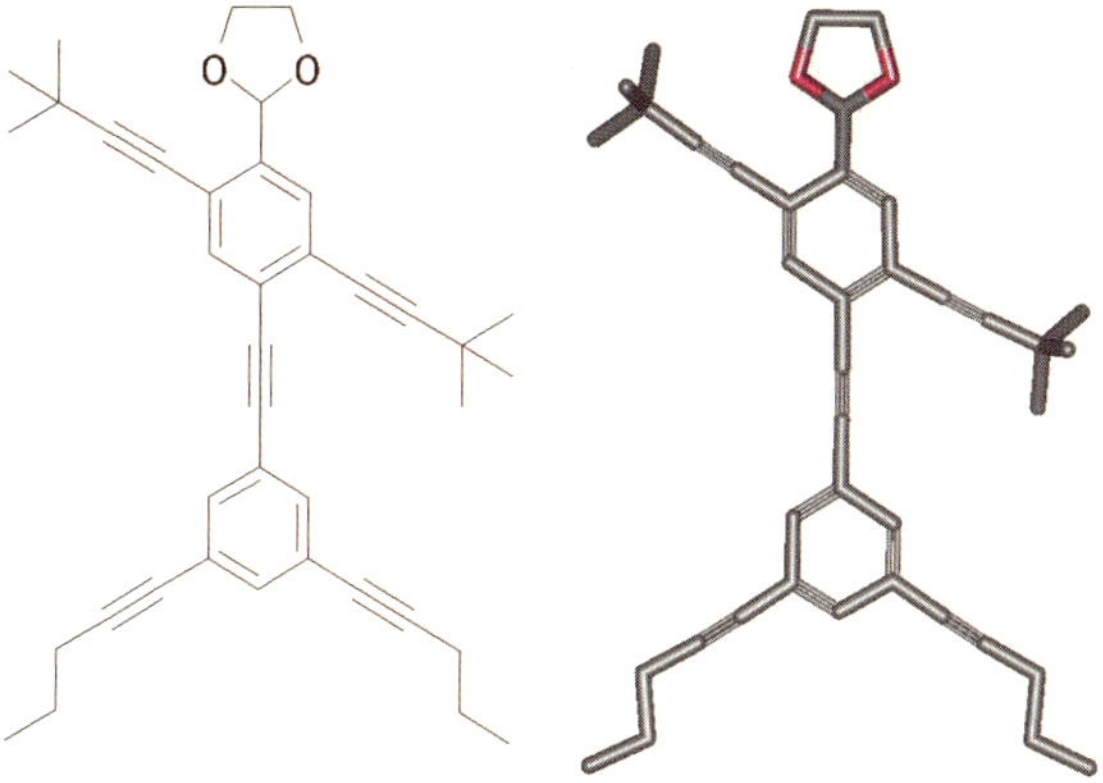

図 1.68
様々な職業のナノプシャンオールスターズ
（上段左から）ナノアスリート、ナノ宣教師、ナノグリーンベレー、ナノ道化師、（下段左から）ナノ王様、ナノテキサン、ナノ博士、ナノシェフ。口絵⑮ページも参照

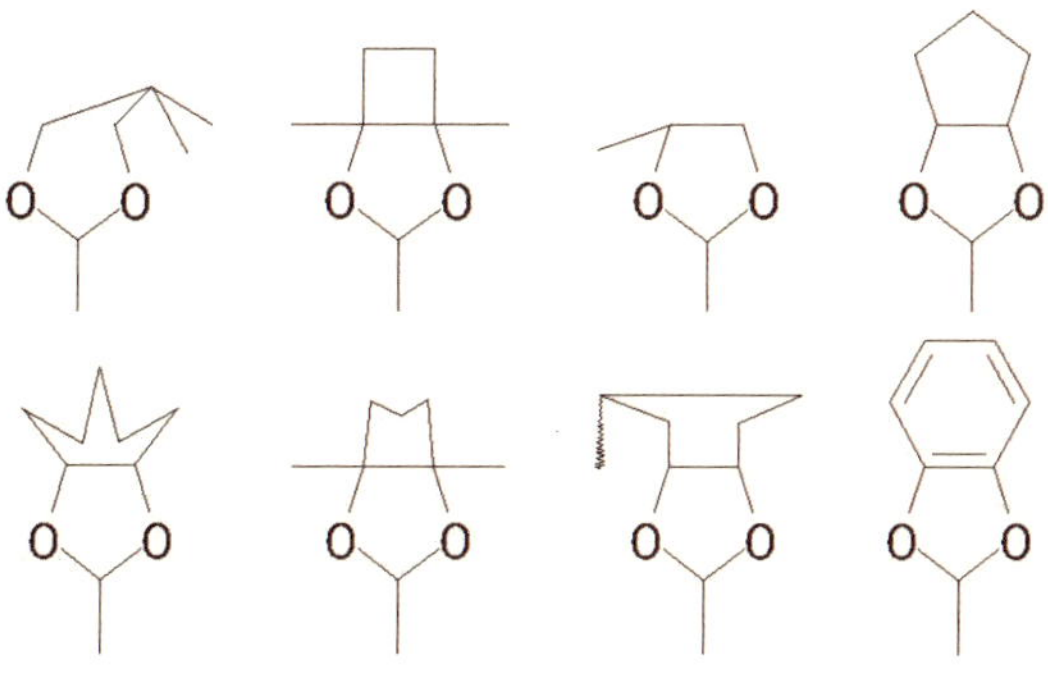

らしく（?）なります。

ナノキッドの頭に当たる部分は、アセタールという比較的容易に取り外しができるグループですので、ここをつけ替えていろいろな職業の人々が作り出されています（図1・68）。**ナノ王様**や**ナノテキサン**は、そう見えるように図を歪めて描いてあるだけじゃないか——という気もしないでもありませんが。

頭だけでなくもっと違うポーズをとった分子は、残念ながら図1・69の**ナノバレエダンサー**だけのようです。筆者なら「ナノピッチャー」や「ナノジャーマンスープレックス」でも合成してみたいところです（笑）。

さらにツアー教授らはごていねいに、足に当たるところにチオール基をつけて金の薄膜上に並べたもの、手を取り合って踊る**ナノプシャンのカップル**（図1・70）、さらにナノプシャンたちがずらりと手をつないだ**ナノプシャンポリマー**（図1・71）なども作り出しています。

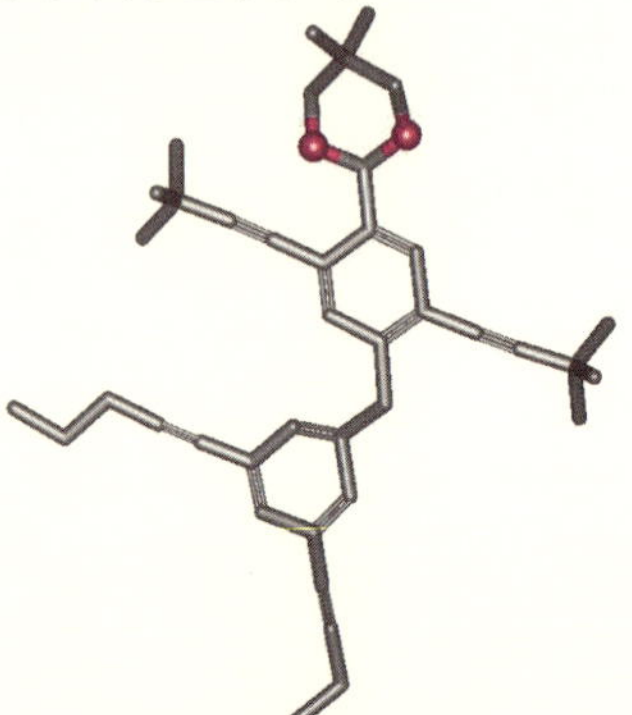

図 1.69
ダイナミックに踊る
ナノバレエダンサー

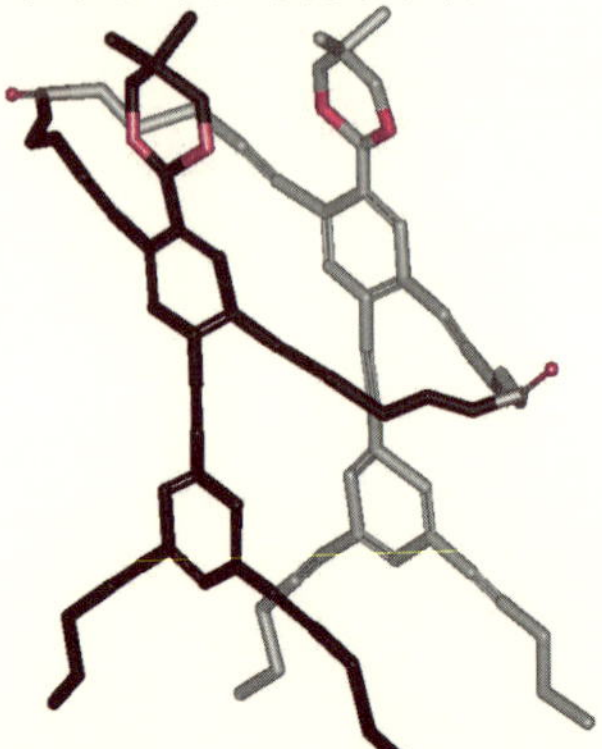

図 1.70
手を取り合って踊る
ナノプシャンのカップル

人間型分子という考え自体はこれが全く初めてというわけではなく、例えば図1・72のような分子がある雑誌のエイプリルフール号の冗談論文に登場したことがあります（「赤、白、黄色、茶色の異性体（肌の色？）があり、極めて危険な化合物」とコメントされているそうです）。また図1・73のような化合物が「仏像型分子」として紹介されたこともあります。しかし本当にいろいろな人間型分子を系統的に（？）合成し、論文にまでまとめたのは今回がおそらく初めてではないでしょうか。

ナノプシャンたちの役目

さてこうして合成されたナノプシャン分子ですが、実は形が人間に似ているという他は特に何の機能もなく、今後何かに使い道が拓

図 1.71
手をつなぐナノプシャンポリマー

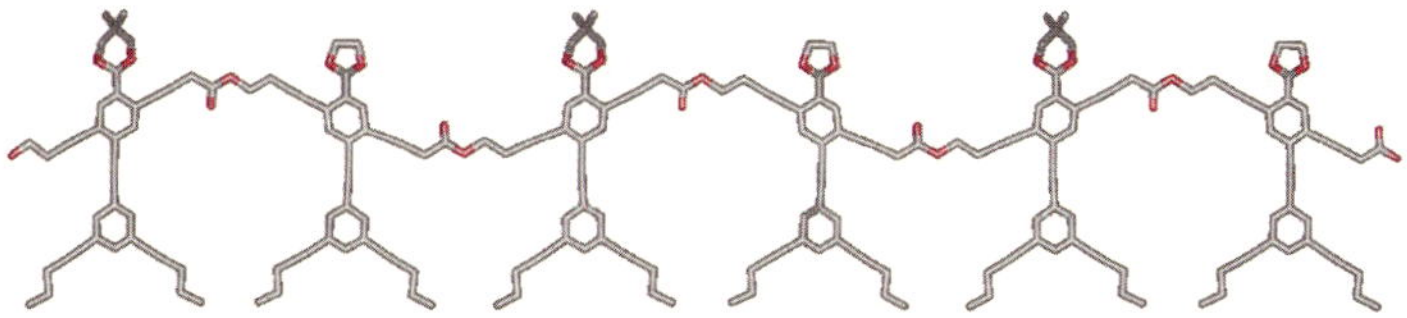

図 1.73
仏像型分子

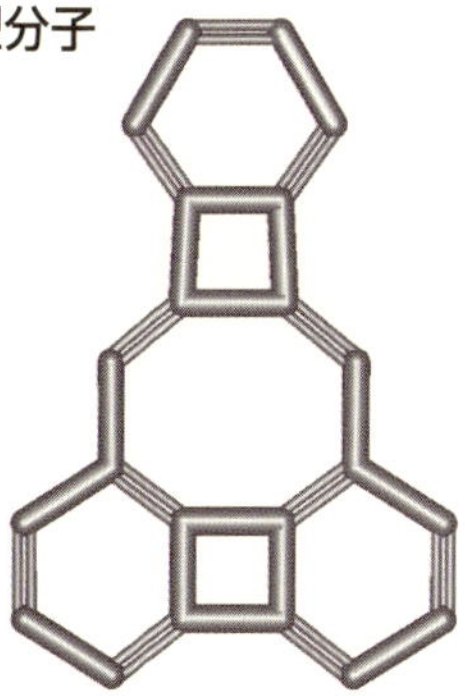

図 1.72
人間型分子

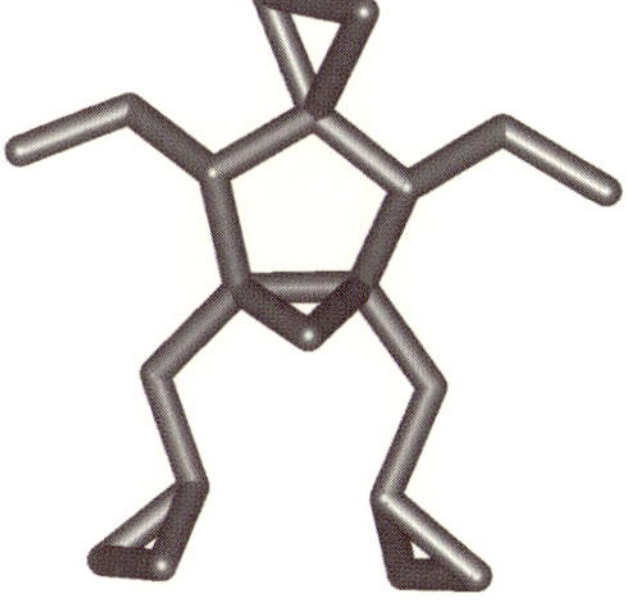

けるというあてもありません。合成法もごく単純で、化学界に何か新しい方法論を提供したというわけでもありません。

ではなぜこの研究に財団からの助成金が支払われ、有機化学雑誌の最高峰『Journal of Organic Chemistry（JOC）』に論文が掲載されることになったのか——。実はこの研究は、ナノテクノロジーの世界を子供たちに知ってもらうための化学教育プロジェクトの一環なのです。実際この研究は『Journal of Chemical Education』（化学教育ジャーナル）の表紙を飾ってもいます。しかしこの論文が送られてきたときのJOCの審査員の顔はどんなであったか、想像しただけでちょっと笑ってしまいます。

まあ考えてみれば本書で紹介しているドデカヘドランやケクレンも美しいだけで特に何かの役に立つわけでもありませんから、そういう意味ではナノプシャンの合成もこれらと同じことだといえなくもありません。現代の有機化学界で王道とされている「生理活性天然物の全合成」にしたところで「多数の学生と巨額の研究費をかけて、10年がかりで数ミリグラムの毒物を合成することにどんな意味があるのか」という批判もあります。今回のこの研究は「合成ターゲットはもっと自由に選ばれるべきだ」という主張、近年の有機化学に対するアンチテーゼである、というのはいくらなんでもうがった見方すぎるでしょうか？

●化学教育プロジェクト
ライス大学のナノキッズ教育援助プログラム。
http://cohesion.rice.edu/naturalsciences/nanokids/

ともあれこの論文はマスコミでもずいぶん取り上げられたといいますし、筆者のホームページでも最も多くの反響のあった項目の一つです。「意味のない、化学者のお遊び的な研究」と切って捨てる向きもあったようですが、世間の関心を有機化学に向けさせたという点に関しては、平凡な論文の何百倍という効果があったのではないでしょうか。次世代の化学者の養成という面からは、ある意味でこれほど優れた論文はなかったのではないかと思います。

ツアー教授のこうした遊び心、分子デザインのセンスは第4章で紹介する**ナノカー**の研究にも生かされています（178ページ）。こちらの方は真面目な科学者たちをも唸らせ、一般の人にも「すごい！」と思わせる素晴らしい研究です。

●筆者のホームページ
有機化学美術館
http://www1.accsnet.ne.jp/~kentaro/yuuki/yuuki.html

COLUMN 1

日の丸印の元素名

17ページで、「日本酸」という化合物があると述べました。では日本の名を持つ元素というものは存在しないのでしょうか？　実はかつて、「ニッポニウム」という元素が周期表に登録されたことがあります。

1908年、小川正孝教授（のち東北大総長）は43番元素にあたる新しい金属を発見したと発表し、これを「ニッポニウム」（元素記号Np）と命名したのです。ところがこの後の研究で43番元素は天然に存在しないことが判明し、ニッポニウムの名は幻となってしまいました（後に43番元素は核反応により人工的に作り出され、テクネチウムと命名されています）。

しかし最近の研究により、実は小川教授が発見したのはテクネチウムによく似た75番元素、レニウムであったらしいことがわかってきました。レニウムの発見・命名は1925年のことですから、小川教授はこれよりはるかに先んじていたことになります。アメリシウム、フランシウム、ゲルマニウム、ポロニウム（ポーランド）など国名にちなんだ元素は数多くありますが、このリストに入るべきであった日本の名が洩れてしまったのはなんとも残念なことです 。

ところが2004年になり、理化学研究所（理研）から「核反応によって113番元素の合成に成功した」という報告がなされました。ロシアのチームも同じ元素の発見報告を行っていますが、理研では再現実験にも成功しており、日本チームに命名権が与えられる可能性は十分にあると見られます。実現すれば、小川教授の無念を一世紀ぶりに晴らす、日本初の元素発見ということになります。新元素には「日本」あるいは日本人科学者の名前がつけられるのか、ネーミングの方にも注目したいところです。

2

化学者たちのドラマとエピソード

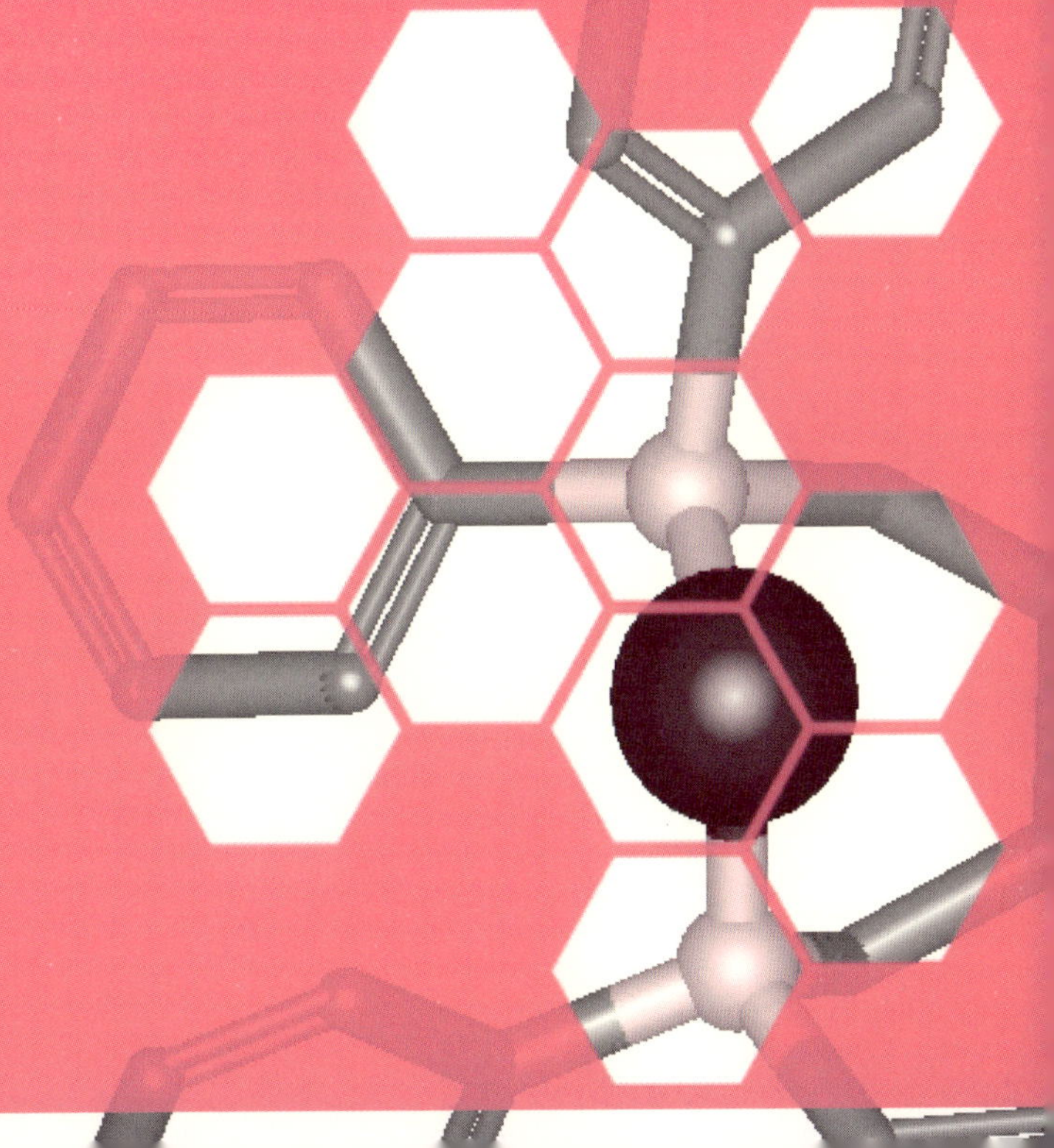

2-1 導電性高分子——白川英樹博士の業績

2000年10月、日本の科学界に朗報が走りました。白川英樹筑波大名誉教授にノーベル化学賞の授与が決まったのです（アラン＝マクダイアミッド、アラン＝ヒーガー両教授との共同受賞）。「導電性高分子の発見と開発」というのがその内容でした。

高分子というのは数万以上の原子から成る巨大分子のことで、ここではプラスチックのことと思っていただいて間違いありません。身の回りにあるポリエチレンや発泡スチロールといったプラスチックは、ご存じのとおり全く電気を通しません。導電性プラスチックとはこれらと何が違うのでしょうか？　それには電子の働きについて知っていただく必要があります。

電気を通すプラスチック

電気が流れるということは、とりもなおさず電子が流れるということにほかなりません。電子はマイナスの電気を持った小さな粒子で、例えば金属の中ではこの電子は比較的自由に動き回れます。鉄や銅といった金属が電気を流すというのはこういうことです。

電気を通さないプラスチック、例えば**ポリエチレン**は図2・1のような構造をしています。ポリエチレンの場合、全ての電子は過不足なく使われていて、電子があちこち動き回る隙は全くありません。

それに対して白川博士らの導電性高分子**ポリアセチレン**は図2・2のような構造を持ちます。単結合（－）と二重結合（＝）が交互に並んでいるのがわかります。アセチレン（C_2H_2）がたくさん（ギリシャ語でpoly）つながってできたのでこの名があります。

二重結合のうち1本の結合に使われるπ電子は、分子の鎖の上下にぼんやりと広がった状態になっています。こうした単結合と多重結合が交互に並んでいる状態を専門用語で「共役系」といいます。この中をバケツリレーのようにして電子が通過していくわけで、いわばポリアセチレン鎖は炭素でできたナノサイズの電線というわけです。

とはいえ、実はこれだけでは電子を伝えることはできません。まるで満員電車のように鎖の上にぎっしりとπ電子が並んでいて、隙間がないからです。バケツリレーをするのに、みなが最初から両手にバケツを持っていては受け

図 2.1
ポリエチレン

図 2.2
ポリアセチレン
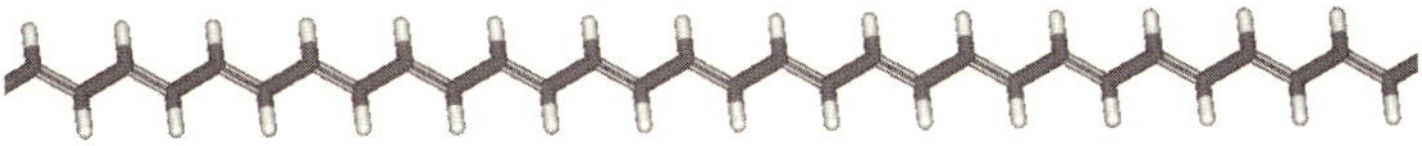

渡しができないのと同じです。そこで一列に並ぶ電子をところどころ引っこ抜いて、「穴を開けてやる」必要があります。こうすれば電子を順ぐりに送ってやることが可能になります。

「穴を開ける」には具体的にどうするかというと、臭素やヨウ素といった電子を奪う性質のある物質を作用させてやるのです。これを専門用語で「ドーピング」といいます。ドーピングを行うことで導電性はそれまでの10億倍にも跳ね上がり、金属と肩を並べるほどになります。

偶然の発見

実はポリアセチレン自体は白川博士が発見したものではなく、すでに1955年には合成が報告されていました。しかし当時のポリアセチレンは真っ黒な粉末としてしか得られておらず、そのままでは性質を調べることもできなかったため、科学者たちの興味を引くには至っていませんでした。

1967年の秋、当時東工大の助手であった白川博士のもとに、一人の韓国人留学生から「ポリアセチレンの合成をしてみたい」という申し出がありました。ポリアセチレンは触媒を溶かした液にアセチレンガスを吹き込み、溶液中で重合させて合成し

●触媒
ここではチーグラー・ナッタ触媒のこと。塩化チタンと有機アルミニウム化合物から調製される。二重結合や三重結合を持った化合物を重合させ、ポリマーを作る優れた触媒。

ます。白川博士は報告されていた方法を紙に書いて渡し、実験を行わせてみました。ところが、できたものは予期された黒い粉末ではなく、ラップのようにしなやかな銀色のフィルムでした。

予想外の出来事が起こった原因は、留学生が必要な量の1000倍もの触媒を加えていたことでした（単位のm（ミリ）を見落としたらしいのですが、これが博士の書き間違いか留学生の読み落としかいまだにわからないそうです）。このため普通は溶液の中でゆっくり進む反応が溶液の表面で一気に起こり、薄い膜ができあがったのでした。粉末と異なり、フィルム状態の高分子ならいろいろな試験が可能になります。こうして一気にポリアセチレン研究は加速していきました。そして1976年、たまたま東工大を訪れたマクダイアミッド教授はこの金属光沢のあるフィルムを見て驚き（銀色であるというのは、金属に近い性質を反映しています）、すぐさま共同研究を申し出ます。こうして白川博士はアメリカへ渡り、やがてドーピングによる導電性の発現という大発見に至ることになったのでした。

ノーベル賞の価値

この偶然の発見は、発明物語につきものの面白いエピソードであるためマスコミで何度も紹介され、有名な話になりました。が、幸運が大きな飛躍をもたらしたのは事実であるものの、その幸運を生かすには発見（フィルム状高分子）の価値を正しく理解し、その原因を究明し、そこからの展開を考える能力、さらにそれを支える膨大で地道な実験が必要になります。ましてより大きな飛躍であるドーピングのアイディアは、白川博士のそれまでの経験と知識の中から導き出されたものです。単に宝くじに当たったような具合にノーベル賞が転がり込んだわけではないことは、もっと強調されてしかるべきと思われます。

ドーピングしたポリアセチレンは、空気中では水分などと反応して徐々に導電性を失っていきます。現在ではこの弱点を改良した**ポリアセン**、**ポリピロール**などと呼ばれる化合物が実用に使われています（図2・3、4）。これらは金属よりはるかに軽いため携帯電話の電池などに使われ、月間数百万個という単位で製造されて我々の日々の暮らしに貢献しています。

図 2.3
ポリアセン

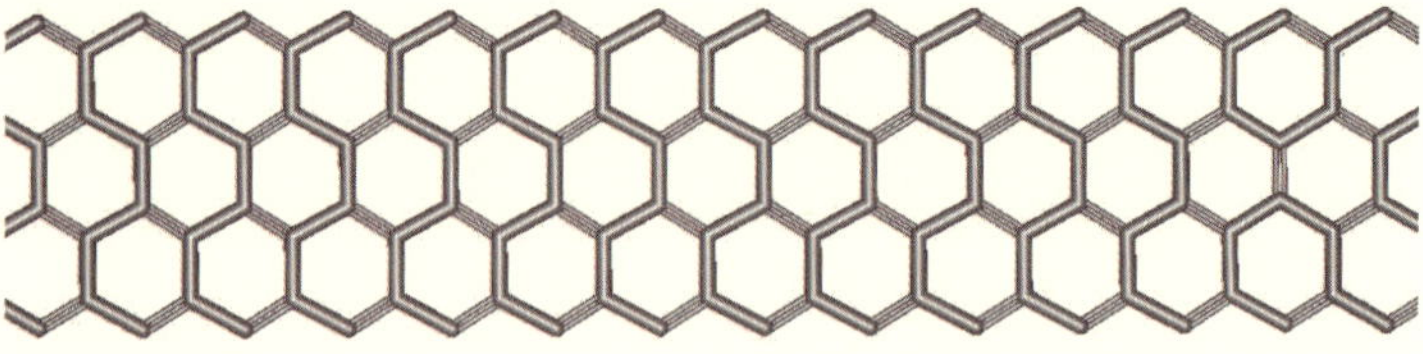

図 2.4
ポリピロール

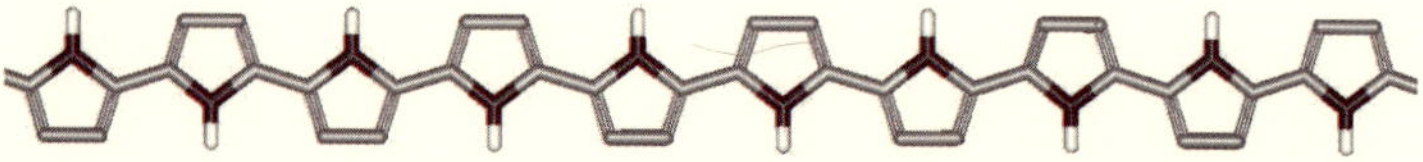

これら実用に用いられているポリマーを開発した人ではなく、白川博士がノーベル賞を受けているのは注目に値するところでしょう。ノーベル賞ではこのように実用的な改良を行った人よりも、新しい原理や概念を発見した人を重要視します(2002年のノーベル化学賞もまた、実用的な質量分析器を作った人ではなく、新たな原理を発見した田中耕一氏に贈られています)。ノーベル賞が世界最高の権威を誇る賞とされているのは、単に賞金の額が大きいだけでなく、こうした選考基準の確かさによるところも大きいと言えるでしょう。

最後にちょっとしたエピソードを。日本人で初めてのノーベル化学賞受賞者は1981年の故・福井謙一博士で、フロンティア軌道理論など理論化学の分野での功績が認められてのものでした。この福井博士は導電性高分子の理論的背景にも興味を持ち、白川博士との共同研究を行っています。なんと2人のノーベル賞化学者の共著の論文も数報発表されているということです。年齢も経歴もジャンルも違う両博士ですが、やはり優れた研究者は優れた研究を知るということなのでしょうか。

●福井謙一
ふくい けんいち(1918～1998)京都大学名誉教授。電子の軌道から有機反応の選択性を説明した「フロンティア軌道理論」により、1981年のノーベル化学賞を受賞。

2-2 ノーベル化学賞・野依良治教授の業績

名古屋大学の野依良治教授（現理化学研究所理事長）にノーベル化学賞が授与されたのは、2001年10月のことでした。野依教授の業績は有機化学の世界では知らぬものはなく、ノーベル賞も遅すぎたと思われるくらいのまさしく世界的第一人者です。とはいえ当時のニュースや解説記事を見るだけでは、専門家でない者にとっては何が凄くてノーベル賞だったのかなかなかわかりにくかったことも事実でしょう。これを理解するには、まず「不斉炭素」という概念を理解していただく必要があります。「不斉」（ふせい）というのは聞き慣れない言葉ですが、「asymmetric（非対称）」の訳語として創られた言葉です。

何が受賞対象になったのか

まず単結合の腕を4本出している炭素（sp^3炭素）を思い浮かべて下さい。問題はこの4本の腕に、全て違った原子あるいは原子団がついた場合です。

図 2.5
不斉炭素

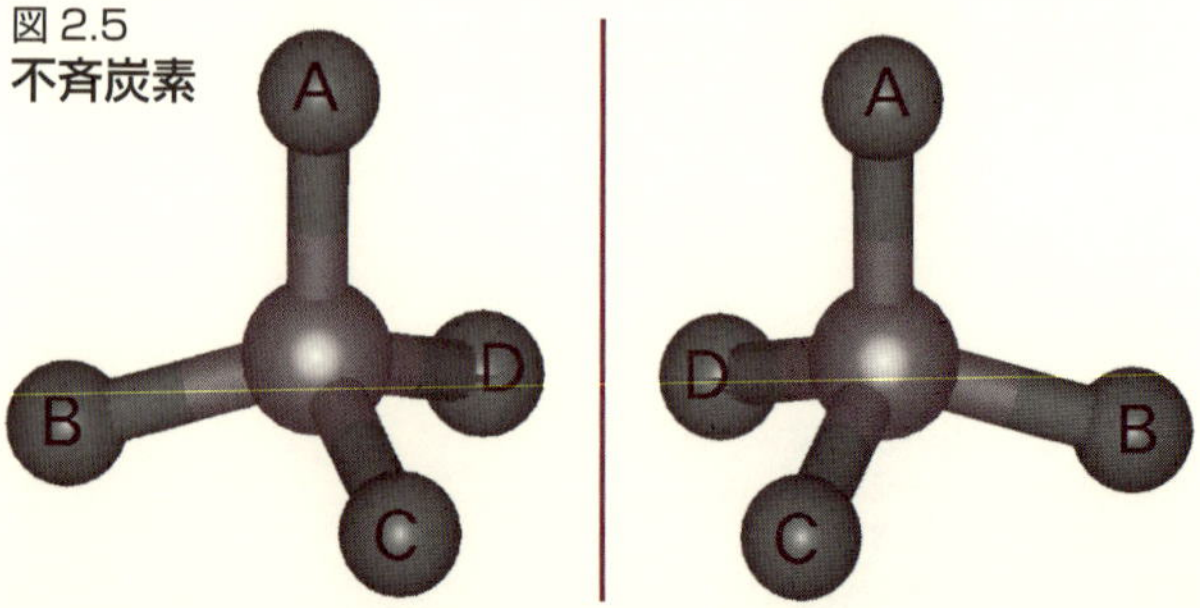

図2・5を見ていただければわかるとおり、こうした場合2つの違った配置が考えられます。

2つの配置はまるで右手と左手のように、決して重ね合わせることができませんが、鏡に映すとぴったりと重なり合います。こうした関係を**鏡像異性体**と呼び、中心の炭素を**不斉炭素**と呼んでいるのです。

不斉炭素を持つ分子を指して、「キラルである」「キラリティがある」という言い方をすることもあります。この「キラル」というのはギリシャ語の「chiro」（手）からきている言葉です。キラルな分子では、一方が薬となるのに一方は毒、一方はよい香りがするのに一方は悪臭といったケースもあり、両者を区別して作ることは非常に重要なことです。

しかしこの「不斉点のある化合物の一方だけを得る」というのは、実は非常に難しいことです。なんの工夫もなしに反応を行ったのでは、後述のように必ず右手型と左手型の1対1の混合物（ラセミ体といいます）が得られることになります。では不斉のない化合物から不斉な化合物へと変換することはできないのか？　かつては人間の手で不可能と思われていた「不斉合成」を初めて実現したことこそが、野依教授の業績であるということになります。

●一方は薬となるのに一方は毒
多くの薬害を引き起こしたサリドマイドは、一方の鏡像異性体が催眠作用、もう一方が催奇性を持つと言われている。ただし最近この説には異論も唱えられている。

水素添加反応で不斉炭素を創る

例えば二重結合に水素（H_2）をつけて単結合にする、「水素添加」という反応を例にとって考えてみましょう。図2・6のような二重結合を持った化合物に水素がつくと、新しく「不斉炭素」ができることがわかると思います。

何の工夫もなく水素添加を行えば、左手型と右手型が50対50の割合でできてきます。これはもとの平面的な元の分子に対し、表から水素がつくか裏から水素がつくかが全くランダムに起こるためです（図2・7）。

これを制御できれば、ほしい一方の鏡像体だけを作り出すことができるはずです。しかし目に見えないほど小さな分子が相手ですから、当然手作業で一つひとつというようなわけにはいきません。小さな分子を扱うには、同じほど小さな職人あるいはロボットを送り込んで作業をさせてやる必要があります。これが「触媒」というものです。

水素添加反応には、ニッケルやパラジウム、ロジウムといった金属が触媒として用いられます。これらの金属に二重結合を持った分子と水素とが「乗り」、金属原子の上で両者が反応して離れていきます。元に戻った金属原子には再び

図 2.6
水素添加反応

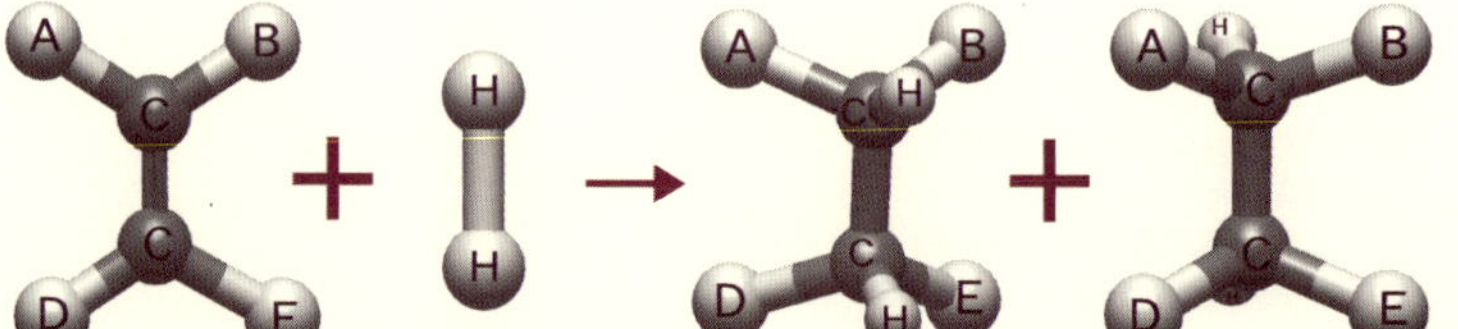

別の二重結合と水素が乗って、同じ反応を繰り返すことになります。ややこしいようですが、要するにこの金属触媒は二重結合と水素を引き寄せて次々と反応させる役回り、いわば両者を結びつける仲人か、流れ作業の組み立てロボットのようなものをイメージしていただければいいでしょう。

普通この小さな「ロボット」は左右対称であり、従って左右を見分ける能力を持ちません。つまりできてくる化合物は右手型と左手型が1対1に混じったものになります。ではロボットを「右利き」あるいは「左利き」にしてやれば、一方だけを作り出すようになるのではないでしょうか？

図 2.7

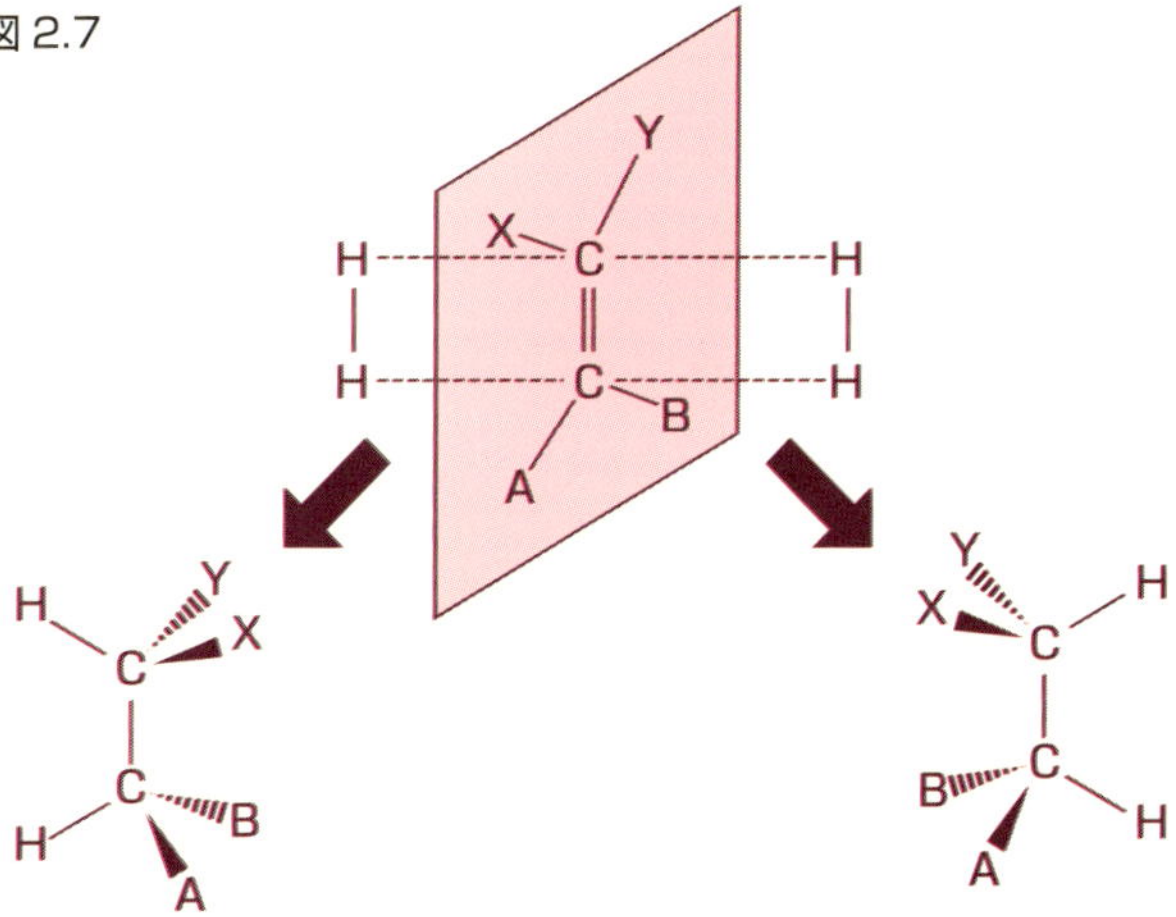

図 2.8

M は触媒となる金属。M は C=C と H-H をくっつけたら元の M に戻り、次の反応に入る

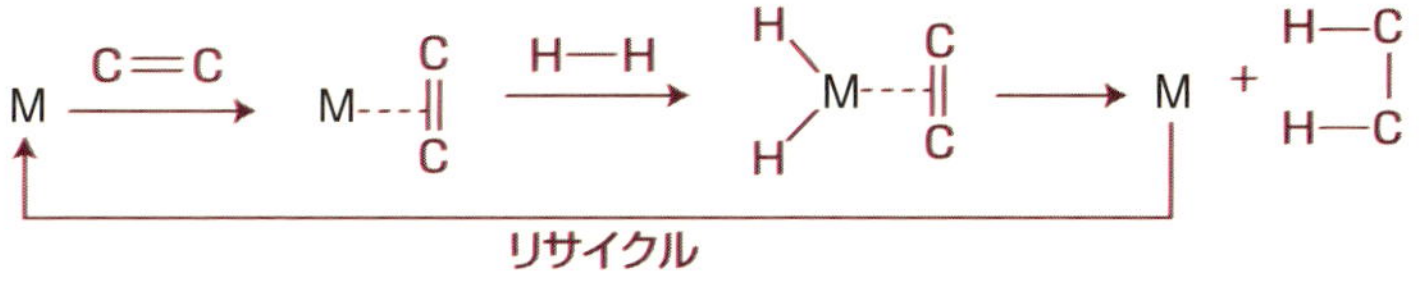

不斉触媒の設計

右と左の見分けがつく触媒を作るには、リン化合物が金属に配位する性質を利用します。適当な構造を持ったリン化合物（配位子）を設計して金属にくっつけてやって、触媒となる金属原子のまわりをうまい具合に覆い隠してやるのです。うまくいけば、二重結合の片方の面だけが金属にくっつくようになり、結果として一方の面からだけ水素が反応したものができると考えられます。こうした触媒を「不斉触媒」と呼びます。とはいえ最初は「こういうものを作ればよい」というような理論は簡単には立てられず、世界中で膨大な数の不斉配位子が合成され、試行錯誤の日々が続きました。

まず野依教授らのグループがシクロプロパン化という反応を不斉化することに成功し、この分野の先鞭をつけました（ただし、このときの左右の比率は55対45以下という低いものでした）。最初に実用的な成果を上げたのはフランスのアンリ＝カガン教授で、彼らのグループは1971年、**DIOP**（図2・9）という配位子を不斉水素化反応に使い、86対14という比率で右手型のアミノ酸を優先的に作り出

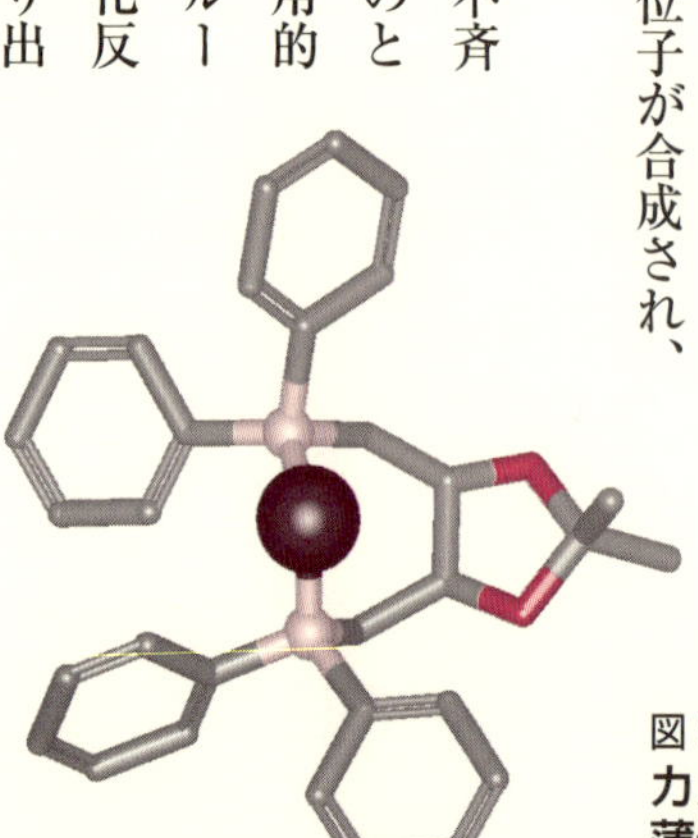

図 2.9
カガンの DIOP。薄紫色はリン原子

すことに成功したのです。翌72年にはモンサント社のウィリアム＝ノールズ博士のグループが**DiPAMP**（図2・10）という配位子を用いて97対3という高い比率での不斉水素化に成功し、これを用いてパーキンソン病の特効薬である**L-ドーパ**（図2・11）を工業生産するところまでこぎつけました。これが認められ、ノールズ博士は野依・シャープレス両教授とともに2001年のノーベル賞を受賞しています。

こうして一部の化合物はかなり高い比率で片方だけを作り出すことができるようになりましたが、結局「基質特異性」という問題は残りました。要するに、ある触媒はAという化合物を作るだけなら優秀でも、そこからちょっとでも違う化合物Bを作ろうとすると全くダメになってしまう、という相性の問題があったのです。

図 2.10
ノールズの DiPAMP

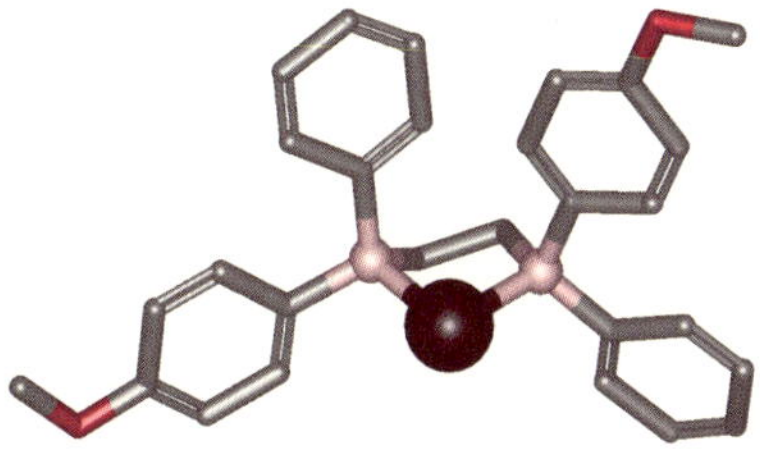

図 2.11
L- ドーパ

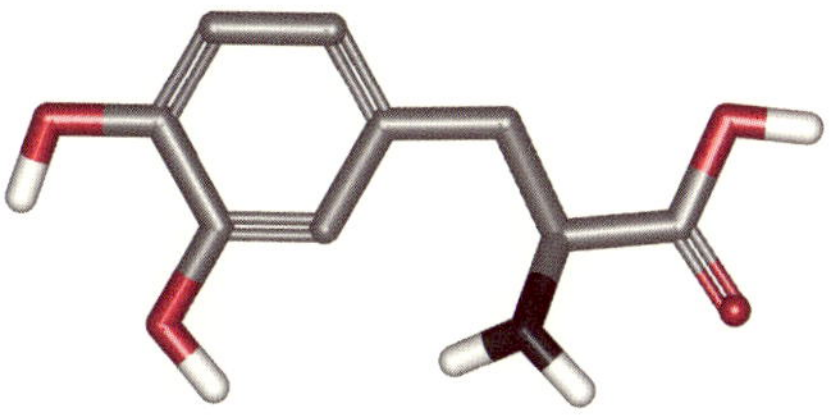

●2001年のノーベル賞
当初ノーベル賞には野依・シャープレス・カガンの3教授が有力と言われており、カガン教授の落選にはヨーロッパの科学界から強い非難の声があがった。もちろん実用化にこぎ着けたノールズ博士の功績も大きい。

●パーキンソン病
脳内のドーパミン不足によって起こる疾患で、手の震え・筋固縮などを主症状とする。L-ドーパは体内でドーパミンに変換されるため、この病気の特効薬となる。

BINAP登場

そこに登場したのが野依教授の開発した不斉触媒**BINAP**でした。BINAPは口絵❾ページに示すように、非常に美しい構造を持っています（筆者の個人的な思いかもしれませんが、優れた機能を持つ分子はたいてい美しい構造、機能美とでもいうべきものを持っているように思います）。そしてBINAPは基質を選ばずいろいろな二重結合を持つ化合物を高い選択性で水素化することが示され、この世界の常識をくつがえしたのでした。

BINAPの構造を見るとねじれたビナフチル部分（水色）がハサミのようにしなやかに動き、正面に大きく張り出した4枚のフェニル基（黄緑）が金属（青）のまわりを覆って一方からしか二重結合が近づけないようにしているのがわかります。右にねじれたBINAPからは右手型の分子が、左にねじれたBINAPからは左手型の生成物が得られることになります。

こうした不斉触媒の素晴らしい点は、一分子の触媒からたくさんの不斉な分子を作り出せるところです。無から有が産み出せないように、何の不斉要素もない反応では不斉な化合物は絶対にできません。一分子の不斉な反応剤

図2.12
メントール

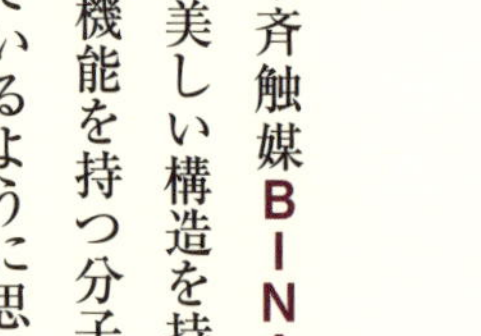

図2.13
カルバペネム

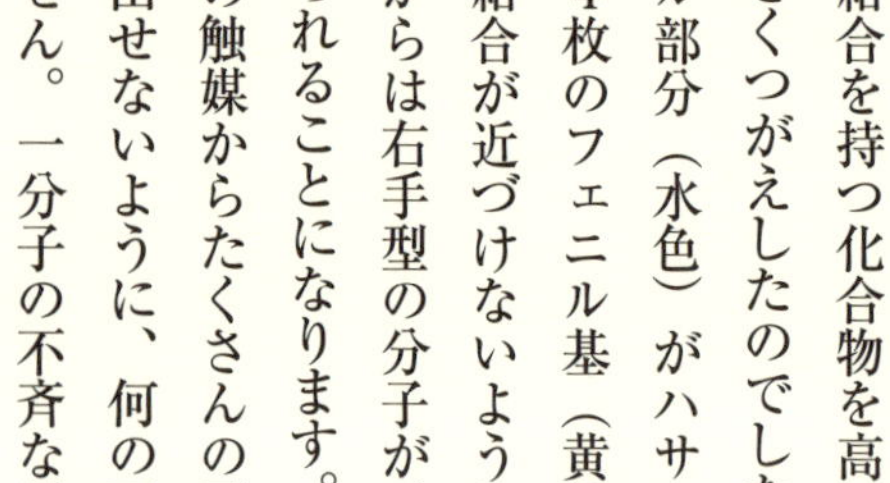

から一分子の不斉な目的物を得ることは比較的簡単ですが、高価だったり合成に手間がかかったりする不斉反応剤を「一人一殺」的に使うのはもったいない話です。不斉触媒は一分子が数十から数万のキラルな目的物を作ってくれますから、それまで合成が難しかった物質の量産や、大幅なコストダウンに直接つながるわけです。

BINAPは不斉水素化だけでなく、ほかにもいろいろな不斉反応を触媒することができる優れた配位子です。これを利用して、香料である**メントール**（図2・12）や抗生物質の**カルバペネム**（図2・13）などが工業生産されています。その他にもBINAPを用いて合成された有用な化合物は数限りなくあり、有機合成全体に与えたインパクトは計り知れません。最近では炭素-炭素の二重結合だけでなく、単純な炭素-酸素の二重結合を不斉水素化できる素晴らしいプロセスも発表されており、応用範囲はさらに広がっていくものと考えられます。

ノーベル賞を産んだもの

野依教授の研究に対する厳しい態度はよく知られていますが、それを支えるエネルギーとなったのは化学に対する愛情であったのではないかと思います。野依教授は若いころに化学構造式の六角形（いわゆる亀の甲）の美しさに魅せられて化学の道に

●**カルバペネム**
抗菌剤の一種。ペニシリンの骨格の、硫黄原子のある位置に炭素を持つ一群の化合物を指す。幅広い範囲の細菌に有効。イミペネム、メロペネムなどが臨床に用いられる。

●**メントール**
「メンソール」とも。いわゆるハッカの香り成分で、清涼感を与えるため食品などに添加して用いられる。血管拡張作用や殺菌作用など、独特の生理作用を示すことでも知られる。

進むことを選んだと聞きます。そしてＢＩＮＡＰはまさに六角形でできた分子です。ＢＩＮＡＰの光学分割には7年の歳月がかかったといいますが、執念でこれを乗り越える原動力となったのは、ＢＩＮＡＰの美しい構造への思い入れ、惚れ込み具合だったのではないでしょうか。筆者の勝手な推測ではありますが、研究を推し進めるエネルギーとなるのは結局そういう「思い込み」の部分が非常に大きいのではないかと思います。

最後に付け加えておくと、野依教授の業績はもちろんすばらしいものですが、かといって氏一人が日本の化学界の中で全く突出した存在だというわけでもありません。ノーベル賞受賞時「日本の化学界を代表して私が受賞したのだ」と述べておられるとおり、素晴らしい成果、オリジナリティの高いユニークな研究をしている先生は他にも多数おられます。特に化学の世界では、一人ぽつんと大天才が出現するのではなく、こうした「層の厚さ」があって初めてノーベル賞のような大きな成果が生まれるのではないでしょうか。２０００年からの3年連続ノーベル化学賞は日本中を大いに沸かせましたが、我が国の化学界が今後もそれに匹敵するだけの成果を生み出し続けるポテンシャルを持っているのは間違いのないところと筆者は思っています。

●光学分割
ラセミ体の化合物を、右手型と左手型に分離すること。結晶化による方法、クロマトグラフィーを用いる方法などがあるが、こうすれば必ず分割できるという方法はなく、試行錯誤を必要とすることが多い。

2-3 結晶、この厄介なもの

しばらく堅苦しい話が続きました。そろそろちょっと息抜きということで、結晶に関わるいろいろな話をエッセイ風に書き並べてみたいと思います。

結晶とは何か

まず結晶とは何か。専門的には、イオンや分子などが規則正しく並んだ固体のことを指します。我々の身近でいえば食塩（塩化ナトリウム）や砂糖の粒、ダイヤモンドなどがそれにあてはまります。逆に結晶でない固体というのもあって、例えばガラスなどがそうです。典型的な結晶である食塩の粒をよく見ると、ひと粒ひと粒が全てサイコロのような形（立方体）をしています（図2・14）。これはナトリウムイオンと塩化物イオンとが、まるでジャングルジムのように規則正し

図 2.14
塩化ナトリウムの結晶

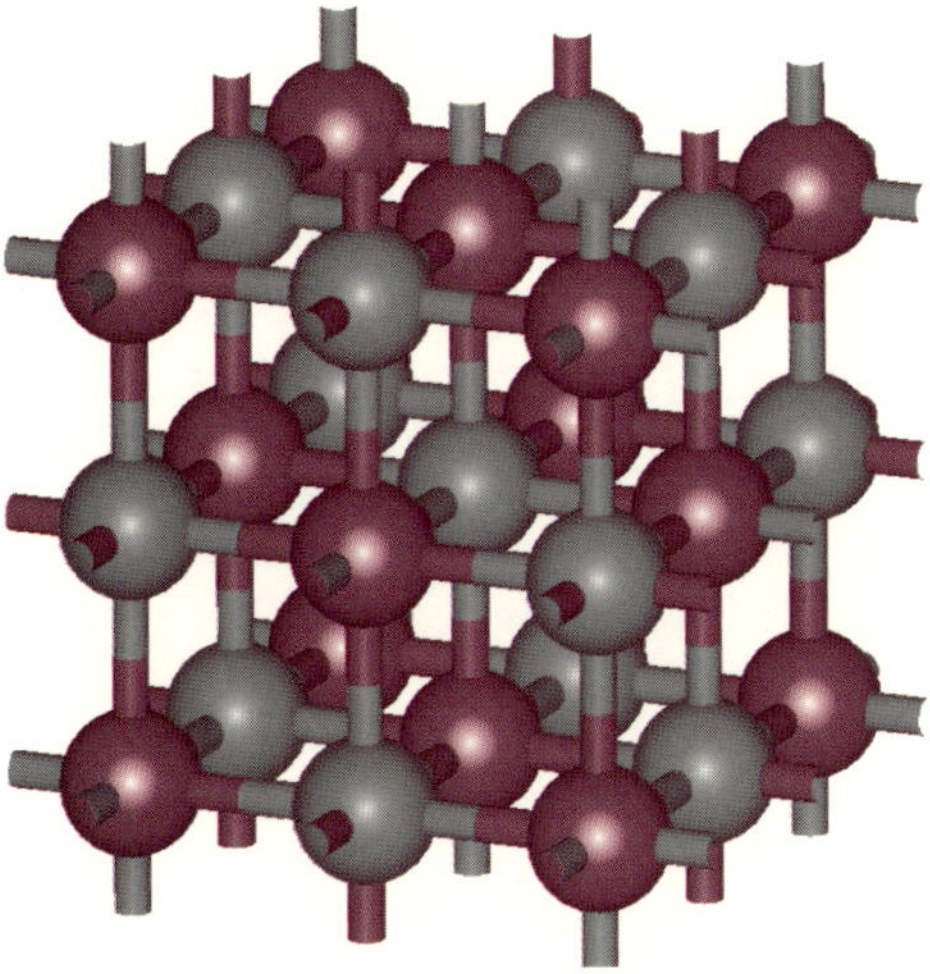

く並んでいるせいです。食塩のひと粒には、だいたい100京(1,000,000,000,000,000,000)個のイオンがびっしりと並んでいる計算になります。

有機化合物というのはたいてい複雑な形をしているので、食塩のような単純な詰まり方にはならず、結晶の形も板状だったり針状だったりします。とはいえ同じ化合物がずらりと一定の配列で並んでいることには変わりありません。

我々化学者が扱う化合物は種類も性質も様々ですが、とりあえず結晶になってくれればいろいろなメリットがあります。結晶は同じ化合物だけがずらりと並んでいるわけで、異物が入り込んでいない非常に純粋な状態です。不純物が混じった化合物を何らかの溶媒に溶かし、ここからうまく結晶を作ってやれば、不純物だけを溶液の方に残して純粋な化合物だけを結晶として集めることができます。これを**再結晶**といい、化合物精製の基本的なテクニックの一つです。

また、得られた結晶にX線を当て、その回折像を分析することで化合物の詳しい分子構造を割り出すこともできます。最近ではいろいろな測定機器の発達によって、他の方法でも分子構造はずいぶん詳しく解明できるようになりましたが、今でもこのX線結晶解析が一番信頼のおける方法であることに変わりはありません。

また、「薬」になる化合物は、たいていの場合結晶でないと開発が進められません。

●X線結晶構造解析
現代では0.05mm程度の大きさの結晶が得られれば、強力なX線を照射することによって原子レベルでの精密な構造情報が得られる。

結晶していない化合物は溶け方や吸収のされ方にばらつきが生じ、結果として薬の効き方が変わってきてしまうからです。結晶になれば安定ですから、長期間の保存に耐えるというメリットもあります。とはいえこの結晶というのが実はなかなか扱いが厄介で、我々製薬会社の研究者はたいてい一度や二度は泣かされています。それまで水によく溶けていた化合物がある日突然水に溶けなくなり、臨床試験が進められなくなったなどというケースさえあります。これは結晶内部で分子の詰まり方が変わってしまうために起こる現象ですが、こんな妙なことでそれまでの苦労が全て水の泡というのでは、現場にいる者としては泣いても泣ききれない思いになります。

種結晶さえあれば……

種結晶という言葉があります。例えばチオ硫酸ナトリウムという物質を沸騰したお湯に溶けるだけ溶かし、ゆっくりと冷やしていきます。本来なら温度が下がれば溶けきれなくなった分が結晶として出てくるはずですが、実際にはそうはなりません。チオ硫酸ナトリウムは結晶内では規則正しく並んでいますが、水に溶けてバラバラになると元の結晶構造を「忘れて」しまうのです。どうすれば結晶が出るかと言えば、結晶構造を「思い出させて」やればよいのです。具体的には先ほどの冷えた溶液に、ひ

●臨床試験が進められなくなった
本来どんなによく効く薬でも、水に溶けなければ砂を飲んでいるのと同じで、体内を素通りするだけで終わってしまう。

とかけらのチオ硫酸ナトリウムの結晶を放り込んでやります。これを「種結晶」といいます。今までバラバラに溶液中を漂っていたチオ硫酸ナトリウムの分子は、種結晶の規則正しい配列に従って次々に整列し、あっという間に大きな結晶に成長します。要するに種結晶は「結晶の詰まり方の手本」であるわけです。

新しく合成された化合物、自然界から初めて純粋に取り出された化合物は、まだこの種結晶が存在しない状態です。もちろんすぐさま結晶が得られることもありますが、特に複雑な構造の分子ではきっちりと結晶せず、ねばねばの液体や無定型の粉末でしか得られないことも少なくありません。こうした場合、ひとかけらでも種結晶さえ得られれば後はいくらでも結晶が増産できるのに、なかなか最初の結晶が得られず苦労することがあります。

結晶化の条件は化合物の構造・微妙な条件の差に左右されるもので、「こうすれば必ず結晶が出る」という方法はありません。場合によっては何週間、何カ月も溶媒を変えたり温度を変えたりしながら、キコキコとフラスコの壁を棒でこするはめになります。そうやって努力して努力して結晶がどうしても出ず、いやになって投げ出したころになってふと実験台の隅を見ると、転がしておいた小ビンのふちにキラキラと光る結晶が析出していたりします。結晶を得るには条件の選び方など職人的なカンの部

●フラスコの壁を棒でこする
こうすると結晶が出やすいことが経験的に知られているが、なぜそうなのかはわかっていない。結晶のでき始めはいまだに謎が多い過程である。

分もありますが、結局は運任せというところも大きいのです。先に述べたように結晶化は精製や構造解析に結びつく重要な操作ですから、どんなものでも簡単に結晶化できる方法を編み出せたらノーベル賞は間違いなしなのですが、なかなかそううまくはいってくれないようです。

結晶のシンクロニシティ?

さてこういう結晶の話に関して有名なのが、グリセリンにまつわる「伝説」で、オカルト本などによく以下のような話が載っています。

……グリセリンは潤滑剤、食品添加物、さらに様々な工業原料にもなる非常に重要な化合物ですが、発見から数十年間誰が何をやっても結晶せず、「グリセリンは固体状態というものはない」と思われていました(図2・15)。

ところがある時、イギリスの貨物船に積まれていた樽詰めのグリセリンが、1本まるごと結晶しているのが発見されたのです。この知らせを聞いてあちこちの研究所から「グリセリンの種結晶を分けてくれ」という申し込みが殺到したのですが、不思議なことはここから起こりました。この日を境に、世界中の工場や研

図 2.15
グリセリン

究所で、種結晶を入れてもいないのに一斉にグリセリンが結晶し始めたのです。製法も保存方法も変わったわけではなかったので、これにはあらゆる分野の化学者たちが首をひねりました。服や皮膚に微量の種結晶がくっついて入り込んだのではないか、という説まで出ましたが、種結晶が入らないようどれだけ気を使っても結果は同じでした。今ではグリセリンは17度に冷やすだけで、どこで誰がやっても簡単に結晶化します……。

という「伝説」は、最近マンガなどにも取り上げられ、一般にも有名な話になっているようです。ところがこの件について、最近大阪大学の菊池誠教授が調査を行っています。その結果、1923年のアメリカ化学会誌に載った論文に「グリセリンの結晶化に成功したと聞いて種結晶を送ってもらったが、温度調節をうまく行うことによって種を入れずとも結晶化ができることがわかった」という記載があることがわかりました。結局上記の話は、この記述に尾ひれがついたものである可能性が高そうです。結晶化に苦労し、妙な偶然を経験している研究者たちが、こうした話を自分の体験談を交えて語っていくうちにだんだん話が大きくなっていってしまった――というのは非常にありそうなストーリーです。

なお現在においてもグリセリンは摂氏0度で種結晶を加えるか、非常な低温にして

●菊池誠

大阪大学教授。専門の計算物理学の他、最近ではニセ科学に対する批判・一般への啓蒙活動にも積極的に取り組む。氏のブログ（kikulog）はhttp://www.cp.cmc.osaka-u.ac.jp/~kikuchi/weblog/。

おいてからゆっくりと昇温していく方法によってしか結晶は得られておらず、多くの本にあるように簡単に結晶化するということはありません。この点にもどうやら尾ひれがついてしまっているようで、まあこの手の話にはたいてい何か裏があると思った方が良さそうです。

＊　＊　＊　＊

結晶には世界中の化学者が手を焼かされており、それゆえに結晶にまつわる話題は尽きません。現代の科学界で最もホットなジャンルといえばやはり生命科学、それもタンパク質の機能解明ということになります。こうしたタンパク質の生産や精製は、遺伝子工学など様々な技術の進展によりずいぶん簡単にできるようになりました。しかし解析のためにはタンパクを結晶化させることが必要であり、これはふつうの分子を結晶化させるより数段苦労が伴います。結局のところこの結晶化については、とにかくじゅうたん爆撃的にいろいろな条件を試すより方法がなく、諸研究においての一番大きなネックになっているのが現状です。最先端といえる分野で、いまだに職人芸や運が成否を左右する部分があるわけで、科学というものはどこまでいっても人間のやるものなのだということを改めて思わされます。

●何か裏がある
最近では、「ありがとう」と書いた紙を水の入ったコップに貼っておくと美しい結晶ができるなどと謳った本がベストセラーになっているが、いうまでもなく科学的には論外である。

2-4 タキソール——全合成のドラマ

全合成というジャンルがあります。主に天然から産出される複雑な分子を、小さな分子から人間の手で一歩一歩組み上げることです。本来は、天然からは少量しか得られない貴重な化合物の構造を解明する、あるいはそれを人工的に供給するというのが目的ですが、現代ではむしろ新しい反応の有効性を示し、また磨くための舞台としての役割が大きくなっているように思われます。もちろん注目を集める化合物を世界で初めて合成したとなれば大きな名誉となりますし、特にアメリカなどではこうした実績が研究費獲得にダイレクトに結びつきますので誰もが血眼にならざるを得ません。この項の主役である**タキソール**は、過去もっとも激しい合成競争が繰り広げられたことで知られる有名な化合物です（図2・16）。

スター教授、続々参戦

タキソールは1966年にアメリカ保健省の大規模な抗がん剤探索プロジェクトによりイチイの一種の樹皮から発見され、1971年に構造が決定されました。タキソー

●タキソール
「タキソール」（taxol）という名は製薬会社の登録商標であるため、化合物名としては「パクリタキセル」（paclitaxel）という名を使うべきだとする人もあるが、ここでは一般に名の通った「タキソール」という名称で統一する。

ルは乳ガンなどに対して極めて有望な薬剤であることはすぐにわかりましたが、全ての患者に行き渡るほどの量は天然からはとても得られず（イチイの木は成長が非常に遅い上、樹皮をはぐとすぐに枯れてしまう）、合成による供給が求められました。そしてもう一つ、何よりタキソールは構造的に非常にユニークで、有機合成化学者の挑戦心をかき立てるに十分な化合物であったのです。

「合成屋」の興味をひきつける条件を全て兼ね備えたタキソールの合成レースには、全世界30以上のグループが参加したといわれ、筆者が大学時代に所属した研究室もその一つでした。参戦した主な研究者だけでも、有機化学界のスーパースターの一人ダニシェフスキー教授、1940年代から活躍する大御所ストーク教授、ドデカへドラン全合成のパケット教授、天然物合成に多くの実績を持つウェンダー教授、日本を代表する有機化学者である向山光昭教授、さらに側鎖部分の合成には2001年ノーベル化学賞のシャープレス教授、その弟子のハーバードの若き俊英ジェイコブセン教授

図 2.16
タキソール

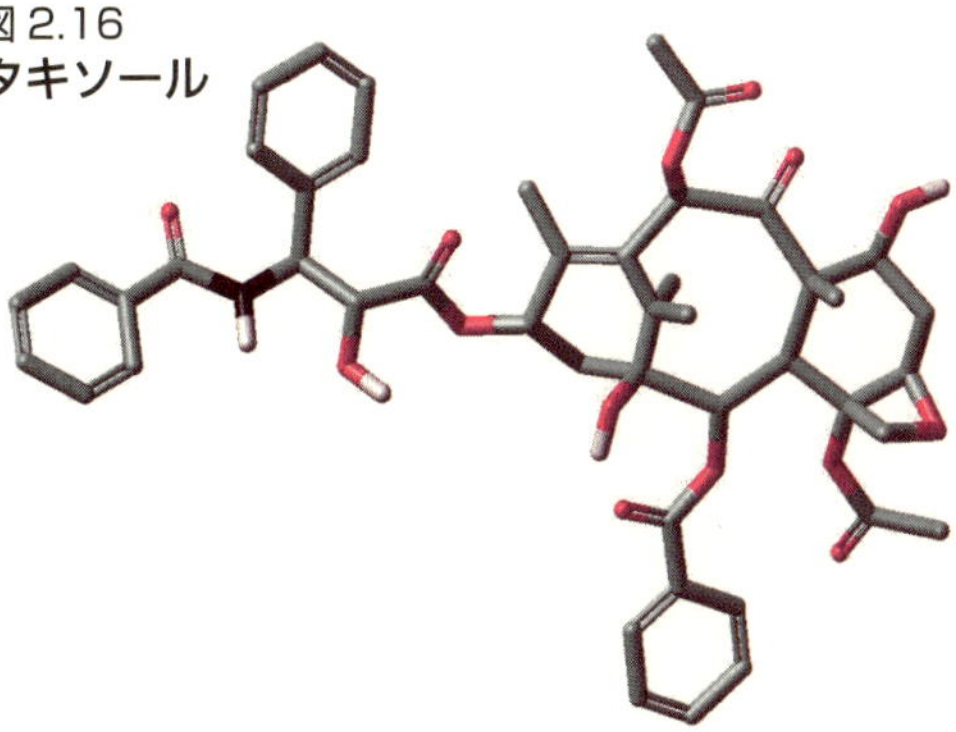

●向山光昭
むかいやま てるあき（1927～） 東大・東工大名誉教授、現在北里研究所。多くの新反応を開発しており、中でも向山アルドール反応は高名。数多くの門下生を育成し、現在の日本有機化学界の礎を築いた。

●ダニシェフスキー
Samuel J. Danishefsky（1936～）スローン・ケッタリング記念ガン研究センター及びコロンビア大学教授。天然物合成など幅広く活躍し、世界の有機化学研究をリードする一人。

などが名を連ね、まさに有機化学界のオールスターが一同に会した観がありました。そして90年代に入ってからは天然物全合成の第一人者であるニコラウ教授も名乗りを上げ、レースは最高潮を迎えます。

しかし世界中の著名な化学者たちの努力にもかかわらず、タキソールという難攻不落の城はなかなか陥落しませんでした。単純な話、ある反応工程が収率（原料が望みの分子へと変換された割合）80パーセントで進行したとなれば普通かなりよい成績といえるのですが、これを20段階積み重ねると手元に残るのは元の1パーセントに過ぎません。タキソールの合成には最低でも40段階程度を必要とし、しかも途中様々な枝分かれが考えられるため、質的にも量的にも凄まじい実験数が必要になってきます。筆者の所属していた研究室でも骨格の合成はかなり早い時期に成功したのですが、そこから予想もしなかった問題が次々と持ち上がり、何度も暗礁に乗り上げました。筆者自身はこのプロジェクトには直接関わっていませんでしたが、端で見ていても全合成とはなんとしんどくてドラマチックで、知恵と勇気と腕力を必要とするものだろうと思わされたものです。

●ニコラウ
Kyriacos Costa Nicolaou（1946 ～）キプロス出身、スクリプス研究所教授。多数の天然物合成を達成しており、このジャンルの第一人者。著書・総説など精力的な執筆活動でも知られる。

●シャープレス
K. Barry Sharpless（1941 ～）MIT・スタンフォード大・スクリプス研究所教授。不斉酸化反応の開発により2001年ノーベル化学賞受賞。現在はクリックケミストリー（149ページ）の研究に力を注ぐ。

一騎打ち

レース終盤、激しい競争を繰り広げるビッグネームの間を縫って、意外な伏兵が浮上してきました。フロリダ州立大（当時）のロバート＝ホールトン教授がその人です。ホールトン教授は80年代初めと早くからタキサン類の合成に着手し、88年には同じイチイの木から得られる類縁体**タクスシン**（図2・17）の全合成に成功しています。とはいえホールトン教授の合成ルートではここからタキソールへ持っていくのは難しく、研究はタクスシン合成までで終わったものと思われていました。しかしホールトングループは諦めずに研究を重ねてここからタキソールへと変換する道を切り開き、ノーマークながらいつの間にかレースのトップに立っていたのでした。

最終盤に至り、トップランナーはこのホールトン教授とニコラウ教授の2人に絞られます。化学界ではほ

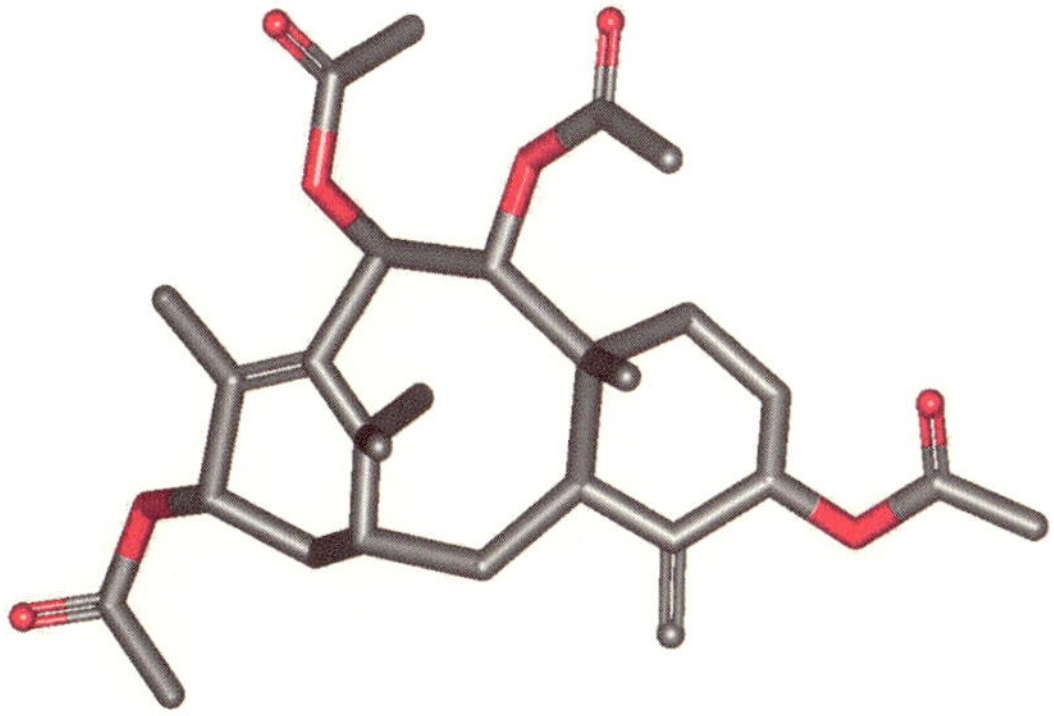

図 2.17
タクスシン。タキソールより構造的に簡単だが、抗癌活性はない

とんど無名ながら、たった一人で研究を始めてコツコツと結果を積み重ねてきたホールトン教授と、世界中から集まった精鋭を大量に投入して力と技で驀進する第一人者ニコラウ教授、両者の対決はまさに好対照といえるものでした。ニコラウ教授はこのプロジェクトに材料費だけで150万ドルというため息が出るほどの巨費を投じたということで、この研究にかけた氏の執念が伝わってくるようです。

土壇場の奇手

そして熾烈を極めたレースにも、ついに決着の時が訪れました。1993年、ホールトングループがニコラウ教授に先んじ、タキソールの史上初の全合成を完成したのです。ホールトン教授はさっそくこの成果をアメリカ化学会誌に投稿したのですが、ここで問題が持ち上がりました。わずかに遅れて全合成を達成したニコラウ教授が、その論文を『Nature』に投稿したのです。『Nature』は論文が審査されて載るまでが速く、このため論文の受理はホールトン教授が早くとも、掲載・発表はニコラウ教授の方が先というねじれ現象が生じてしまったのです。『Nature』に単なる全合成の論文が載るのは極めて異例なことで、ニコラウ教授が土壇場で放ったこの一発逆転の奇手により、レースは最後の最後までもつれることとなりました。

『ニューズウィーク』など一般の週刊誌を巻き込むほどの騒ぎになったこの一件も、最後はホールトン教授らの「写真判定勝ち」と認められて落着しました。全合成については世界的権威と誰もが認めるニコラウ教授も、タキソールの初合成という栄冠だけはホールトン教授に譲ることとなったのです。ホールトン教授らによる全合成は各段階がほとんど究極に近いまでに磨き上げられており、全工程の平均収率は93パーセントにも達します。この面から見てもホールトン教授らの全合成は史上に残る成果であり、このレースの勝者にふさわしい見事な結果と思われます。

戦いすんで

ホールトン教授の全合成が完成したのと同じ1993年にタキソールは乳ガンの治療薬として発売され、以来世界中で用いられています。しかし現在薬剤として用いられているタキソールは全合成で供給されているわけではありません。今まで発表された全合成ではいずれも40ステップ前後の反応を必要とし、特殊な反応も多いので、キログラム単位でタキソールを合成するのは現実問題として不可能といっていいのです。しかし幸いなことに、イチイの木の葉から**バッカチンⅢ**（タキソールの側鎖部分を除いた構造に当たる）という化合物（図2・18）が大量に得られることがわかったので、これに人工的に側鎖を取り付ければタキソールが得られます。現在臨床に用いられているタキソールは全て、この「半合成」によって供給されています。

では全世界が競い合った全合成レースは全くの無駄だったのか――。もちろんそんなことはなく、タキソールに挑むことによって培われた新しい手法は今後の有用化合物の合成に生かされていくことでしょう。また一から部品を組み上げることにのみよって得られる化合物の情報、性質を生かし、タキソールを上回る優れた薬剤の開発を目指す研究も今なお進められています。

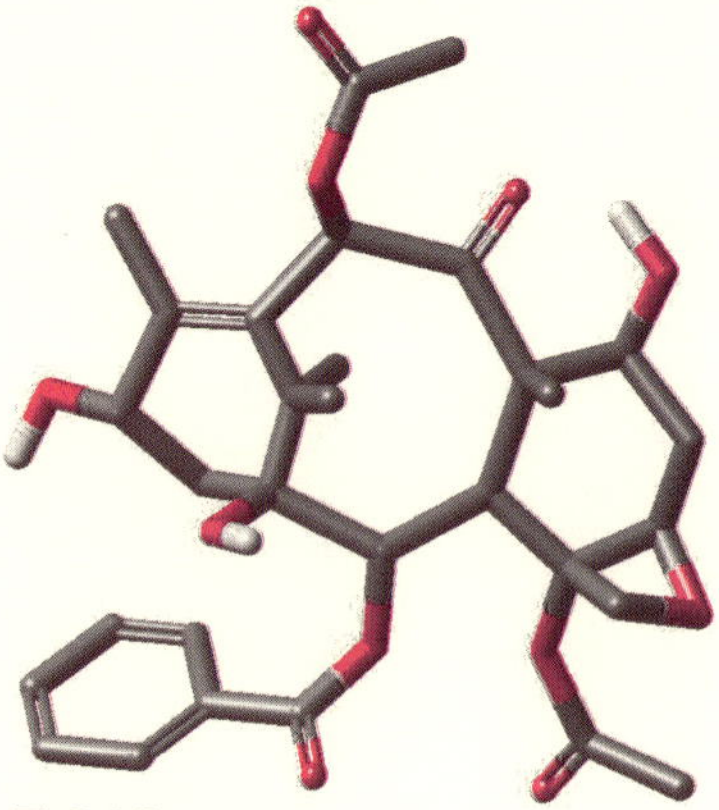

図 2.18
バッカチンⅢ

タキソールの合成競争が完結した後にも、天然物の全合成報告は絶えることなく学会誌の誌面を賑わせています。しかし近年、こうした全合成研究そのものに対する批判の声も上がるようになりました。さしたる使い道もなさそうな化合物を手間ひまと費用をかけ、既存の反応を積み重ねて作るだけの全合成研究が、学問として果たしてどれだけの意味を持っているのか、人類の進歩に寄与する新しい発見はもはや生み出

●批判の声
1999年『Science』誌に掲載された論説。
Robert F. Service, “Race for Molecular Summits”, *Science* vol.285 (AAAS, 1999), p.184-187

されていないのではないか——というのがその論旨です。もちろん全合成の過程で生み出され、磨かれる合成手法はたくさんありますし、また学生の知識・技術習得の場として全合成は素晴らしく有効であるのは間違いない事実です。しかしこれらの批判にも一理あることは事実で、これからの合成化学者はそれに対する答えを持たねばならないのでしょう。

実際、近年では全合成だけで研究を終わりとせず、合成した化合物を生物学分野に応用し、大きな成果を上げる研究者も増えています。こうした仕事は「全合成批判」に対する、化学者からの回答の一つといえるでしょう。現在こうした「ケミカルバイオロジー」と呼ばれるジャンルは、自然科学の中でも最もホットな領域の一つとなっています。

また合成手法の発展した現代にあっては、タキソールほど難しくて魅力的なターゲットはもはや残っておらず、あれほど華々しい合成競争が繰り広げられることはもうないだろうとも言われています。いずれにしろ全合成という一時代を築いたジャンル自体が、一つのターニングポイントを迎えつつあるのは事実のようです。

一番乗りの争いが決着して数年後、筆者の所属した研究室の合成研究もついに完成し、アメリカ化学会誌に速報が掲載されました。筆者もこの論文を読みましたが、山のような試行錯誤、失敗した実験の数々は全て省かれ、全合成の工程はわずか2ページ、図一枚に押し縮められていました。10年近くにもわたって多くの友人たちが青春を捧げたあの日々が、まとめてしまえばたったこれだけになってしまうのか――と、なんだかちょっとため息が出てしまいました。我々が気づかないようなちょっとした科学の進歩、その裏にはおそらく何十人という科学者たちの、表に出ることのない血と汗と涙が詰まっているはずです。

2-5 ペプチドホルモンの構造決定

自然界には20種類のアミノ酸があり、それが一列に多数つながったものをペプチドあるいはタンパク質と呼びます。ペプチドの体内での役割は様々ですが、重要な役目の一つにホルモンとしての働きがあります。

ホルモンの役割を一言で言えば、「体内でメッセンジャーとして働く分子」ということになります。生体は常に様々な環境の変化にさらされていますが、それに応じて「血圧を上げろ」「睡眠をとれ」「細胞分裂を行え」などといったメッセージを伝え、生理状態のバランスを整えるのがいわゆる「ホルモン」であるわけです。多くのホルモンは非常に微量でもその効果を発揮し、ちょっとでもその生産が狂えば体全体の調子が崩れてしまうほどの非常に重要な存在です。そしてこのホルモンの構造解明には、科学者たちの意地とプライドを賭けた凄まじい闘いの歴史がありました。

インスリン

ペプチドホルモンの中で最もよく知られているのは、血糖値を引き下げる作用を持

●**20種類のアミノ酸**
アミノ基とカルボキシル基を両方持った化合物をアミノ酸と呼ぶ。多くの種類があるが、ペプチド・タンパク質を構成するのは基本的にグリシン・セリン・バリンなど基本的に20種類のアミノ酸に限られる。

つ**インスリン**（図2・19）でしょう。アミノ酸51個から成りますが、よく見ると21アミノ酸のA鎖と30アミノ酸のB鎖が、2カ所のS-S結合で結びつけられた構造をしています（図2・20）。1921年の発見以来、糖尿病の特効薬として多くの患者を死の淵から救い出し続けている有名な化合物です。

インスリンの構造解明は発見から30年以上たった1956年、イギリスのフレデリック＝サンガーの手によって成し遂げられました。彼はペプチド鎖の先頭のアミノ酸（ペプチド結合していないアミノ基を持つ）だけが高い反応性を持つことを利用し、ここに**ジニトロフェニル（DNP）基**と

図 2.19
インスリン

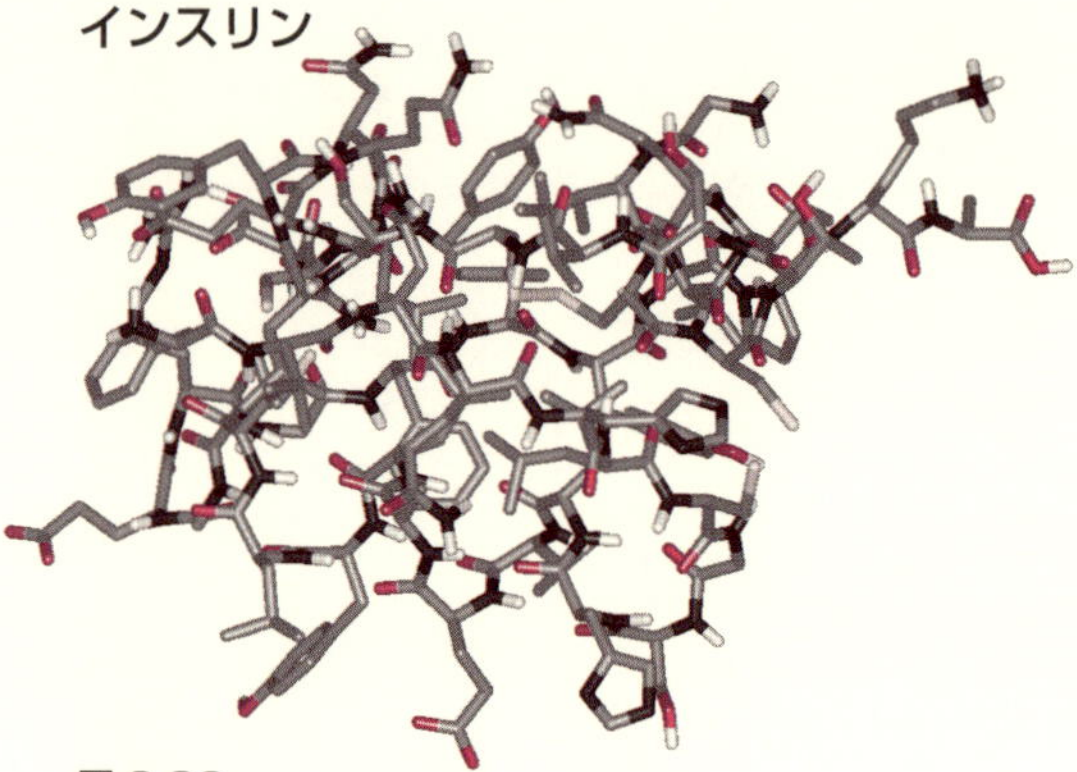

図 2.20
A 鎖と B 鎖を色分けで示す

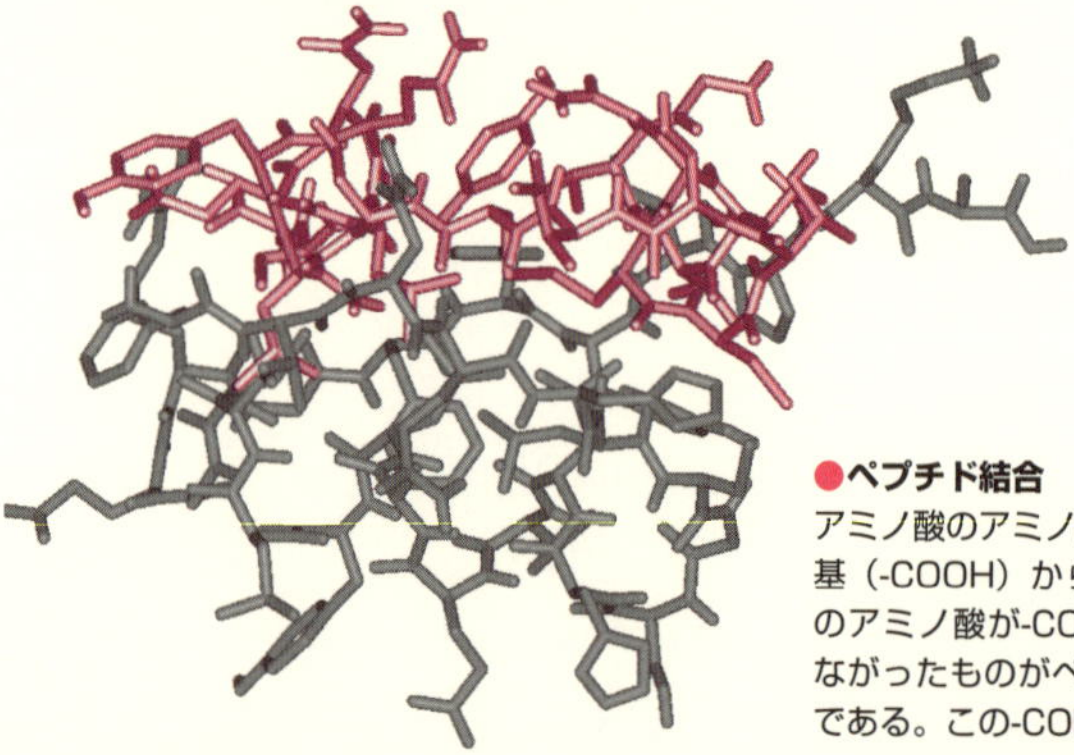

●**ペプチド結合**
アミノ酸のアミノ基（-NH2）とカルボキシル基（-COOH）から1分子の水が取れて、2つのアミノ酸が-CONH-という結合を介してつながったものがペプチドあるいはタンパク質である。この-CONH-をペプチド結合と呼ぶ。

いうグループを取りつけて「目印」とすることを考えました。目印をつけた上でペプチド鎖を塩酸でバラバラに分解すると、DNPがついたアミノ酸だけが鮮明な黄色になっていますので、これを取り出して分析すればまず先頭のアミノ酸が何であるかわかります（図2・21）。

2番目以降のアミノ酸の分析のためには、先頭のアミノ酸だけを切り離す「エドマン分解」という反応や、特定の位置でペプチド鎖を切断する特殊な酵素を用い、得られた断片に再びDNP法を適用します。こうして得られた部分構造をうまくつなぎ合わせ、ジグゾーパズルを解くようにして全体の構造を確定していきます。とにかく根気のいる作業ですが、サンガーは10年以上をかけて全構造を解明し（驚くべきことに、このプロジェクトに参加したのはサンガー自身と大学院生2人だけだったといいます）、これによって1958年のノーベル化学賞を獲得

図 2.21
DNP 法

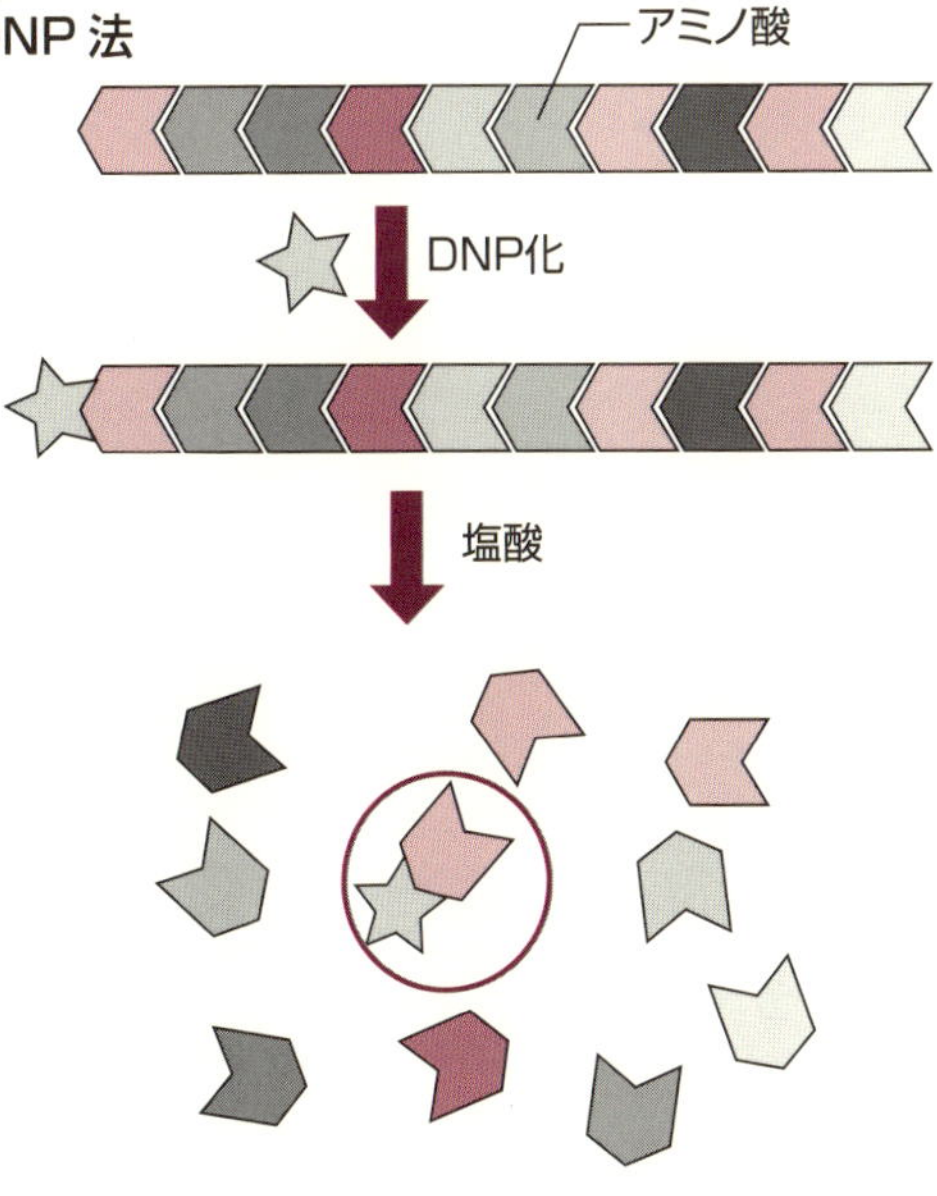

しています。その後技術的な面では様々な改良が加えられましたが、現在でもタンパクの構造解析には基本的にサンガーの開発した方法が用いられています。なおサンガーはその後、DNAの配列決定法も開発して2度目のノーベル賞を受賞(1980年)しており、現代生化学の基礎を築いた巨人としてその名は不朽のものとなっています。

ノーベル賞への死闘

サンガーの先駆的な研究は、インスリンが100グラムも手に入ったからこそできる仕事でもありました。しかし一般的にホルモンは非常にわずかの量しか分泌されないため、目に見える量を分離するのでさえ大変な作業になることがほとんどです。

脳内の「視床下部」と呼ばれる場所からは、数種類の微量ペプチドホルモンが分泌されています。この構造解明においては、ロジャー＝ギルマンとアンドリュー＝シャリーという2人の科学者の、死闘とも言うべき激烈な競争がありました。

ギルマンとシャリーはもともと共同研究者でしたが、研究方針の違いからやがて相互不信に陥り、1962年にシャリーはギルマンの元を去って自分の研究室を設立します。2人がまず研究対象としたのは視床下部ホルモンの一つ、**TRF**（チロトロピン放出因子）でした（図2・22）。ごく微量しか得られないTRFを精製するため、シャ

●アンドリュー＝シャリー
Andrew Wiktor Schally (1926〜) ポーランド出身の内分泌学者。1977年、ノーベル医学生理学賞を受賞。

●ロジャー＝ギルマン
Roger Charles Louis Guillemin (1924〜) フランス出身。ソーク研究所時代、視床下部ホルモンの研究を進め1977年のノーベル医学生理学賞を受賞した。現在は引退し、芸術活動に専念している。

●2度目のノーベル賞
サンガーはRNAの配列決定法も開発しており、これもノーベル賞級の業績とされていることから、史上初のノーベル賞3回受賞に最も近い人物といわれる。

リーは10万頭のブタの脳からTRFを分離し、一方のギルマンはなんと250万頭ものヒツジの脳から数ミリグラムのTRFをかき集めています。

TRFは実のところわずか3つのアミノ酸から成る非常に簡単なペプチドでしたが、先頭のグルタミン酸がピログルタミン酸（アミノ基と側鎖のカルボン酸が結合して環になったもの）に、末端のカルボン酸（-COOH）がアミド（-CONH2）に変わっており、通常の分析手段を受け付けなかったためその構造解明は難航しました。結局TRFの構造決定は、両者の論文がわずか6日差で発表され、一応第1ラウンドは引き分けという結果に終わりました。

決着をつけられなかった2人は、「黄体形成ホルモン放出因子」というホルモンの構造を巡ってすぐさま次の競争を始めます。両者の対立は激化し、同じホルモンにギルマンは**LRF**、シャリーは**LH-RH**という名を与え、お互いに相手の命名した名前は絶対に使わないという徹底ぶりでした。

図 2.22
TRF

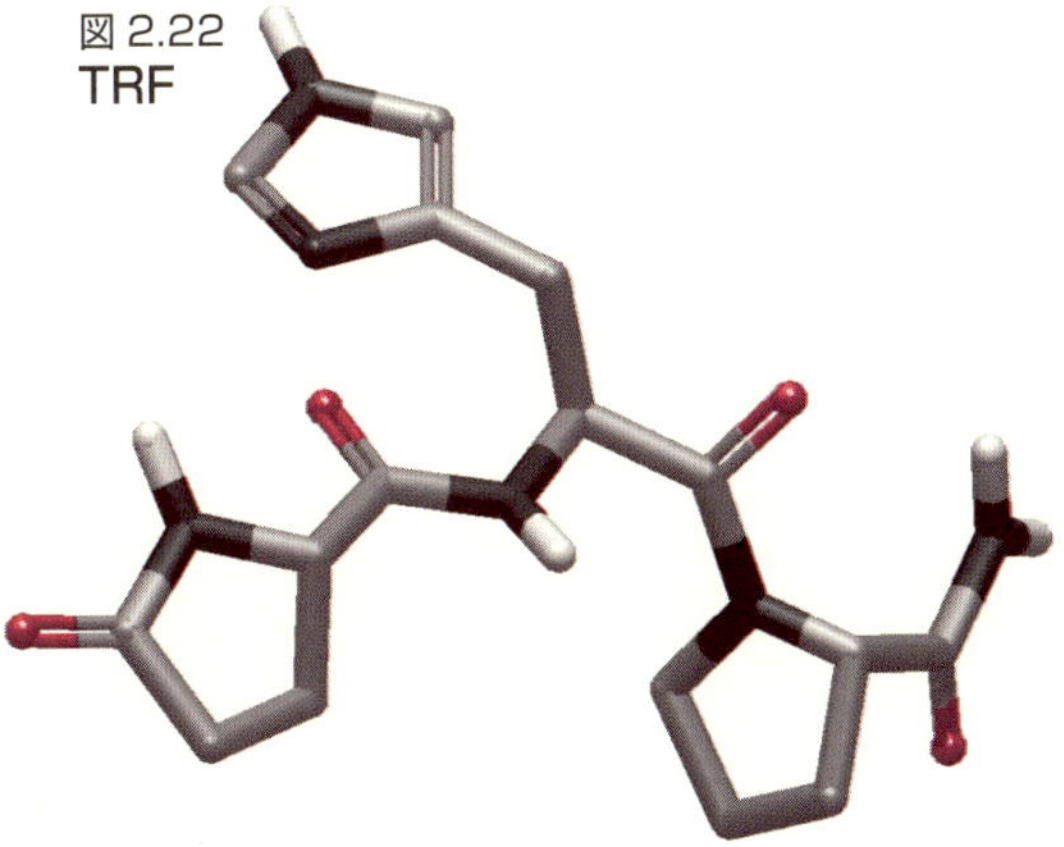

●構造解明は難航
現在の測定機器をもってすれば、このあたりのことは1時間程度で簡単にわかる事柄になってしまった。

シャリーはまず有村章・馬場義彦の両博士を招き、16万5000頭のブタ視床下部から830マイクログラムのLH-RHを分離しました。そして構造決定には、当時末端アミノ酸の超微量検定法を開発したばかりの気鋭の化学者、松尾寿之博士（現・宮崎医科大学学長）を迎え入れます。この松尾博士こそが、後にギルマン対シャリーの死闘、さらにはノーベル賞の行方をも決定づけることになる人物でした。

勝敗はいずこ

1971年の年始、研究室にやってきた松尾博士に託されたLH-RHはわずか0.8ミリグラム、純度は30パーセント程度でしかありませんでした。しかも研究室の設備は驚くほど貧しく、安い試薬や器具でさえなかなか買わせてもらえないなど、化学者なら誰でも頭を抱えたくなるような悲惨な状態からのスタートでした。

しかし松尾博士は綿密な実験計画と持ち前の実験技術で、LH-RHの構造を的確に追い詰めていきます。とはいえこの微量ではやり直しはきかず、手垢や汗に含まれるタンパクさえも簡単に結果を狂わせてしまうため、緊張し通しの毎日であったといいます。

さらに残りの貴重なペプチドを酵素分解して断片を詳しく解析し、4月にはついにその配列の可能性を2通りにまで絞り込みました。こうなれば後は最も確実な手段、合成による構造確認に訴えるのが最善です。松尾博士は研究室に毛布を持ち込んで泊まり込み、10日かかって目指すペプチドを合成しました。後はこれを有村博士の手に委ね、本物かどうかの活性試験を行うだけとなりました。

3日後の早朝、「活性が出ました」との有村博士からの報告が入りました。ここにLH-RHの構造が確定したのです（図2・23）。駆けつけたシャリーも興奮に顔を染めるばかりで、言葉もありませんでした。松尾博士は「研究者としての私の生涯において、忘れられない一瞬であった」と後に書き記していますが、まさに力量と運に恵まれた者のみが味わいうる、研究者として至福のひと時であっただろうと思います。後に経過を知った「敵将」ギルマンも、松尾博士のこの手腕には賛辞を惜しまなかったといいます。

競争相手に先んじるため、この結果は当然一刻も早く報告されなければなりません。5月にニューヨークで行われる学会はその場にふさわしいものでしたが、ここで構造を発表しようという松尾博士の意見をシャリーはなぜか頑として拒絶しまし

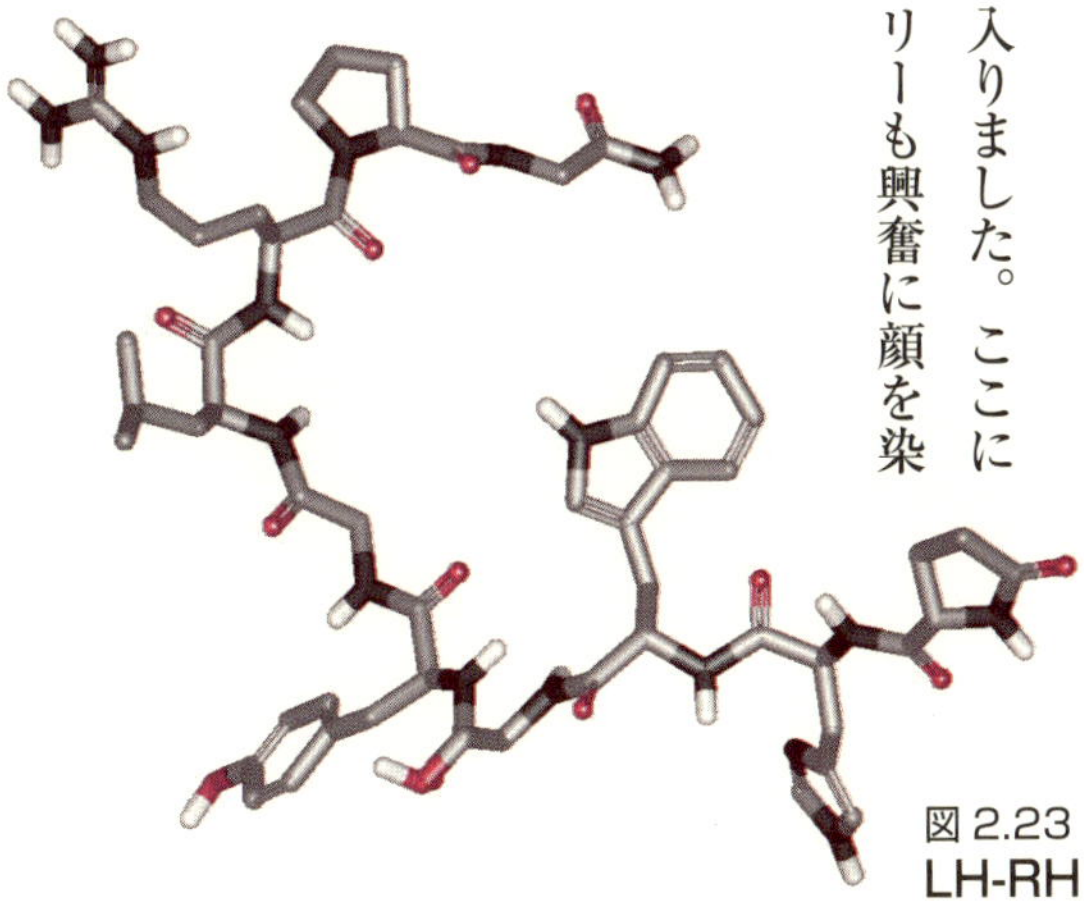

図 2.23
LH-RH

た。いぶかる松尾博士にシャリーは「ギルマンや他のグループがLH-RHの構造を発表した時だけこちらも発表しろ。しかしそれ以外の場合は絶対にまだ発表するな」と厳命し、これだけは何としても譲ろうとしませんでした。

そして6月に行われたサンフランシスコの学会で、シャリーは自身の手でLH-RHの構造を発表します。シャリーの発表の座長を務めたのは、他ならぬギルマンその人でした。このときになって松尾博士はシャリーの意図を悟りました。5月の学会で発表を禁じたのは、この場で自らギルマンの目前で勝利宣言をするためだったわけです。

ギルマンはこの悔しさを次のレースに叩きつけ、ソマトスタチンの構造決定競争ではシャリーに3年の大差をつけて圧勝します。結局2人の戦いは1勝1敗1引き分けに終わり、1977年にギルマンとシャリーは揃ってノーベル医学生理学賞を受賞することになります。両者の名前が並んだノーベル賞勲記を2人がどのような思いで見つめたのか、余人のうかがい知るところではありません。

彼らの時代から数十年を経て、精製・分析の技術は格段に進歩しました。もっと少ない材料からはるかに純粋な化合物を素早く精製できますし、数マイクログラムの試料があれば全自動で構造を決定してくれる機械も市販されています。サンガー教授や

●ソマトスタチン
脳の視床下部、膵臓のランゲルハンス島などから分泌されるホルモンの一種で、14個のアミノ酸から成る。成長ホルモンやインスリンの分泌に関わる。

松尾博士の苦闘ももはや昔語り、歴史の中の出来事となりました。

研究競争は己の意地とプライドを賭けてのぶつかり合いであり、1日でも早く結果を出した者が全てを得る〝Winner takes all〟の戦いです。そこには一握りの勝者と数え切れないほどの敗者があり、脚光を浴びることのない無名のヒーローたちがいます。ノーベル賞という究極のゴールを目指してのレースは時に過熱して批判の対象ともなりますが、これが科学を進歩させる大きなエネルギーとなっていることも疑いのない事実です。

「私が誰よりも遠くを見たとしたら、それは私が巨人たちの肩に乗ったからである」とはニュートンの名言です。現在我々がルーチンワークとして行っている単純な実験にも、こうして調べてみればその裏には先人たちの多くの労苦が詰まっています。現代の花形、最先端といわれる研究も、いつか後世の科学者の単なる踏み台になる日が必ずやってきます。現代を生きる科学者の端くれとして、科学という巨大な建造物に、自分もなんとかレンガの一つくらいは積み上げてみたいものだと念願する次第です。

2-6 臭い化合物の話

有機の研究室というところ

本書では数々の美しい分子、変わった分子、面白い機能のある分子を紹介しています。ではその新しい分子たちを作り出している現場、有機化学の研究室というのはどんなところなのでしょうか？　これが実際にはけっこうな修羅場です。

特に大学の研究室は朝から晩まで実験、実験で肉体的にも精神的にも相当にきつく、男ばかりであまりうるおいのない環境なので、片づけも行き届かず汚くなりがちです。よく嫌われる職場の条件で「3K」などといいますが、有機の部屋の場合はきつい、汚い、危険、厳しい、苦しい、臭い、悲しい、体に悪い、給料がない、教授が恐い、彼女ができない、などなど数え上げれば簡単に8Kや10Kくらいいってしまいそうです（笑）。

まあきつさ、汚さ、厳しさなどは先生の方針によってもずいぶん左右されるでしょうが、「臭い」という項目に関してはおそらくほとんどの有機化学の研究室に共通だと思われます。よく人間の鼻は退化しかかった感覚器官だなどと言われますが、実はこれでなかなかバカにできたものではなく、ときに最新鋭の分析機器に匹敵する感度を

●男ばかり
最近では有機化学の研究室にも女性が増え、筆者の学生時代よりもずいぶん華やかになっているようです。

発揮します。化学の実験ではこうした物質を純粋に取り出して使うわけですから、場合によっては耐えられないほどの悪臭に悩まされることもあるのです。

悪臭いろいろ

においと構造はある程度関連があり、エステルやアルコールを含むものは一般的に比較的よい香りがするのに対し、カルボン酸（-COOH）、アミン（窒素化合物）、硫黄化合物などはたいてい耐え難い悪臭がします。

カルボン酸のにおいというのは炭素鎖の長さによってもずいぶん変わりますが、一般的に「動物的なにおい」と表現できると思います。例えば**シクロペンタンカルボン酸**という化合物などはまさしく濃縮した足のにおいそのもので、我々は通称「足の裏酸」と呼んで恐れています（図2・24）。

ヨーロッパのチーズには非常に香り高い、というよりはえらく臭いものがあります。ある詩人はこのにおいを「神の足の香り」と表現したそうですが、分析の結果ではこの種のチーズのにおいの主成分は炭素数が4つの**カルボン酸**、**酪酸**であるといいます（図2・25）。

図 2.24
シクロペンタンカルボン酸

なんでも足の爪の間にたまる垢の抽出物にも同じ化合物が含まれているそうですから、詩人の表現もあながち間違いではなさそうです。また銀杏のにおいもこれと同類で、炭素鎖が6~7個の**ヘキサン酸**、**ヘプタン酸**が主成分だそうです。それにしてもなぜ足の爪の垢だの銀杏だののにおいを分析しようと思うのか、人間の好奇心というものは実に不思議なものです。

トリエチルアミン、**ピペリジン**といったアミン類（含窒素化合物）も実験にはよく用いられるのですが、実際にはなかなかやっかいな試薬です（図2・26）。これらは実に恥ずかしいにおいがするからで、はっきり言ってしまえば精液のにおいがするのです。うっかり服につけてしまい、気づかずに電車にでも乗ってしまえば変態扱いを受けるこ

図 2.25
（上から）酪酸、ヘキサン酸、ヘプタン酸

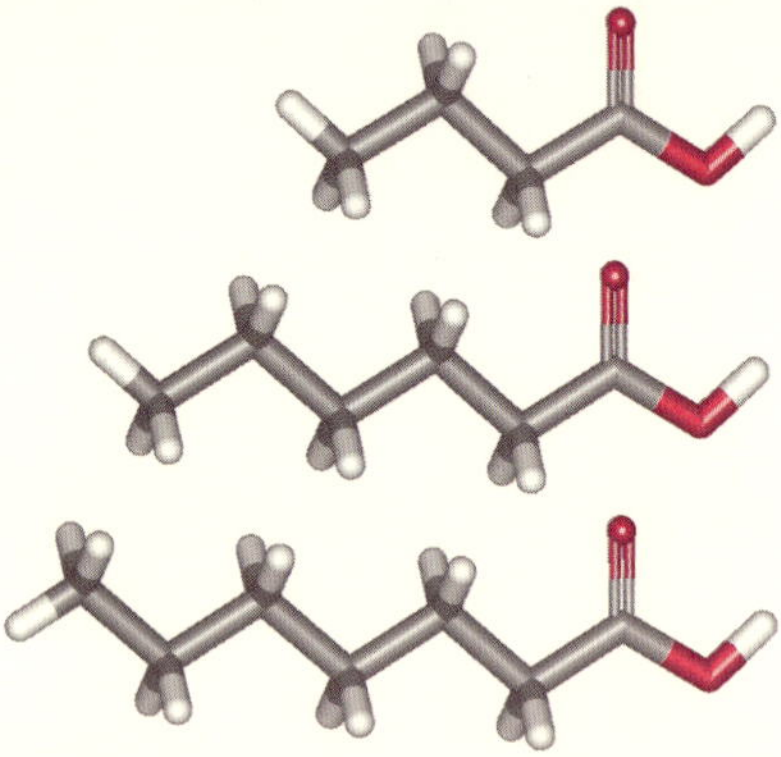

図 2.26
トリエチルアミン（左）、ピペリジン（右）

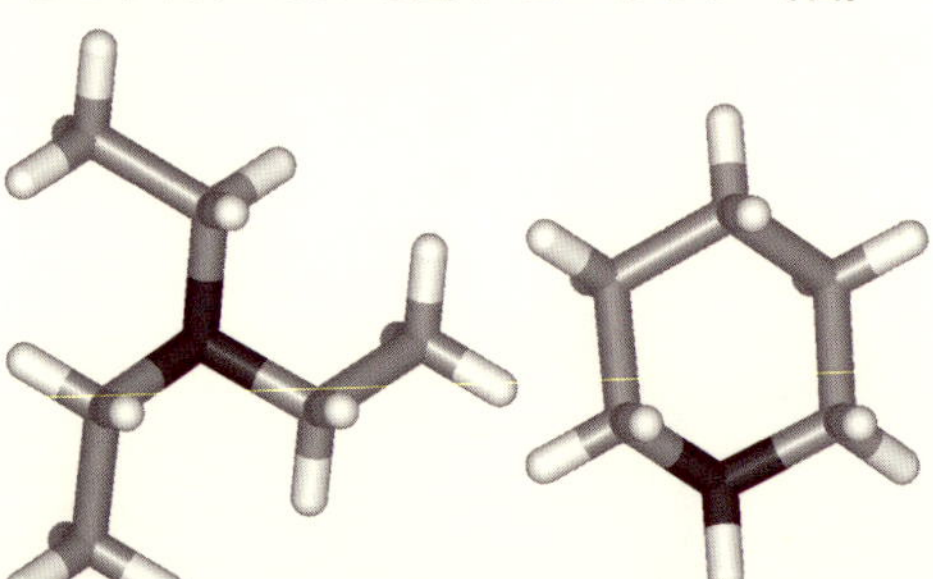

●**変態扱いを受ける**
実例を1人知っています。

とまちがいなしという恐ろしい化合物です。

実を言うとにおいが似ているのも当然で、精液のにおいの元となる化合物もピペリジンなどと同じアミン類なのです。長い鎖の中に窒素をたくさん持った化合物で、その名も**スペルミジン**、**スペルミン**などといった、なかなか遠慮も会釈もないネーミングがなされています（なお正確には実際の精液のにおいとされているのは、これらのアミンの分解物のにおいです）。

悪臭の王者・硫黄化合物

硫黄化合物も悪臭としては代表的なもので、例えばニンニクのあのにおいの主成分（**アリシン**）も硫黄を2つ含む構造です（図2・28）。
ジメチルスルフィド（図2・29）のにおいを言葉で言うなら、「濃縮したのり塩のポテトチップのにおい」というのがわかりやすい表現かと思います。実際いわゆる

図 2.27
スペルミジン（上）、スペルミン（下）

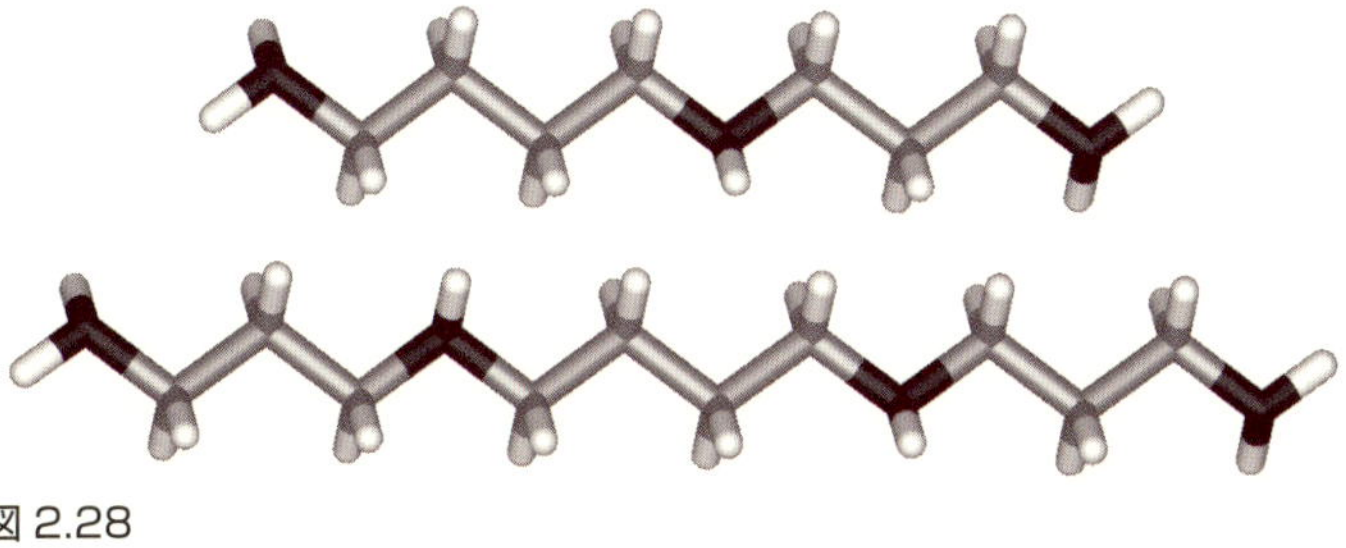

図 2.28
アリシン

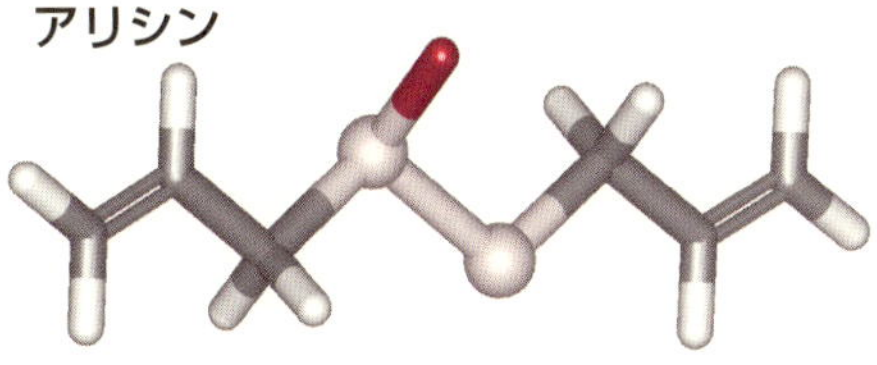

●ニンニクのあのにおい
ニンニクの粒の中では無臭だが（アリインという化合物として存在）、空気に触れるとアリイナーゼという酵素の働きによりアリインがアリシンに変わり、においを発生させる。

「磯の香り」は、海草類が放出するジメチルスルフィドの臭気であることがわかっています。また食品中の硫黄化合物が分解されることでも発生し、口臭の原因物質の一つともなっています。

このにおいは、有機合成の研究室ではおなじみのにおいでもあります。スワーン酸化という反応の時に、このジメチルスルフィドがたくさん副成してくるからです。アルコールからカルボニル基への変換は極めて重要な基本反応の一つですが、以前はクロムなどの有害な重金属試薬に頼らざるを得ませんでした。1976年にスワーンによって開発されたこの反応はこうした廃棄物を出さず、広い範囲の化合物に使用可能で、過剰酸化を起こさないなど多くの長所を合わせ持ち、現在ではすっかり酸化反応の主流を占めるようになりました。唯一の問題がこの悪臭ということになるわけですが、反応を終えてフラスコを開けた時にこのにおいがするとうまくいった証拠でもあるので、我々実験屋としてはちょっとほっとさせられるにおいでもあります(とはいえこの反応では一酸化炭素も同時に生成するので、深く吸い込むなどは論外です)。

図 2.29
ジメチルスルフィド

●スワーン酸化
塩化オキサリルとジメチルスルホキシド(DMSO)を組み合わせ、アルコール類をカルボニル化合物へと酸化する反応。この過程でDMSOはジメチルスルフィドへと還元され、悪臭の元となる。最近では分子量の大きなスルホキシドを用いることで、臭気を軽減させる工夫も行われている。

ところで世界で最も臭い物質とは一体何でしょうか？　ギネスブックには、エタンチオール（エチルメルカプタン）という、やはり硫黄系の化合物がそのチャンピオンとして収載されています（口絵⑬ページ）。

チオール（SH基を持つ化合物）は鼻を刺すような強い刺激臭を持ち、低濃度では都市ガスのにおいがします。というより洩れてもすぐわかるよう、都市ガスには微量のチオール類を混ぜてにおいをつけてあるのです。

筆者が研究室に入りたての頃、このエタンチオールを外に漏らしてしまう失敗をしたことがあります。さらにこの日は風向きの関係で、運悪く大学生協の売店の方までにおいが流れていってしまったのです。当然店内ではガス漏れではないかと騒ぎになり、発生源を探すやらあわてて火の気を消して回るやらの騒動になっていました。当の発生源の方はその頃はすっかり鼻がバカになり、騒ぎも知らずのんびりと実験していたのですが（笑）。この後でこってりと教授に油を絞られ、以後チオールを使う際には周りの部屋に連絡してから、ということになってしまいましたが、まあ今となってはいい思い出（？）ではあります。

というわけで我々実験化学者の周りというのは、臭い化合物でいっぱいという話でした。まあこれだけ読んでいると、有機化学の連中は臭い研究室にこもって、毎日朝から晩まで実験実験でよく続くもんだな、と不思議がられることと思います。それでも研究を続けていられるのはその苦労を上回る喜びもあるからで、思いどおりの反応が進行した時、誰も知らない事実を自分一人が掴んだと確信した時、世界中でここにしかない化合物を自分の手で生み出した時……。めったにないけれど、報われたと思える瞬間も確かにあるからこそ、この仕事を続けていられるというわけです。

最近はバイオや遺伝子関係が人気で、研究室選択の際に優秀な学生はみなそちらに流れてしまうという声も聞きます。確かにこれらは今一番アクティブで面白い分野ではありますが、有機化学ならではの「創造する喜び」というのも確かにあり、我々が実際に作った化合物がなければ他分野の研究だって成り立たないという自負もあります。めったにない報われる時を求めて、今この瞬間も世界の津々浦々で、実験屋たちはフラスコを相手に黙々と格闘しているはずです。

（注：なお化学実験で扱う化合物には有毒なものも多数ありますので、実験は必ず換気設備の整った環境下で注意深く行うべきであり、興味本位で未知の化合物のにおいを嗅いでみるようなことは決してすべきではありません）

COLUMN 2

ホームページの反響

1998年末にホームページを立ち上げてから8年半、やはりインターネットの威力というのは凄いもので、いろいろな方面から様々な反響をいただきました。中学生から鋭い質問を受けてタジタジとしたこともありますし、世界的権威といわれる大先生から直接励ましのメールを頂いて感激したこともありました。その他、長く続けているとやはりいろいろなことがあります。

ホームページでキシリトールの話を取り上げた直後、あるアパレルメーカーの方から、「キシリトールで染めた布地を作ってみたのですが、これにはどういう効果がありそうでしょうか」という質問を受けた時には思わず笑ってしまいました。どうも我々のような研究職の人間はつい理屈ばかりが先行してしまうので、とりあえず作ってみてから考えるというやり方は妙に新鮮に感じたものです。

「キシリトールには水を吸うと温度が下がる性質があるので、暑い時に体温の上昇を防ぐ効果はあるかもしれない。ただし2、3回洗ったらすぐ落ちてしまうだろうが」という返事を出しておいたのですが、1年ほどして本当に「冷涼感のあるキシリトールTシャツ」が売り出されたというニュースを聞いてびっくりしました。洗濯の問題をいったいどう解決したのか、そのあたりは今もって謎です。

とあるミュージシャンの方から、「お宅のページに載っていたシクロファンという化合物の構造が気に入ったので、バンド名を『シクロファン』にした」という連絡をいただいたこともあります。すでに「cyclophane」名義で2枚のアルバムをリリースしているそうで、バンドのマークにもスーパーファン（116ページ）がデザインされています。しかし化学とは関係ない方がどうやって「有機化学美術館」に辿り着き、なぜシクロファンを選ぶことになったのか、ちょっと不思議です。しかしこういう全く予期しなかった反響というのも、作者としてはとても嬉しいことではあります。

ネット掲示板などを眺めていると、思わぬところで自分のページのコピペ（コピー＆ペーストによる丸写し）に出くわして驚くことがあります。大学で教官をしている友人に聞くと、最近は学生のレポートにも結構「有機化学美術館」からのコピペを多く見かけるということです。

「Google」ひとつでレポートができあがるのだから今時の学生は楽になったもんだなあと思いますが、まあこういうネタを検索で探し出してくるのも今やひとつの能力ということでしょうか。

海外留学中の方からメールを頂くこともあります。あちらの学生や先生にも翻訳して読んでもらっているという方もいて、こういう話を聞くと「この小さなノートパソコンは、間違いなく世界につながっているのだなあ」と感激します。

その他「このページを読んで専攻に有機化学を選んだ」「大嫌いだった化学に興味を持つことができた」等々嬉しいメールを頂くこともあり、こうした一つひとつの声が更新を続けていく何よりのエネルギーです。

遠く離れた、見知らぬ人の心にも多少なりと自分のメッセージを届けることができるというだけでも、現代というインターネットの時代に生まれてよかったと思えます。そして今この本を手に取ったあなたが、少しでも化学という学問を好きになってくれるのなら、筆者として何よりの喜びです。

3

分子の力
——新しい機能をひらく

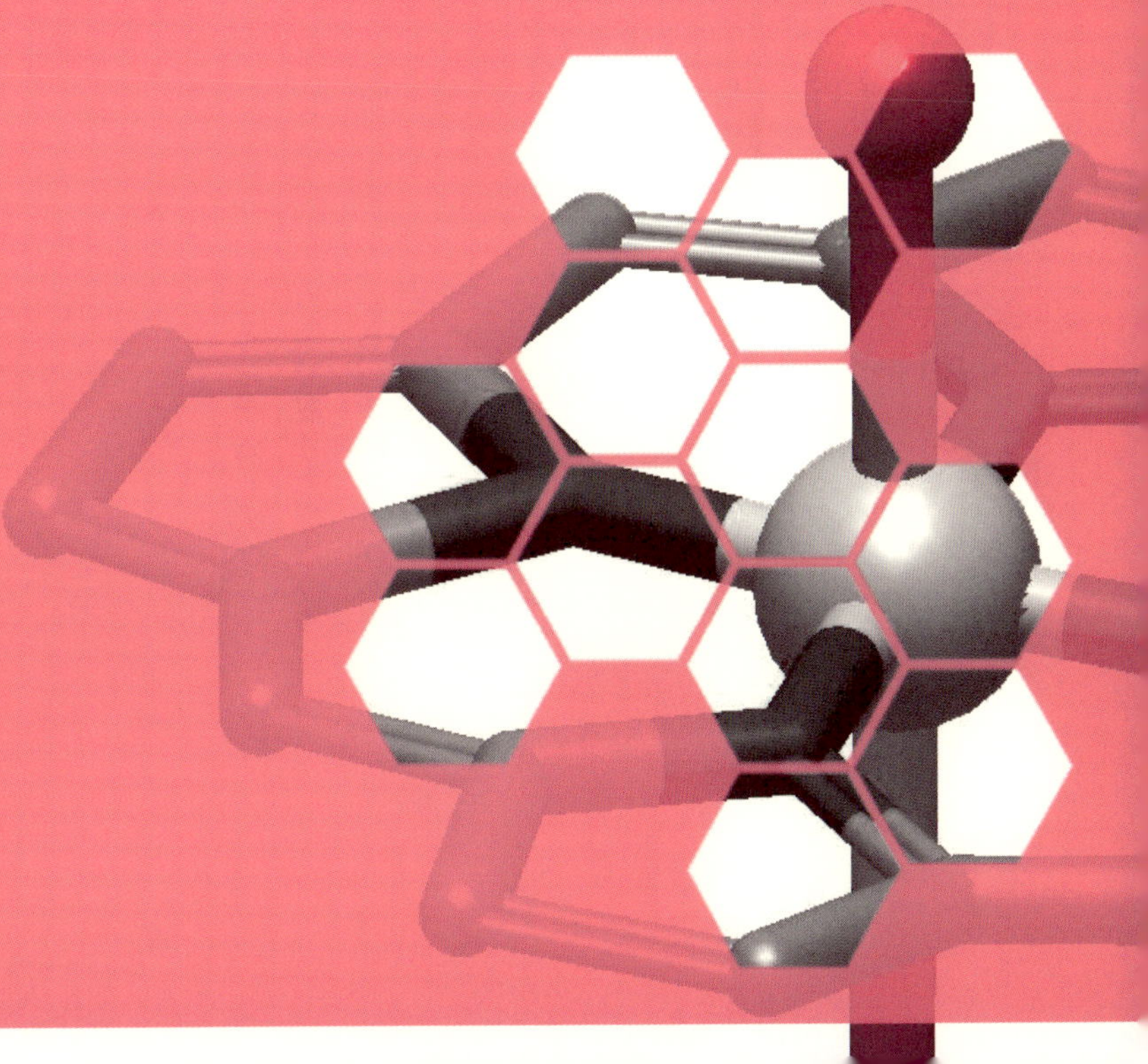

3-1 分子の王冠・クラウンエーテル

実験の失敗、偶然の発見から、学問の世界の流れを変えてしまうほどの一大ブレークスルーが生み出されたケースは歴史上いくつかあります。この項で取り上げる**クラウンエーテル**もその一つで、一見何の変哲もない構造でありながら、そのシンプルかつ斬新な原理は化学の世界に大きな影響を与えました。

代表的なクラウンエーテル

代表的なクラウンエーテルはご覧のとおり、炭素が2つ、酸素が1つの順で規則正しく並んで大きな環を作った化合物です（図3・1）。大きな環を王冠に、酸素原子を宝石に見たてた命名です。環の大きさと酸素原子の数に応じて、**12-クラウン-4**、**15-クラウン-5**、**18-クラウン-6**というような呼び方をします。

クラウンエーテルが面白いのは、この環の中に金属イオンやアンモニウム塩のようなプラスの電荷を持ったイオンを捕まえることができる点です（輪の真ん中にある球が陽イオン）。酸素原子からはマイナス電荷を持つ非共有電子対が張り出していますの

●**エーテル**
「エーテル」はC-O-Cという結合を持った化合物に対する一般名。

で、これらが陽イオンを引きつけて捕えるのです。これを利用してイオン性の物質を有機溶媒の中に連れてくることができるなど、今までの化学の常識を打ち破る応用が可能になりました。このとき環になっているところが重要なポイントで、環を1カ所切り開いた形のものに比べて1万倍も強くイオンを捕まえることがわかっています。

また、環が大きいクラウンは大きなイオンが、小さなクラウンには小さなイオンがフィットするという性質もあります。リチウム、ナトリウム、カリウムの順番でイオン半径は大きくなりますが、これらはそれぞれ十二、十五、十八員環のクラウンに最も相性がいいことがわかっています。

クラウンエーテルがたくさんある場合は、2枚のクラウンで1つのイオンをサンドイッチのように挟むことができます。この場合本来の相手より大きめのイオンも捕まえることができます。これを利用して面白いスイッチ機能つきクラウンエーテルが合成されています。

図3・2の分子は、2つのクラウンがN＝N結合（中央部分）を介してつながった形をしています。このN＝N結合はふだん右図のようにジグザグ方向に向いていますが、光を当てると左図のようにコの字型に

図 3.1
クラウンエーテル

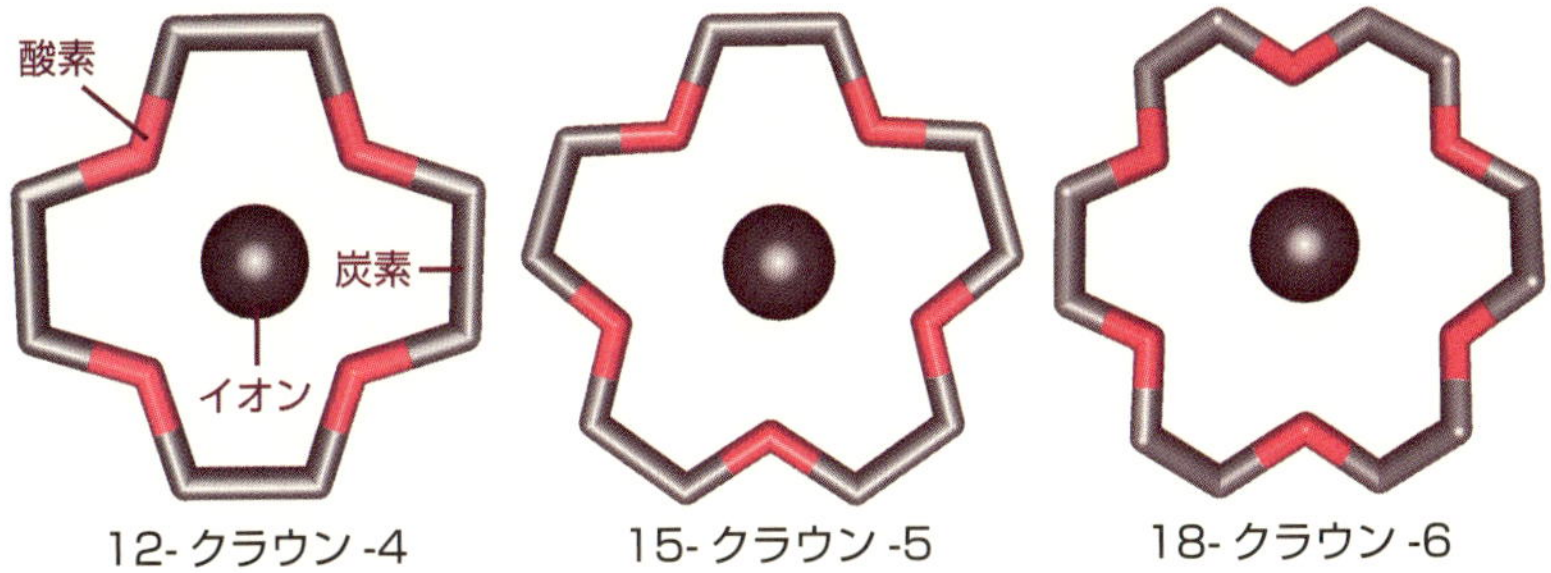

向きが切り替わり、結果として2つのクラウンが向かい合う形になります。すると2枚のクラウンでイオンを挟み込むことができるようになるため、右図の状態より大きなイオンを捕えることができるようになります。いわば片手ではソフトボールくらいしか持てないものが、両手ならバスケットボールも持てるようなものです。つまりこの分子は光に応答してイオンの選択性が変わる**光スイッチクラウンエーテル**というわけです。

いろいろな機能を持つクラウンエーテル

この他にもいろいろな機能を持ったクラウンエーテルが開発されていて、例えば図3・3の化合物はナトリウムなどのイオンを捕まえると色が変化します。これを利用してイオンのセンサーなどが作れる可能性があります。

図 3.2
光スイッチクラウンエーテル

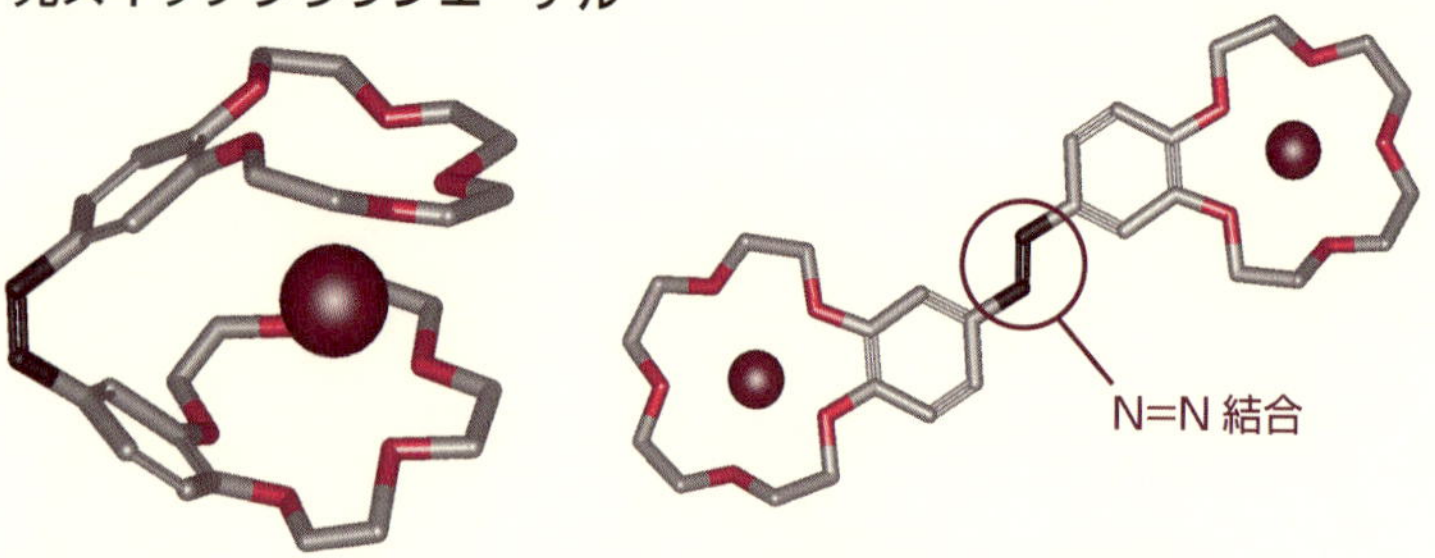

図 3.3
発色ユニットを組み込んだクラウンエーテル

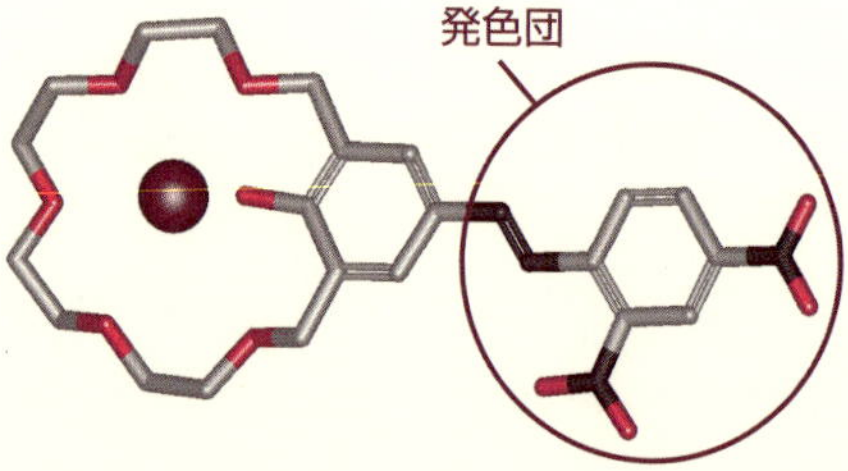

クラウンエーテルのイオン捕捉能力を上げる試みもなされています。九州大の新海教授らによって開発された**ラリアット（投げ縄）クラウン**は、その名の通りクラウンに長い鎖がついています（図3・4）。イオンがやってくるとこの鎖がさらに巻きついて、外れないように「固定」してしまうわけです。

　ならばそちらも最初から環にしてしまえ、と二環式のクラウンを作ったのはフランスのジャン＝マリー＝レーン教授です。彼らはこれをギリシャ語で「隠す」を意味する「crypto」から、**クリプタンド**と名づけました（図3・5）。

　クラウンの環を二重にすることによってイオンをより強く捕まえるわけで、クラウンエーテルが「囲む」なら、クリプタンドは「閉じ込める」という印象です。そのイオン捕捉能は18-クラウン-6の10万倍にも及びます。

図3.4
ラリアットクラウン（右）と、イオンを捕まえたところ（左）

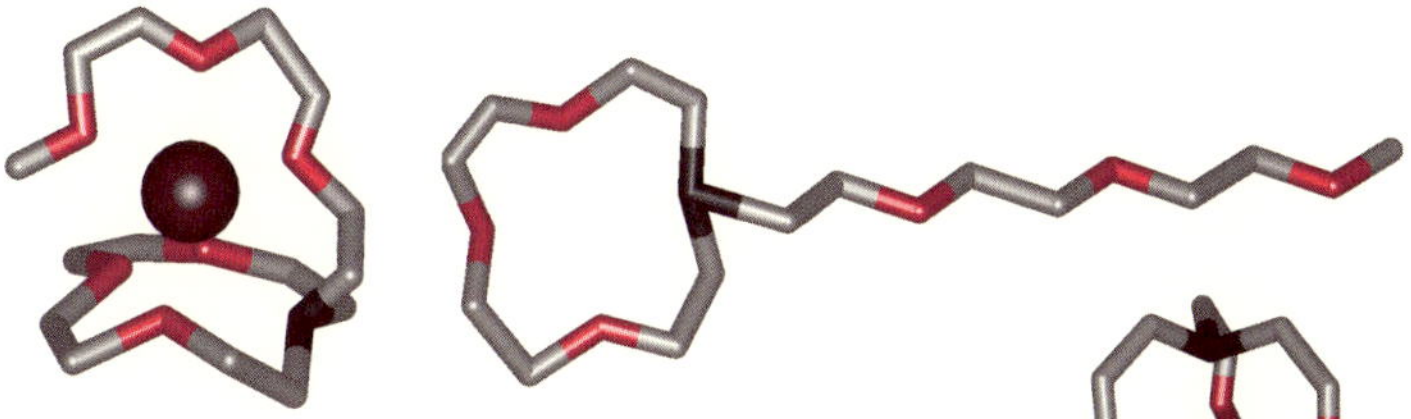

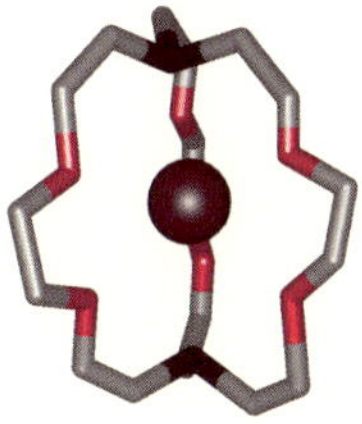

図3.5
クリプタンド

●ジャン＝マリー＝レーン
Jean Mary Lehn（1939～）フランス出身、コレージュ・ド・フランス教授。自己組織化分子の研究などで1987年ノーベル化学賞受賞。「超分子化学」の概念の提唱者として有名。

●新海教授
新海征治。九州大学教授。分子マシン・有機ゲル・分子レベルでの情報制御など幅広い研究を進めており、超分子化学分野における世界的権威。

まだまだあるクラウンエーテル

その他にも、形や構成元素を変えることで様々な選択性を持たせたクラウンエーテルが合成されています。例えばプラス電荷を持つ窒素原子を組み込んだ球状のクラウンは、塩素の陰イオンを選択的に捕捉します（図3・6）。さらに大きな含窒素クラウンエーテルは、トリリン酸イオン（$P_3O_{10}^{2-}$）などの大きなイオンさえも包み込んでしまいます（図3・7）。

さらに凝った構造で、より高い選択性を持たせたものも開発されています（図3・8、9）。こうした種々様々なバリエーションを見ていると、クラウンエーテル

図 3.6
塩化物イオンを捕らえた球状クラウン

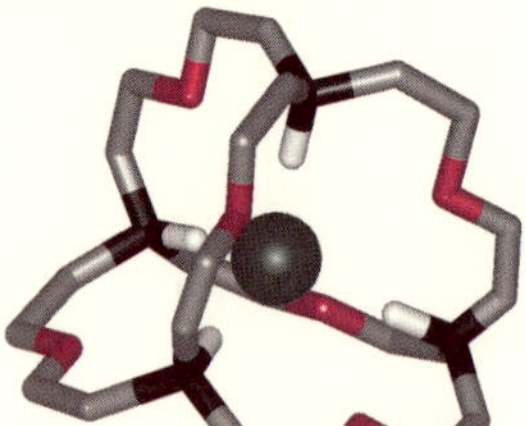

図 3.7
トリリン酸を捕らえたアザクラウンエーテル

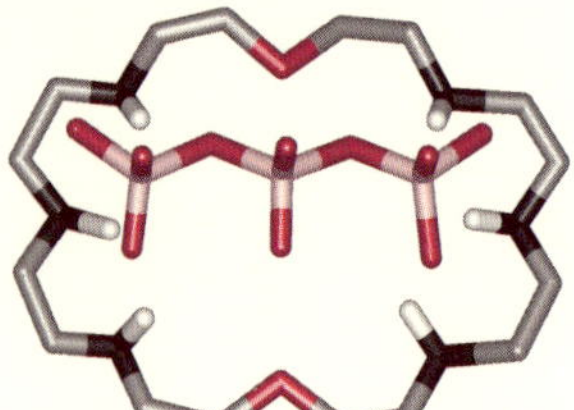

図 3.8
ナトリウムイオンに完璧な選択性を示すスフェランド

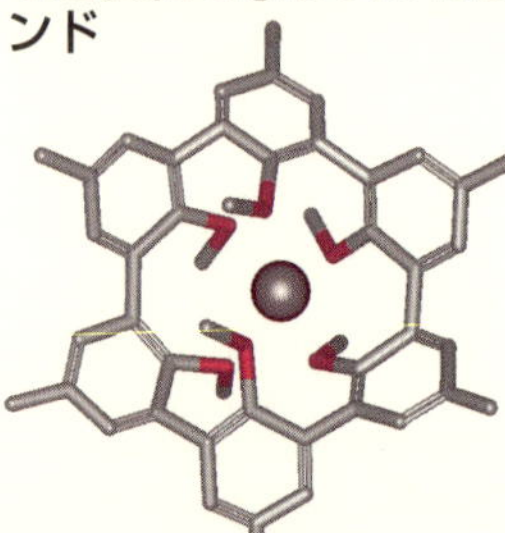

図 3.9
堅い環構造を持つトランド

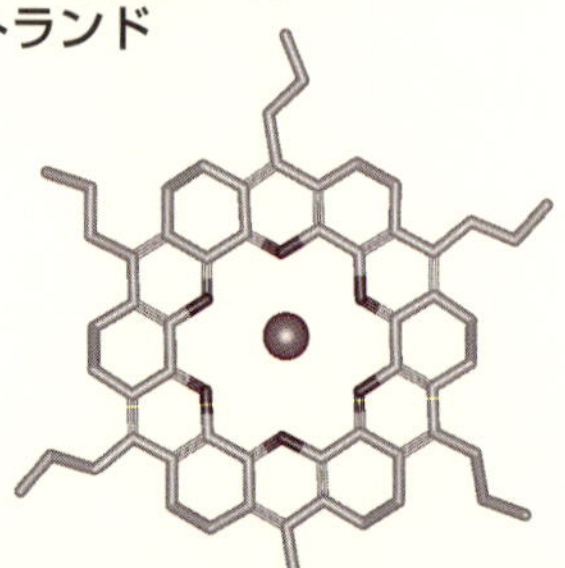

という素晴らしい原理が見つかった後、数多くの人がそれぞれのアイディアを持ち寄り競い合って、この分野を大きく発展させたありさまがよくわかります。

左と右を見分けるクラウンエーテルもあります。ドナルド＝クラム教授らによって合成された、ビナフチル骨格（左右の六角形の部分）を組み込んだクラウンエーテルです（図3・10）。野依教授が開発したBINAPにも似た構造です。

アミノ酸には右手型と左手型（D体とL体という言い方をする。第2章62ページを参照）があり、互いに鏡像の関係にあります。図3・10のクラウンエーテルはL-アミノ酸とは結合できますが、D-アミノ酸とはビナフチル部分がぶつかってしまうため結合できません。これを利用して普通では難しい鏡像体の分離が可能になります。アミノ酸の効率的な分割は大きな需要があり、そのためこれはクラウンエーテルの最も重要な応用例の一つとなっています。

図 3.10
キラルクラウンエーテル

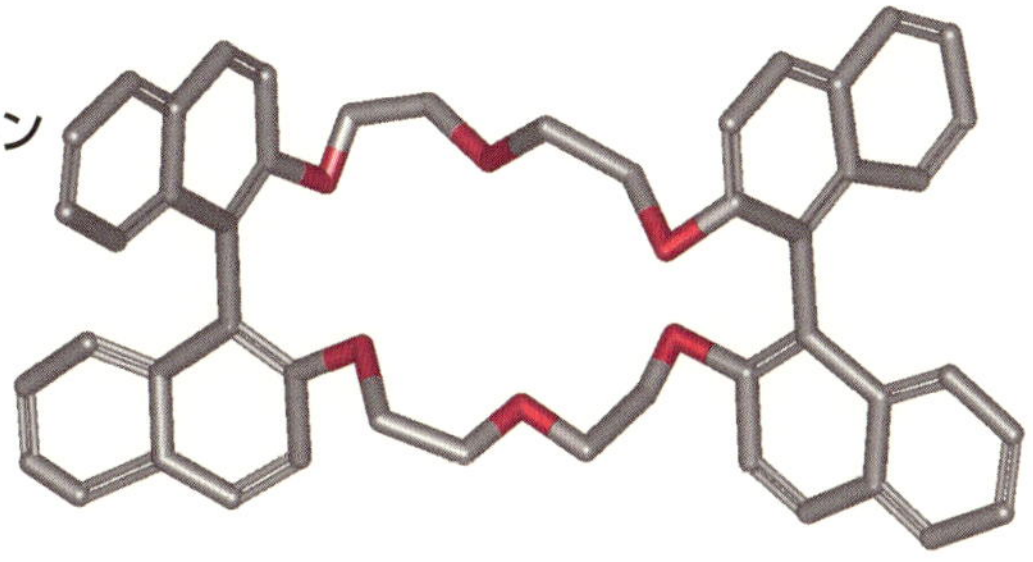

●ドナルド＝クラム
Donald James Cram (1919～2001) 分子認識化学の研究で1987年ノーベル化学賞受賞。立体化学や物理有機化学のジャンルでも大きな足跡を残し、反応の立体選択性を説明する「クラム則」は有名。

クラウン発見物語

クラウンエーテルは1960年、デュポン社の一研究員であったチャールズ＝ペダーセンによって発見されました。最初のクラウンエーテルは作ろうとして作ったものではなく、原料中の不純物から偶然にできたもので、その収率はわずか0.4パーセントであったといいます。ペダーセンはそのわずかの結晶を捨てることなくきちんと性質を調べ、この画期的な発見をしました。この価値に気づいた氏はその後もたった一人でたゆまぬ研究を重ね、その論文は化学界の最高峰・アメリカ化学会誌に掲載されました。ペダーセンが単独で著したこの論文は同誌史上最も引用回数の多い論文の一つであり、やがてこれは1987年のノーベル化学賞につながっていくことになります（博士号を持たないノーベル化学賞受賞者は彼が第1号です。第2号は2002年の田中耕一氏）。

それにしても驚くべきは、わずか0.4パーセントの副生成物を見つけ出し、その性質をきちんと調べたペダーセンの研究姿勢でしょう。まず普通の研究者ならそんなわずかな副産物は存在にすら気づかないでしょうし、見つけたとしてもその性質を追求してみようと考える人はごくわずかでしょう。偶然がもたらした発見とはいえ、それは単なるま

●チャールズ＝ペダーセン
Charles John Pedersen（1904 ～ 1989）
釜山生まれ、ノルウェー人の父と日本人の母を持ち、日本名は安井良男。42年間デュポン社に勤務し、定年間際の63歳の時に発表した論文によって1987年のノーベル化学賞を獲得した。

ぐれ当たりなどではなく、氏の慧眼はノーベル賞に間違いなく値するものであったといえます。また、直接会社の利益にならないこの研究を「科学的に重要な発見であるから」として続行を認めた、デュポン社の懐の深さも賞賛に値すると思います。

その後、クラウンエーテルの原理はクラム教授、レーン教授ら（ペダーセンと共にノーベル化学賞を受賞）によって大きく発展し、やがてこれは分子認識、超分子化学といった一大ジャンルへと成長していきます。大きな進歩の種子は案外すぐそこらに転がっているのかもしれませんが、おそらく凡人たる我々はそんな種子をずいぶんと素通りしてしまっているのでしょう。最近ノーベル化学賞を受賞した白川・野依・田中3氏とも、大きな発見の元になったのは実験の失敗であったと口を揃えています。一流の研究者と凡人とを分けるのは、案外この辺のことなのかもしれません。

3-2 シクロファンの世界

第1章でも取り上げたとおり、ベンゼン環をはじめとする「芳香環」の化学は有機化学の花形です。その芳香環を基礎としてできた化合物に「シクロファン」と呼ばれる、なかなかユニークな化合物群があります。やや高度な内容にも触れますが、細かいことは抜きにして美しい分子構造を鑑賞していただくだけでも十分かと思います。

小さなシクロファン

シクロファンという言葉の定義を言えば、「分子自体が大きな輪の形をし、かつその輪の構成成分に芳香環が含まれている環状化合物の総称」ということになります。この定義からすると非常に広い範囲の化合物が該当することになりますが、普通シクロファンの化学といえば大きく2つ、**小さなシクロファン**と**大きなシクロファン**とに分類できると思います。

極めて大ざっぱに言えば前者はひずんだベンゼン環についての化学、後者は空洞に小分子を取り込む能力を調べる分野と言えるでしょうが、まあ言葉でややこしい説明をするよりは実例をたくさん見ていただく方が早いと思いますので、まず前者「小さなシクロファン」の化学について見ていきましょう。

ベンゼン環（いわゆる「亀の甲」）は正六角形分子であり、平面上に6つの炭素原子が並んだ時に最も安定となります。ではこの平面を無理にねじ曲げてやったらその性質はどう変化するか——これは古くから興味を持たれていたテーマです。

この分野の嚆矢《こうし》となったのは1949年にICI社の研究陣によって発見され、1951年にドナルド＝クラム教授の手によって合成された化合物、**［2・2］パラシクロファン**です（図3・11）。ご覧の通り、2枚のベンゼン環が炭素2つのブリッジによってつながったような構造です。角かっこの中の数字は芳香環をつなぐ橋かけ炭素の原子数、「パラ」はベンゼン環上の置換位置を表します。

［2・2］パラシクロファンは安定な分子ではありますが、分子構造を詳しく解析するとベンゼン環が平面から約11度ほどねじ曲げられ、舟型に変形していることがわかります。橋かけの位置を変えたもの、橋の数を増やしたものなども合成され、ひずみが大きくなるほど分子が不安定になることが確認されています（図3・12、13）。

橋かけの炭素を1つだけにするのはさすがに無理だろう……と思っていた

図 3.11
[2.2] パラシクロファン

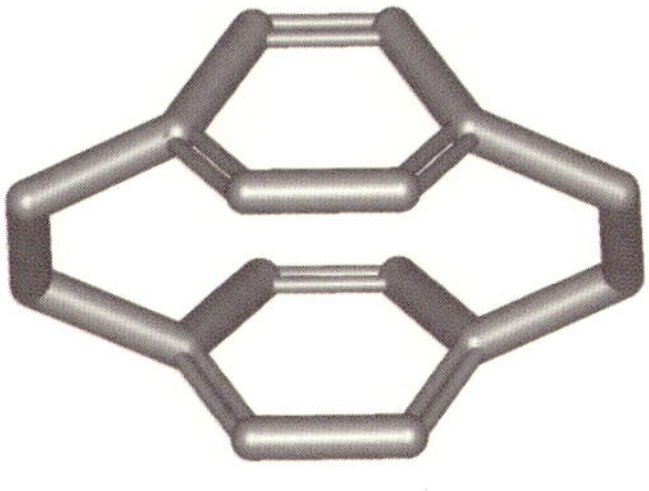

ら、これも合成されているのだそうです（ただし極めて不安定）。特殊な置換基をつけて安定にしたものを解析した結果、ベンゼン環の折れ曲がりは24度にも達していることがわかりました（図3・14）。

6カ所全てで橋かけした究極のシクロファン、名づけて**スーパーファン**はベッケルハイド教授らの手により1979年に合成が達成されました（図3・15）。ひずみは20度にも達しており、何かパンパンにふくらんだビニール風船を思わせるような構造です。

この金字塔とも言える合成から17年後、1996年には九州大の新名主教授らによって橋かけの炭素の数を3つにしたスーパーファンも合成されています（図3・16）。

この［3］スーパーファンの面白いところ

図3.12
[2.2] メタシクロファン

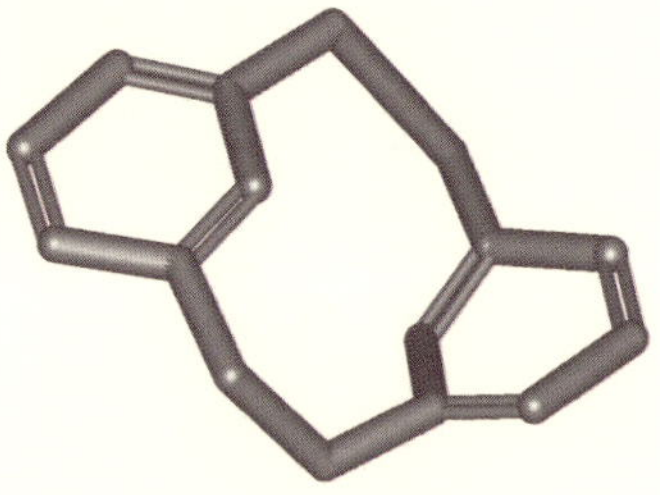

図3.13
[2.2.2.2](1,2,4,5) シクロファン

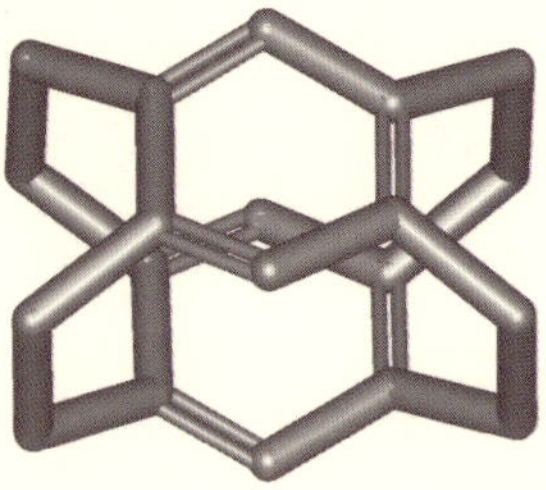

図3.14
[1.1] パラシクロファン

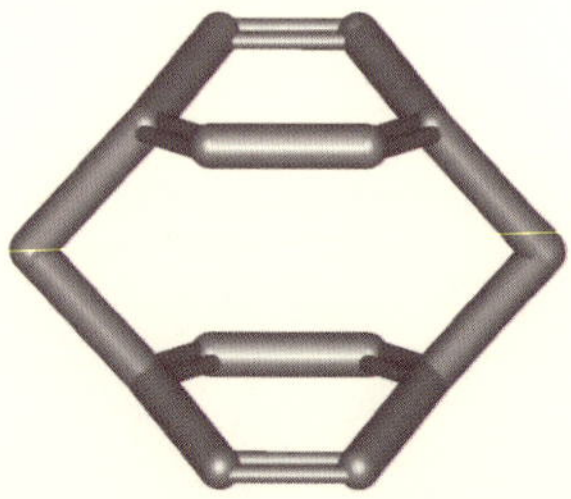

図3.15
スーパーファン

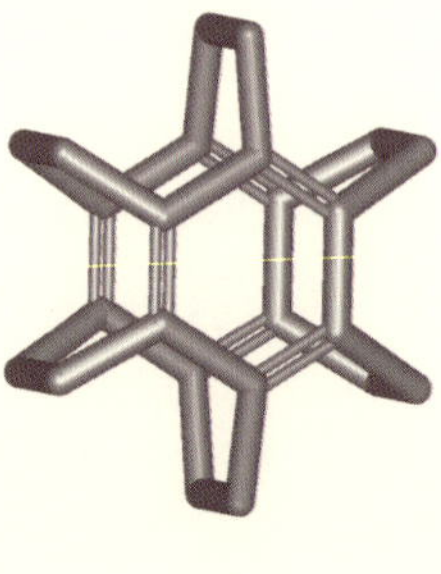

は、光を当てることにより上下のベンゼン環がくっつき合い、六角柱に羽根をつけたような分子になることが予想されている点です。三角柱、立方体、五角柱の分子は合成されていますが、六角柱は誘導体も含めていまだ合成されていませんので、完成すれば初めての例になりますが、さてどうなるでしょうか？（図3・17）

シクロファンを層状に積み上げた形の分子もあります。1972年ころに大阪大学の中崎教授が作り出した化合物で、その名も何と**チョウチン**です（図3・18、19）。

これを提灯に見立てるには少々想像力が必要な気もしますが、堅苦しい学会誌に「Synthesis of [4]chochin」などと書かれているのを見ると思わず笑ってしまいます。この

図 3.16
[3.6] (1,2,3,4,5,6) シクロファン

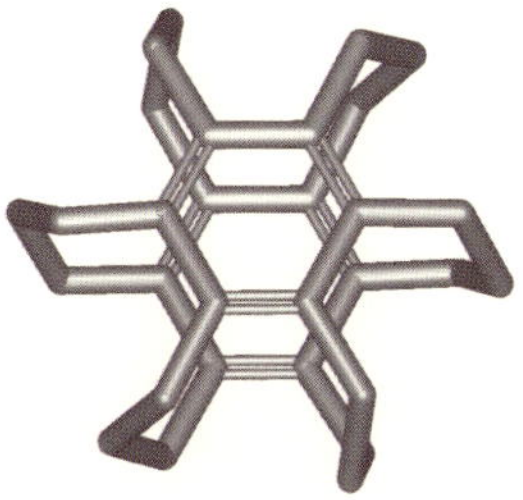

図 3.17
六角柱分子

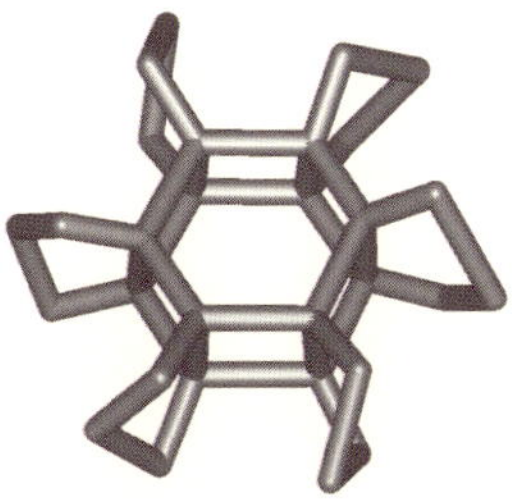

図 3.18
[3] チョウチン

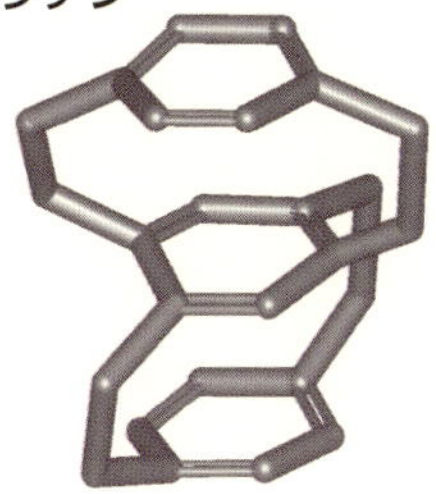

図 3.19
[4] チョウチン

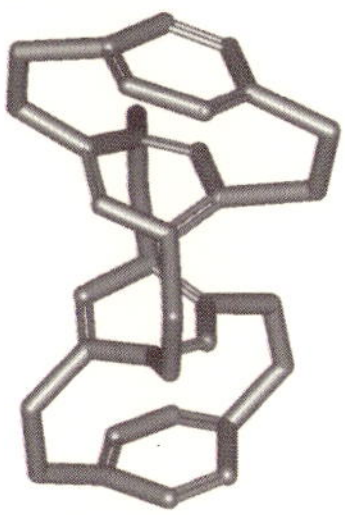

正面切った命名のセンスは、やはり大阪の人のものでしょう。しかし化学者というものは、紙に描けるほどの化合物なら本当になんでも合成してしまうものだな、と改めて感心させられます。

「ホスト化合物」としてのシクロファン

さて話変わって「大きなシクロファン」の化学について。「大きなシクロファン」は多数の芳香環が連結された大環状分子であり、その大半は空洞部分に他の小分子やイオンを取り込む機能を狙って合成されたものです。一般に取り込まれる方を「ゲスト」、取り込む方を「ホスト」と称します。しかしなぜシクロファンは、他の分子を取り込む性質を持つのでしょうか？

もともと分子の表面には、互いを引きつけ合う弱い力、ファンデルワールス力が存在しています。気体を冷やすと液体・固体へと変わるのは、この力によってお互いを引き寄せ、凝集するからです。分子が長いひも状ですとバタバタとのたうち回って互いを引き寄せるどころではありませんが、これを環にしてやれば動きは大幅に制限され、環の中は吸引力に満ちた、ゲストにとって居心地のいい空間になるはずです。

中でもベンゼン環などの芳香環を持つシクロファンは、

●ステロイド
六員環が3つ、五員環が1つ縮環した骨格を持つ分子の総称で、体内でホルモンなど重要な作用を受け持つ。コレステロール、コルチゾン、性ホルモンなどがステロイド骨格を持つ。抗炎症剤として用いられるものもある。

●この力によって
ファンデルワールス力以外にも、静電相互作用や水素結合などが働いて凝集する化合物もある。

●ファンデルワールス力
分子内の瞬間的な電子の偏りによって生ずる凝集力で、非常に近距離でのみ作用する。

(1) 芳香環はπ電子と呼ばれる余分な電子が表面を覆っており、これが他の陽イオンや分子を引きつけやすい
(2) 芳香環は平面的で変形しにくいので、ある程度しっかりと形の決まった環が作れる
(3) 芳香環を化学変換する様々な方法が確立しており、目的とする分子が合成しやすい

——などといった条件が揃っており、現在ホスト‐ゲスト化学の主役の一端を担っています。図3・20ではベンゼン環に囲まれた空洞に、銀などの金属イオンが捕まえられています。ちなみにこの分子はその三角形の構造にちなみ、**デルタファン**と命名されています。

イオンでなくもう少し大きな分子を捕まえようとすると、環の方もかなり大きなものが必要になります。例えば図3・21に示す**CP44**と呼ばれるシクロファンはナフタレンなどの分子を捕捉します。さらに大きなステロイド分子なども捕らえるシクロファンも開発されています。

イオンを捕らえる分子としてはクラウンエーテルがよく知られています

図 3.21
CP44

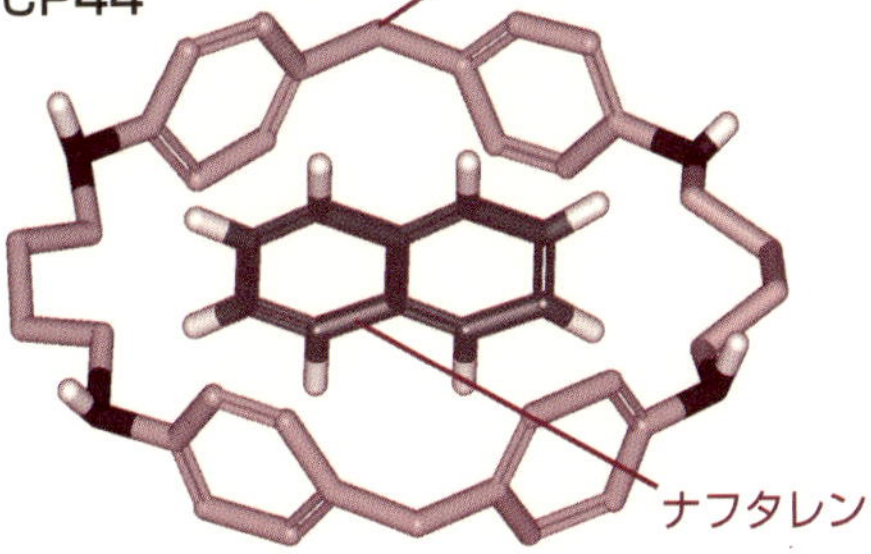

図 3.20
デルタファン

が、このクラウンエーテルとシクロファンの合いの子のような分子も合成されています（図3・22、23）。図3・23の分子は銀イオンを捕らえるとアントラセン部分の紫外線吸収が変わり、イオンのセンサーとして使える可能性があります。

図 3.22
アントラセンを組み込んだクラウンエーテル

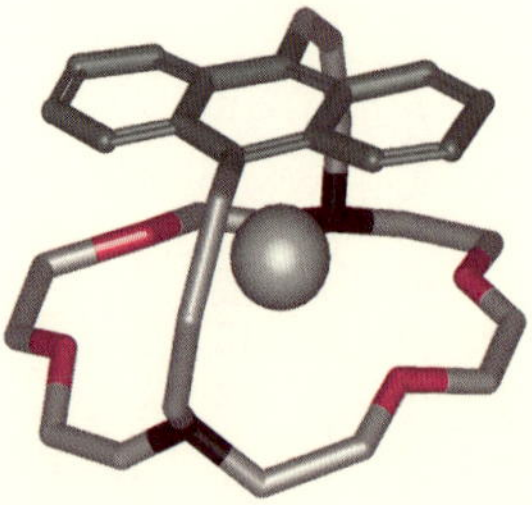

分子認識の素材として

こうした超分子化学の進展につれ、シクロファンには単に見境なくいろいろな化合物を捕まえるというだけでない、新たな機能が開発されつつあります。

例えばいろいろな化合物が混ざっている中から、1つの化合物だけを見分けて捕まえるシクロファンが作られています。図3・24の分子はバルビツール酸という分子を

図 3.23
硫酸イオンを捕らえたクラウン - シクロファンハイブリッド

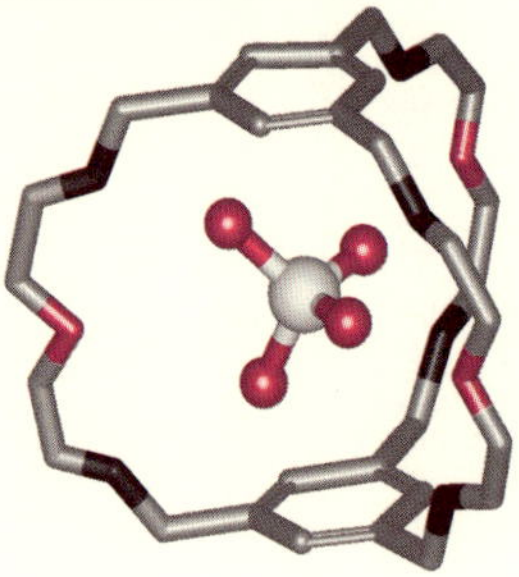

図 3.24
バルビツール酸ジエチルを捕捉したシクロファン

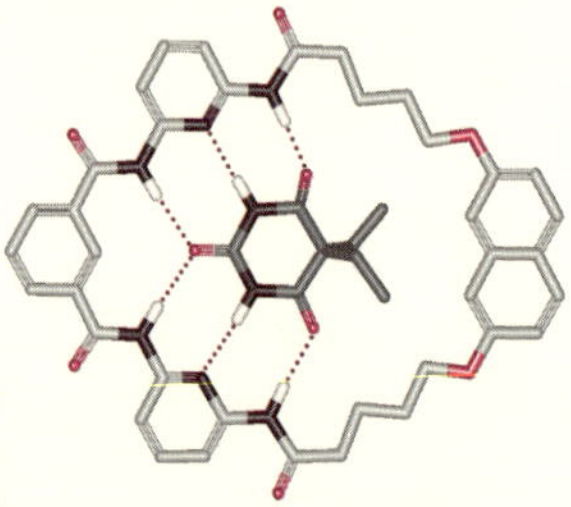

●バルビツール酸
尿素とマロン酸の縮合によってできる六員環化合物で、誘導体は睡眠導入剤として使用される。

●超分子化学
共有結合以外の弱い相互作用（水素結合・静電相互作用など）によって集合した分子の集合体の性質を研究する分野。いわば分子の社会学といえる。

見分け、内部に捕獲します。6カ所の水素結合によってしっかりとゲストを認識して捕まえるため、ちょっとでも違った構造を持つものを受け付けない、精度の高い認識能力を持ちます。

図3・25のシクロファンは全体ががっちりと変形しにくい骨格である上、リチウムイオン（中心部）と結合するのにぴったりのサイズに設計されており、他のイオンを全く受け付けません。

これをさらに進歩させ、リチウムと結合すると色が変わる原子団を組み込んだものが図3・26の分子です。他のイオンに反応せず、リチウムがあるときにだけ発色するセンサーとして使えるでしょう。こうしたイオン認識、分子認識の分野は近年非常に進展の著しいジャンルの一つです。

余談ながら、海水にはごく低濃度ですが金が溶け込んでいます（東京ドーム5杯分の海水に1グラム程度の量）。しかし海水の量は莫大なので、海に溶けている金を全部集めれば約50億トンにもなるのだそうです。現在までに採掘された金の量はわずか14万トンほどといいますから、これがいかに莫大な量かわかるでしょう。というわけでもしリチウムでなく金だけと効率よく結合する化合物を設計できたら、海水中の金を抽出してそれこそ

図 3.25
リチウムイオンを選択的に捕まえるシクロファン

図 3.26
リチウムイオンセンサー

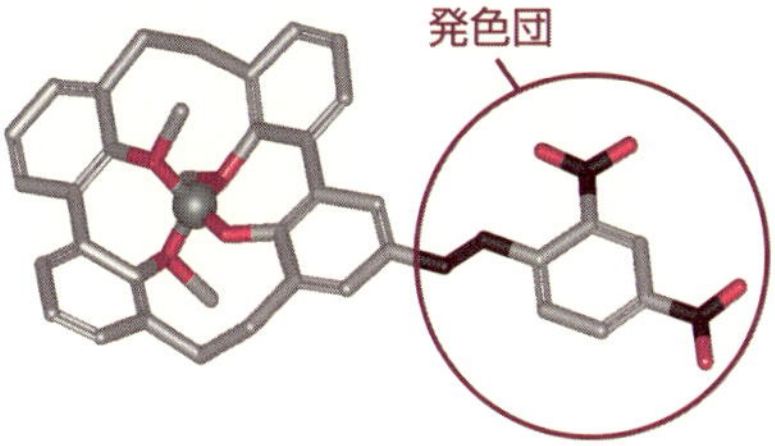

世界経済を支配できるほどの大金持ちになれる可能性があります。一生をかけてチャレンジしてみる価値がありそうですが、やってみる方はいないでしょうか?

ベンゼン環とアセチレン（三重結合）がパラ位でつながったシクロファンも大阪大学の小田教授らによって合成されています。この空洞はフラーレンにぴったりのサイズで、実際にもC_{60}がすっぽりとはまり込んだ土星を思わせる錯体を作ることがわかっています。シクロファンもフラーレンもどちらもベンゼン環からできていますので、相性よくお互いを引きつけあうからでしょう。口絵❹ページに、二重のリングに囲まれたフラーレン錯体を図示しました。

最後に究極の大環状シクロファンを挙げておきましょう（図3・27）。ベンゼン環、チオフェンを三重結合でつないだ、なんと二百七十二員環の巨大シクロファンです。

なんとも壮観としかいいようのない化合物ですが、シクロファン以外の人工の大環状分子としては七百員環というものも報告されています（口絵❿ページ）。どんな分野にも上には上があるものです。

図 3.27
ジャイアントシクロファン

3-3 「史上最強の酸」登場

化学の世界ではたった一つの新しい強力な試薬の登場によって、それまでできなかったことが可能になり、一挙に新しい世界が切り開かれることがままあります。中でも「酸」はいろいろな反応を引き起こすことができますから、「史上最強の酸が開発された」というニュースに注目が集まったのは当然のことといえるでしょう。

酸の強弱

高校の化学では、「酸とは水素イオン（H^+）を放出する能力のある物質のこと」と習います。そして弱酸の代表として酢酸や炭酸、強酸としては塩酸・硝酸・硫酸などの名を覚えたことと思います。しかしこれら酸の強弱というのは、いったい何で決まるのでしょうか？

一例として**酢酸**と**エタノール**を見てみましょう。エタノールは高校の化学では「中性」と習いますが、正確には極めて弱い酸と考えることができます。

図 3.28
酢酸

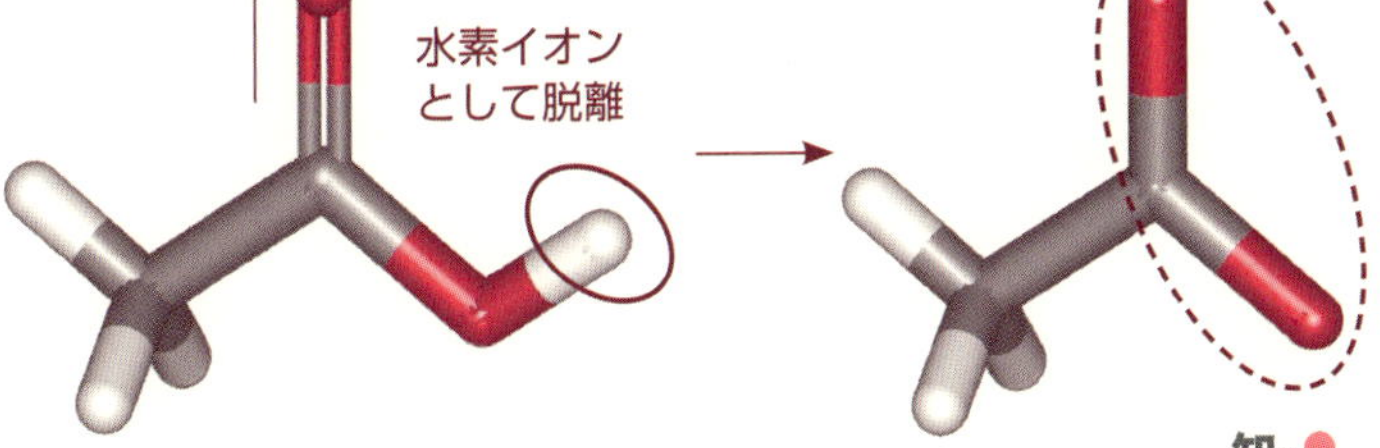
電子を求引
マイナス電荷は
分散される

酢酸とエタノールの違いは、水酸基の隣にC＝O二重結合（カルボニル基）がついていることです。二重結合の酸素は電子を自分の方に引っ張り込むために隣の水酸基のO－H結合が弱くなり、結果として水素イオンが外れやすくなるという理屈です。水素イオンが外れた後のマイナス電荷は2つの酸素に均等に分散され、安定化されます（図3・28）。

これに対してエタノールでは水素イオンが外れた後のマイナス電荷は酸素1つで背負い込むことになり、安定化されません（図3・29）。このため酢酸はエタノールよりはるかに強い酸ということになるのです。「マイナス電化が分散・安定化される」＝「安定だから水素イオンを手放しても平気」＝「水素イオンを放出しやすい」＝「酸性が強い」という理屈で、要するに酸性の強さは陰イオンを安定化するグループの有無、強弱にかかっているということになります。

酸の強さを表すファクターの一つに「**pKa**」という数値があり、この数字が1小さくなると10倍酸性が強いということになります。エタノールのpKaは約16、酢酸のそれは約4・8ほどです。

さらに強い酸、例えば**硝酸**はどうかというと、電子を引き込む二重結合の酸素が2つもついているのです。マイナス電荷も3つの酸素原子に分配されるため、

図 3.29
エタノール

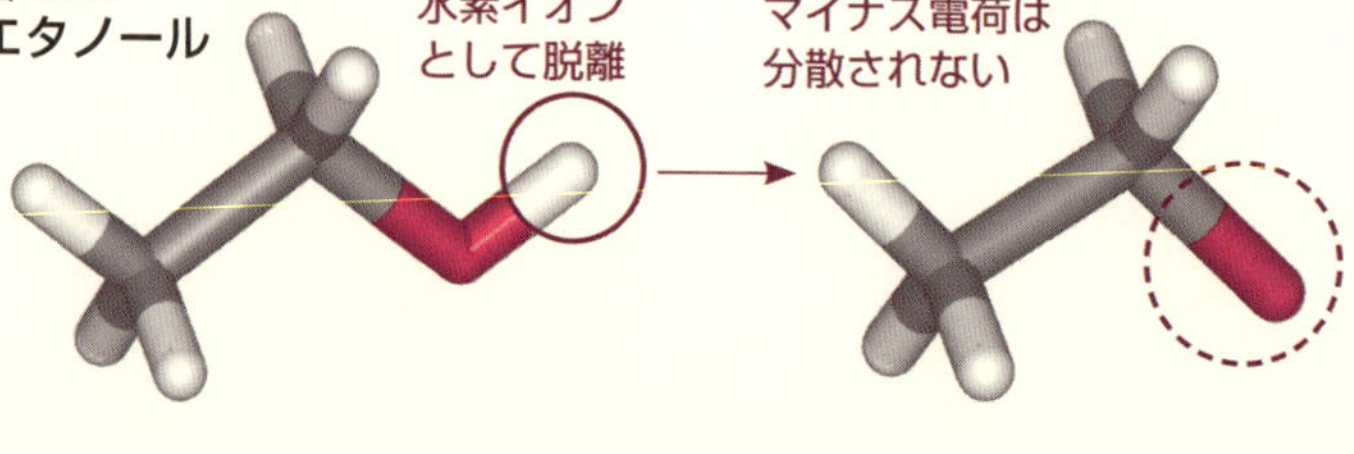

いっそう強く安定化されます（図3・30）。このため硝酸は酢酸に比べて数万倍も強い酸であるわけです（pKa＝-1.3）。

同じく強酸である**硫酸**の場合、中央の硫黄原子に水酸基が2つ、二重結合の酸素が2つついています。1つ目の水素イオンが外れると硝酸の場合と同様3つの酸素原子に-1価の電荷が行き渡りますが、2つ目の水素イオンが外れた時には-2価の電荷を4つの酸素で引き受けることになり、安定化の度合いがやや弱まります。硫酸の酸性は1段階目より2段階目の方が若干弱いのは、こうしたことから説明できます（1段階目のpKa＝-3.0、2段階目はpKa＝2.0）。図3・31の構造式を見ながら考えてみて下さい。

フッ素の効果

電子を引き込み、陰イオンを安定化させる能力を持つのは酸素だけではありません。例えばフッ素はさらに強い電子求引能を持ち、このためフッ素がついた化合物の酸性度は元よりはるかに高くなります。例えば酢酸にフッ素を3つつけた**トリフルオロ酢酸（TFA）**（図3・32）は、ただの酢酸に比べて10万倍も強い酸です（pKa＝-0.25）。

図 3.30
硝酸

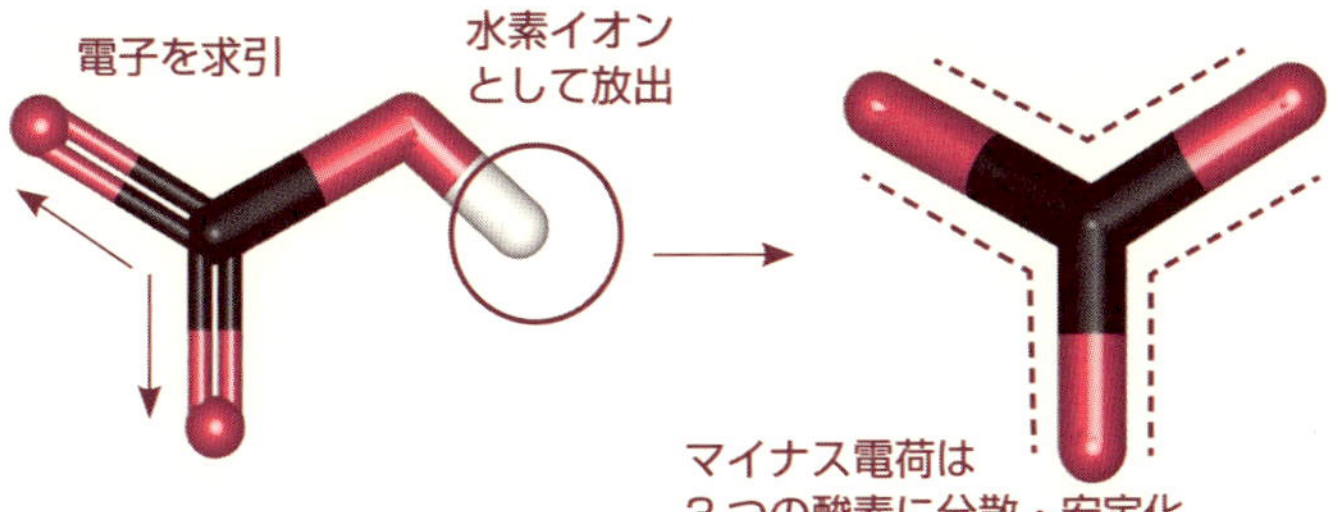
3つの酸素に分散・安定化

図 3.31
硫酸

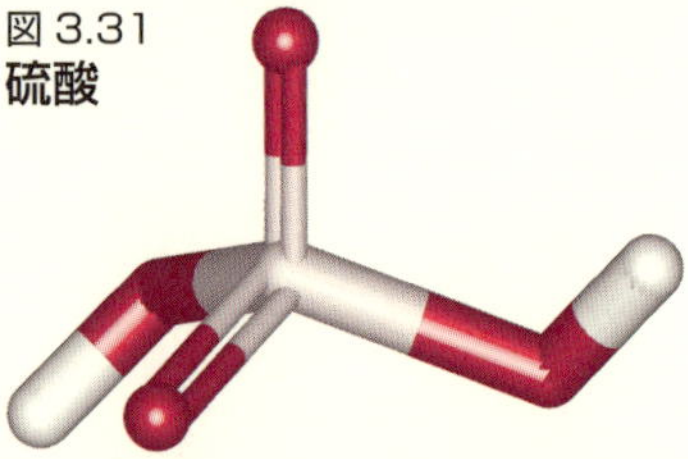

図 3.32
トリフルオロ酢酸

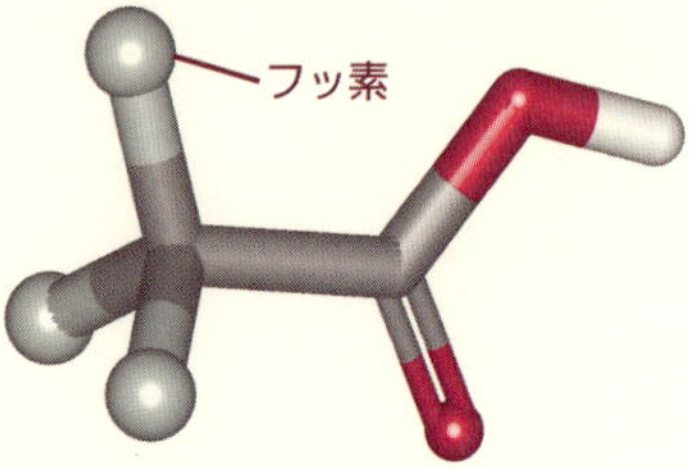

図 3.33
トリフルオロメタンスルホン酸

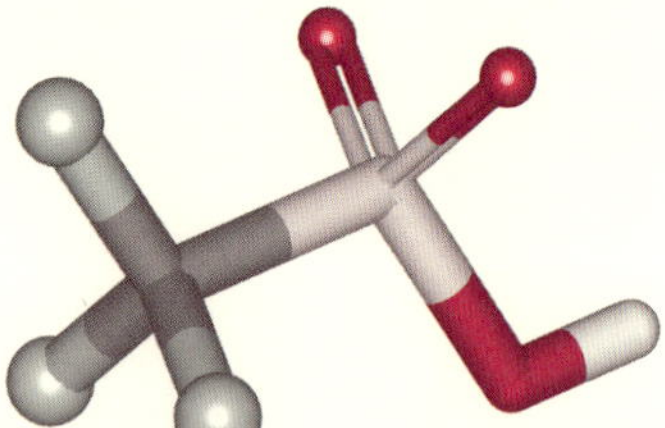

図 3.34
フルオロスルホン酸

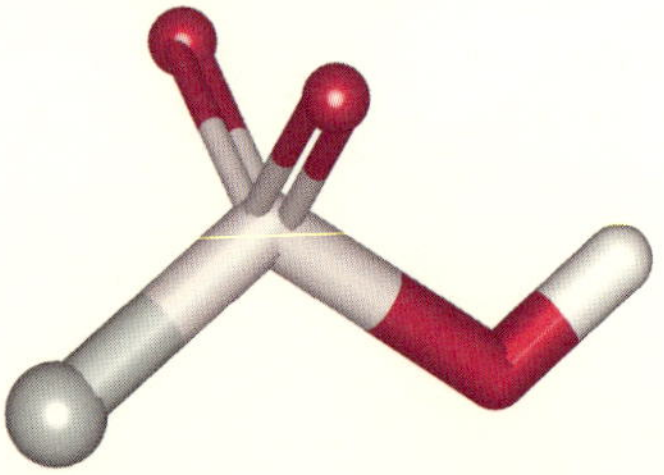

ただでさえ強酸である硫酸にフッ素を組み込めば、当然とてつもなく強い酸ができるはずです。実際図3・33、34に示す2つの酸が、これまで長らく「単独分子として最強の酸」の座に君臨してきました（それぞれpKa＝-14、-16）。

カルボラン酸登場！

さて2004年に登場し、数十年ぶりに最強酸の座を奪いとったのが、口絵⑫ページに掲載した**カルボラン酸**です。カリフォルニア大学のクリストファー＝リード教授の研究室で作り出されたもので、炭素1つとホウ素11個が正二十面体構造を成した、素晴らしく美しい分子です。それぞれのホウ素には塩素が、炭素には水素がついており、このひとかたまりが陰イオンとなって水素イオンと対を成します（なお、この分子ではホウ素や炭素から6本の結合の腕が出ていますが、これはホウ素同士が「三中心二電子結合」と呼ばれる極めて特殊な結合で結びつく性質によります。炭素原子はこれにいわば「お付き合い」する形で、6本の腕を出しているという状態です。ホウ素はこの他にも様々な多面体構造のクラスターを作ることが知られています）。

カルボラン酸は今まで示してきた酸とはかなり違う構造ですが、マイナス電荷が11個のホウ素に行き渡って分散され、強く安定化されている点では同じです。表面の塩素原子はその電子求引性によって酸性を強める上、ホウ素クラスターを外界の攻撃から守るシールドの役割をも果たしています。論文にはこの酸のpKaなどは示されていませんが、少なくとも濃硫酸の100万倍以上、前記録保持者のフルオロスルホン酸の100倍以上強い酸であると考えられます。

ちなみにこのカルボラン酸の話題をホームページに掲載したところ、「濃硫酸の100万倍以上強い酸だったら、カルボラン酸をコップ1杯も湖に投げ込んだら湖全体が強酸になってしまうのではないか」という質問を受けました。結論から言えば、

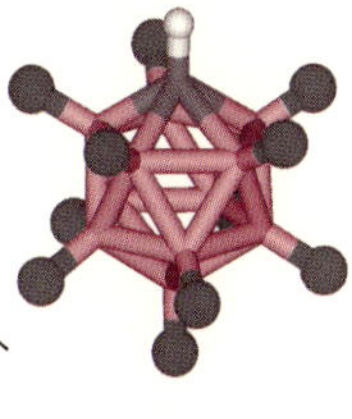

●カルボラン酸
⇒口絵⑫ページへ

そのようなことは起こりません。同じ濃度の硫酸とカルボラン酸の水溶液は、大ざっぱに言ってほぼ同程度のpHを示すことになります。

なぜかというと、「100万倍強い酸」というのは「100万倍の水素イオンを放出する酸」ということではなく、「相手に水素イオンを受け渡す能力が100万倍強い酸」という意味だからです。そして水は水素イオンを非常に受け取りやすい媒体であるため、見かけ上大きな差がつかないのです。炭化水素など非常に水素イオンを受け取りにくい化合物を相手にした時、初めて目に見える差がついてくるのです。

たとえ話でいいますと、世界ヘビー級チャンピオンのA選手（カルボラン酸）と、日本ライト級チャンピオンのB選手（硫酸）では、当然A選手の方が圧倒的に強いはずです。しかし両者が一般人（水）と戦ったら、おそらくどちらも5秒で相手をKOしてしまい、試合結果を見ただけではA選手とB選手の実力差は判定できません。もっと強い相手、例えばミドル級の世界ランカー（炭化水素）と戦えば、両者の実力がはっきりわかるということになります。ご理解いただけたでしょうか?

魔法の酸

ちなみに先ほど「単独分子として最強」と書いたのは、実は単独でなければさらに強い酸が存在するからです。五フッ化アンチモン（図3・35左の分子、SbF_5）は他の酸に混ぜると酸素にくっついて電子を強く引き込み、酸性度を強める働きがあるのです。特にフルオロスルホン酸との1対1混合物は**マジック酸**（magic acid）と名付けられ、通常水素イオンを受け取らない炭化水素などさえあっさりとイオン化してしまう超強力な酸です。

ちなみにこの作用は発見者ジョージ＝オラー教授の研究室のクリスマスパーティーで、学生が使い残しのろうそくをマジック酸溶液に放り込んでみたら見事に溶けてしまった、というところから発見されました。前述したように、ろうの成分である炭化水素は非常に水素イオンを受け取りにくい化合物なのですが、マジック酸はそれさえもイオン化してしまう超強力な酸であったわけです。オラー教授はこの超強酸を駆使して炭素陽イオンに関するユニークな研究を展開し、この功績で1994年のノーベル化学賞を単独受賞しています。

なんだ、史上最強といっておきながらもっと強い酸があるのか——と言われそうですが、カルボラン酸にはマジック酸にはない長所があります。マジック酸やフルオロスルホン酸は一部分解してフッ化物イオン（F^-）を出し、これが余計な反応を引き起こしてしまうのです。ガラスもフッ素の作用で溶

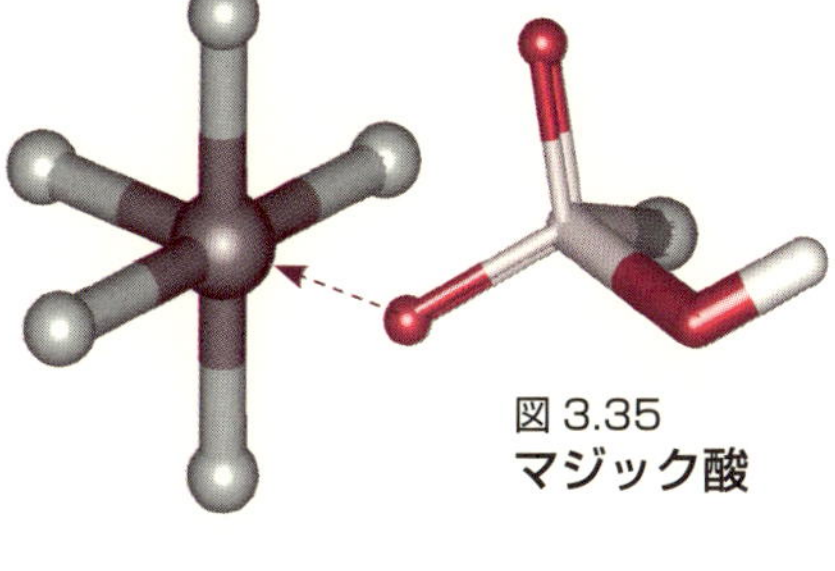

図 3.35
マジック酸

●ジョージ＝オラー
George Olah (1927 ～) ハンガリー出身、南カリフォルニア大学名誉教授。炭素陽イオンに関する研究は、有機化学の広い分野に対して大きな影響を与えた。現在は燃料電池など新エネルギーの研究に従事。

けてしまいますし、フラーレンなどに作用させると炭素‐炭素結合が切れてバラバラに壊れてしまいます。これに対してカルボラン酸はガラス瓶に保存できますし、フラーレンとも安定な1対1の塩を作ります。要するにカルボラン酸は強力でありながら腐食性がない、「強くて優しい」酸であるということが言えるわけです。

こうした超強酸の化学は石油の分解（クラッキング）や医薬品の合成など、実用的な用途にも結びつきます。また特殊材料の開発、有害廃棄物の処理といった分野にも応用は考えられそうです。

しかしリード教授はあくまで学問的に、このカルボラン酸を用いて新しい陽イオンの化学を切り開いていく考えのようです。「例えば普通化学反応を起こすことのないキセノン（Xe）をイオン化できるか試してみたい。なぜなら、誰もそんなことには成功していないから」と同教授はコメントしています。様々のジャンルに大きなインパクトを与えそうな研究ですが、案外その根底にあるのは「ギネスブックに載るような、誰も作ったことのないものを作ってみたい」という、子供のような好奇心であるのかも知れません。

3-4 ポルフィリンの化学

ユーティリティプレイヤー

化学を勉強すればするほど、自然の巧妙な原理に驚かされる機会は多くなってきます。複雑精妙な仕組みに感心させられることもありますが、同じ原理をうまくあちこちで使い回して活用している有様にも「なるほど」と唸らされるものです。この**ポルフィリン**という分子も、自然が重要なポイントでその特長を生かし、巧妙に活用している化合物の一つです。

ポルフィリンは図3・36に示すように、ピロール（窒素を1つ含んだ五員環）が4つ環になった、平面正方形のがっちりとした分子です。全体として芳香族性を持っており、このため非常に安定な構造です。

ポルフィリンは中央に向けて4つの窒素原子を持っており、これは金属イオンを捕まえて極めて安定な錯体を作ります。実はこの性質こそが生体内におけるポルフィリンの使い道に密接につながっています。

多くの金属は錯体を作る時6つの配位子を受け入れ、正八面体型（ピラ

図 3.36
ポルフィリン

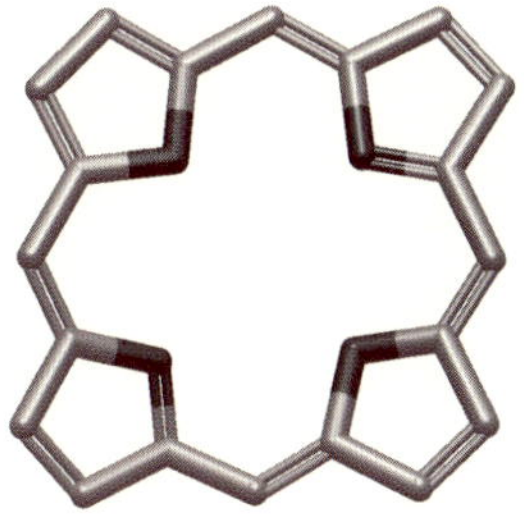

図 3.37
八面体配置

ミッドを底面で合わせたような形）の配置をとります（図3・37）。

ポルフィリンはこのうち平面正方形の4カ所を占めますので、上下に2つの配位可能なサイトが残ります（図3・38）。これらを**軸配位子**と呼び、この部分はいろいろと特殊な反応性を示すことが知られています。生体はこれをうまく活用して様々な反応を行っているのです。

酸素の運び手

代表的な例として、血液中で酸素を運ぶ「ヘモグロビン」を見てみましょう。これは大きなタンパク質分子中に、ポルフィリン部分（**ヘム**と呼ばれます）が結合した構造です（図3・39）。このヘムの中央には鉄原子が結合しており、この軸配位子として酸素分子が結合するのです。本来酸素はあまり配位力が強い方ではなく、一般に普通の金属イオンとは安定な錯体を作りません。その酸素をもしっかりと捕まえるのが、ポルフィリンの実力であるわけです。

ヘモグロビンは酸素の多い場所に来ると積極的に酸素を捕まえ、酸素の少ない場所では持っている酸素を放出するよううまく設計されていま

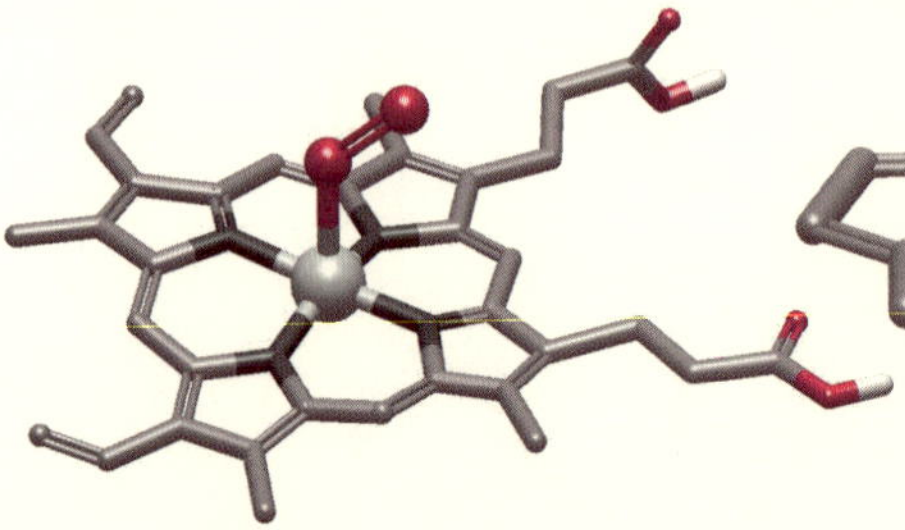

図 3.39
ヘム

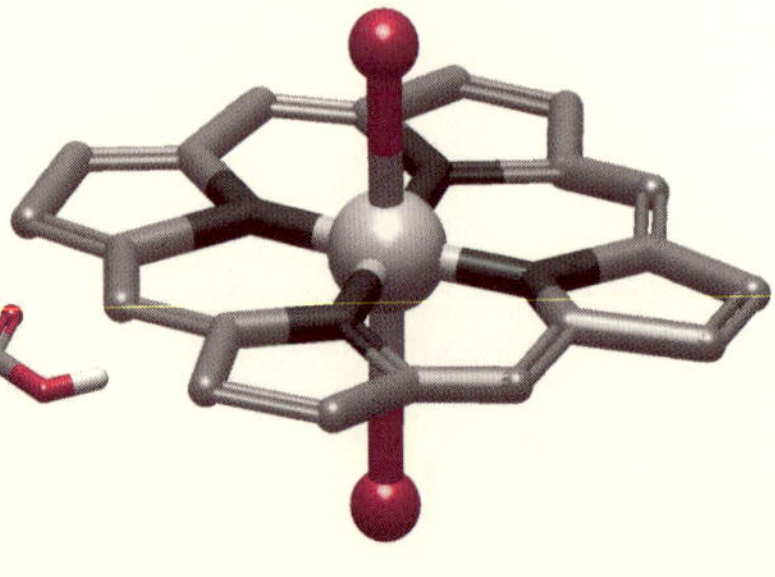

図 3.38
上下に伸びるのが軸配位子

す。1リットルの血液は1リットルの空気に含まれる酸素とほぼ同量を運ぶことができるといいますから、その効率の良さがわかるでしょう。

異物の掃除屋

ヘムが活躍するのは血液だけではなく、肝臓などにあるシトクロムP450（略称CYP、シップと発音します）という酵素にも含まれています。酸素分子（O_2）が結合しているヘモグロビンの場合と異なり、CYPの中心の鉄原子には反応性の高い酸素1原子が結合しています。ターゲットとなる化合物がやってくると、CYPはこの酸素を相手に取りつけ、酸化してしまうのです。生物界に広く分布するこの酵素はバリエーションが非常に多く、働く場所も多岐に渡ります。ホルモンなど重要な化合物の合成にも関わりますし、体内に入ってきた異物の分子に酸素を取りつけ、水溶性を高めて体外に流し出す役割をも負っています。後者は一種の解毒作用と考えてよいでしょう。

薬も生体にとっては異物であり、飲んだ薬はまず肝臓に運ばれてCYPによる酸化代謝を受けます。ところが肝臓には多くの種類のCYPがあり、その量や存在比はかなりの個人差・人種差があります。当然CYPの働きが強い人は薬をすぐさま分解してしまいますので、せっかくの薬効も弱くなってしまいます。薬の効きが強い人・弱い人がいるのは、一つにはこれが原因です。

葉緑素、ビタミンにも

ポルフィリンを活用しているのは何も動物だけではなく、植物の体内でもポルフィリン骨格は極めて重要な役回りを演じています。通常の植物の葉の緑色を作り出している、**クロロフィル（葉緑素）**と呼ばれる化合物がそれです（図3・40）。

クロロフィル類はポルフィリンによく似たクロリンという構造を含み、この中心にマグネシウム原子を保持しています。これが光エネルギーを受け取るアンテナの役割を果たして、極めて複雑な過程である「光合成」が始まります。葉緑素のポルフィリン骨格は豊富なπ電子を持っており、これが光エネルギー伝達に活用されています。植物は光合成によってブドウ糖など必要な分子を作り出し、動物はそれを食べて生きているわけですから、地球を緑の惑星、生命の惑星たらしめているのはこのクロロフィル分子だと言っても過言ではないでしょう。

図 3.40
クロロフィル

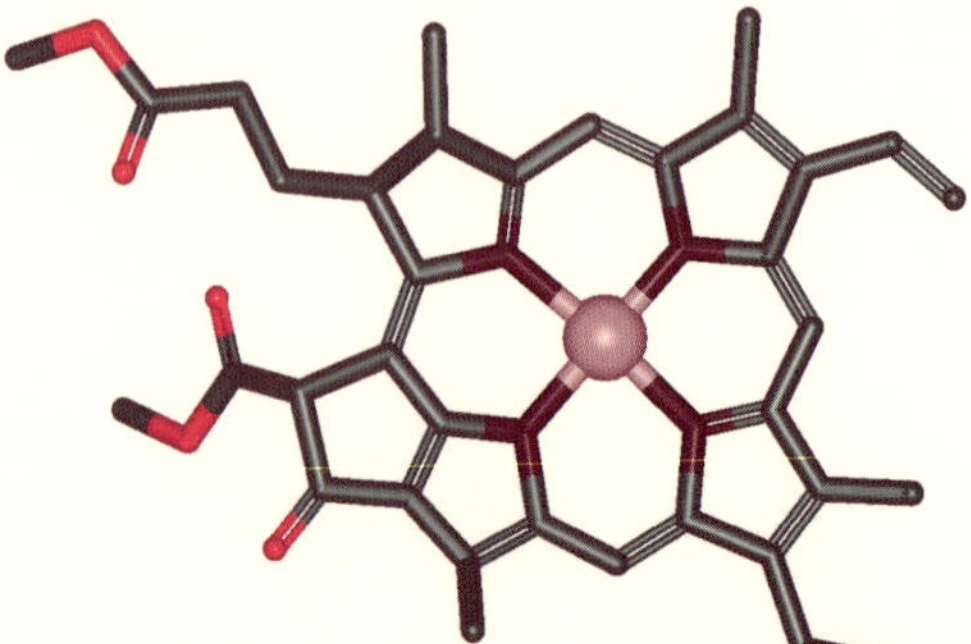

史上最大の作戦

またビタミンB_{12}も、ポルフィリンによく似た**コリン**という骨格を持ち、DNAの成分（核酸）の合成などに不可欠な化合物です（口絵⑱ページ）。コリン骨格の中心には、生体分子には珍しいコバルト原子が結合しています。

ビタミンB_{12}はご覧の通り非常に複雑な構造を持ちます。このため人工合成は不可能ではないかと思われましたが、ウッドワード教授とエッシェンモーザー教授という2人の超大物化学者の協力により完成し、1973年に論文が発表されました。コリン骨格の左半分をアメリカのウッドワード教授が、右半分をスイスのエッシェンモーザー教授が担当して合成し、両パーツを持ち寄ってつなぎ合わせるという大西洋をまたいだ一大プロジェクトでした。両研究室合わせて100名以上の共同研究者が投入され、総工程数は90段階以上、12年の歳月を費やしたといいますから、全く桁外れの偉業です。合成反応がはるかに進歩した現在でもいまだ2例目の全合成報告はなく、有機合成化学史上の巨大な金字塔とされています。

また、ウッドワード教授はこの全合成の鍵となる過程で遭遇した立体選択性を考察し、ここから**ウッドワード・ホフマン則**と呼ばれる重要な法則を発見しました。彼に協力し

●**ウッドワード・ホフマン則**
電子軌道の対称性から、ペリ環状反応と呼ばれるタイプの反応が起こるかどうか、立体特異性がどうなるかを予測する理論。1965年にウッドワードとホフマンが発表した。

てこの理論的考察を行ったロアルド＝ホフマン教授は、この功績で1981年のノーベル化学賞を獲得しています。ノーベル賞が副産物というから驚いてしまいますが、難度の高い研究に挑むからこそ新しい発見が生まれるという好例といえるかもしれません。

人工ポルフィリンの華麗なる世界

さてこうした自然の働きをまねて、有機化学者も様々にポルフィリン骨格を活用しています。ポルフィリン自体は比較的簡単に合成することができますし、好きな位置に置換基を持たせたものの合成法も数多く開発されています。

光合成において主要な役割を果たしているのを見てもわかる通り、ポルフィリン骨格は光化学・電気化学的に面白い性質が期待されます。また周辺の置換基や中心金属を変えるのが容易なので、望む性質を引き出すファインチューニングも比較的簡単です。こうしたポルフィリンの特性が注目され、様々な誘導体が続々と合成されています。中でもポルフィリンを多数連結させた化合物には非常に面白いものが見つかっていますが、ここでは細かい理屈抜きにまるでステンドグラスのような美しい構造の数々を鑑賞していただきましょう（口絵㉔ページ）。

直線的に多数のポルフィリンをつないだものとしては、現在1024量体という驚

●**ロアルド＝ホフマン**
Roald Hoffmann（1937～）ポーランド出身、コーネル大学教授。理論計算による化学反応の予測などの功績で1981年ノーベル化学賞受賞。一般向けの科学書や、詩・演劇作品なども発表している。

くべき巨大分子が、京大の大須賀教授らによって合成されています。分子量約106万、長さは約0・8マイクロメートルにも達するといいますから、人類が作り出した単一分子としては恐らく最大級のものでしょう（口絵⓫ページ）。こうした研究はナノメートル単位の電線や電子デバイスへの展開が期待されており、大変将来が楽しみな分野です。

宝石の名を持つ分子たち

最後は宝石の名を持つ美しい分子たちをご覧に入れましょう。ポルフィリンは紫色を示すといいましたが、ピロール単位の数や、間をつなぐ炭素の数が変わると様々に色も変わり、これらにはその色合いにちなんだ宝石の名がついているのです。

ピロール単位を5つ持つ図3・41の分子は美しい青色を示し、**サフィリン**と呼ばれます。前述のビタミンB_{12}全合成の途中、偶然作り出された化合物で、青い宝石サファイアにちなんで名付けられました。それぞれ緑、赤を示す図3・42、43はこの命名に倣い、**スマラグディリン**、**ルビリン**という名が付けられています（「スマラグディリン」はラテン語の「エメ

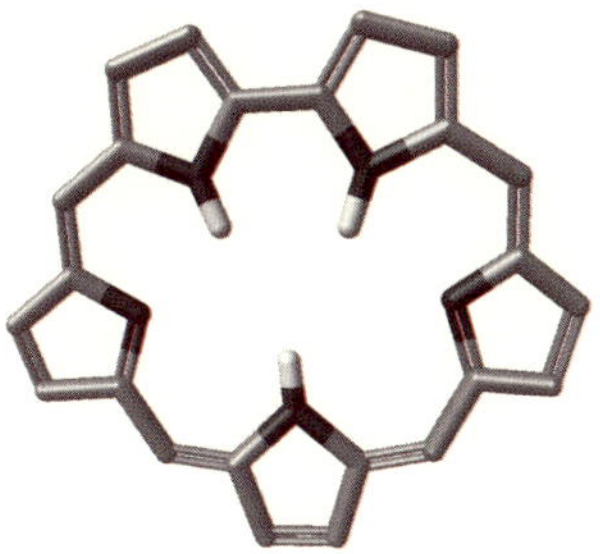

図 3.41
サフィリン

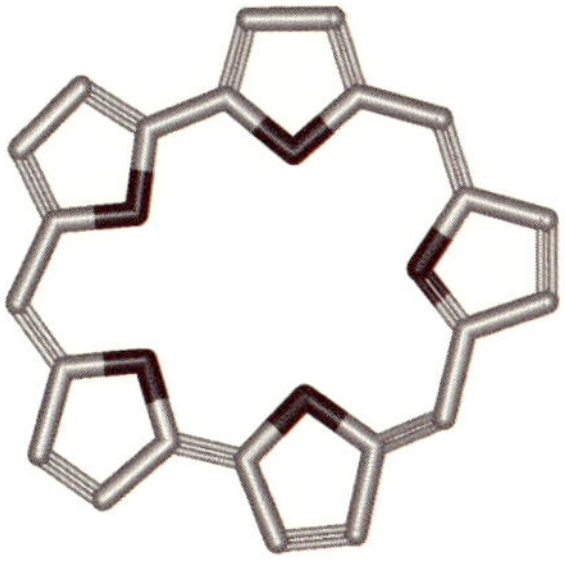

図 3.42
スマラグディリン

ラルド」を表す言葉から）。

さらにこれら同族体の合成が進められており、図3・44はオレンジ色なので**オランガリン**、バラ色の図3・45は**ローザリン**、紫色の図3・46はアメジストにちなんで**アメジリン**です。

ピロールの窒素の代わりに酸素や硫黄を組み込んだものも合成されており、赤銅色の**ブロンザフィリン**（図3・47）、緑色の**オザフィリン**（図3・48、「オズの魔法使い」のエメラルドシティから）などこちらも様々に発色します。青緑のトルコ石にちなんで命名された**ターカサリン**（図3・49）は10個ものピロール環が連結した構造で、こうなると分子は実際には平面におさまらず、8の字型にね

図 3.43
ルビリン

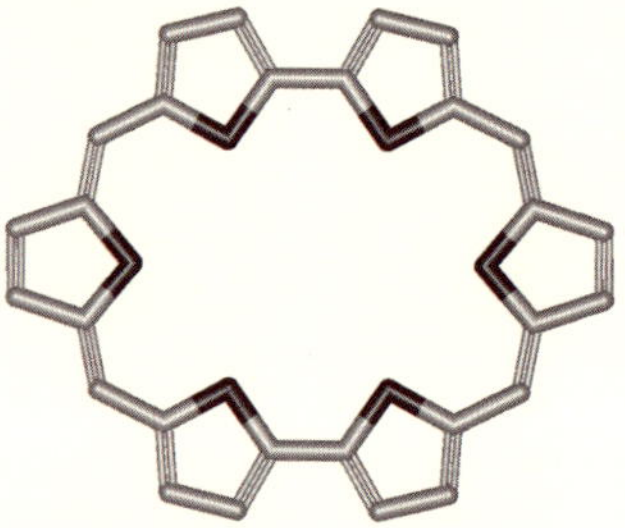

図 3.44
オランガリン

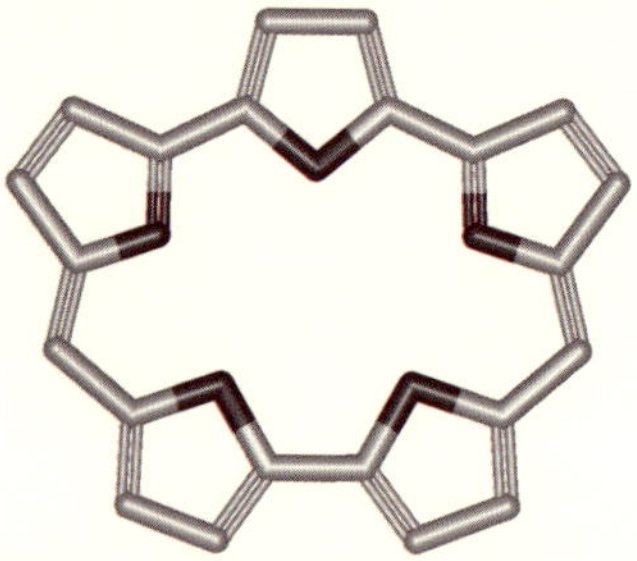

図 3.45
ローザリン

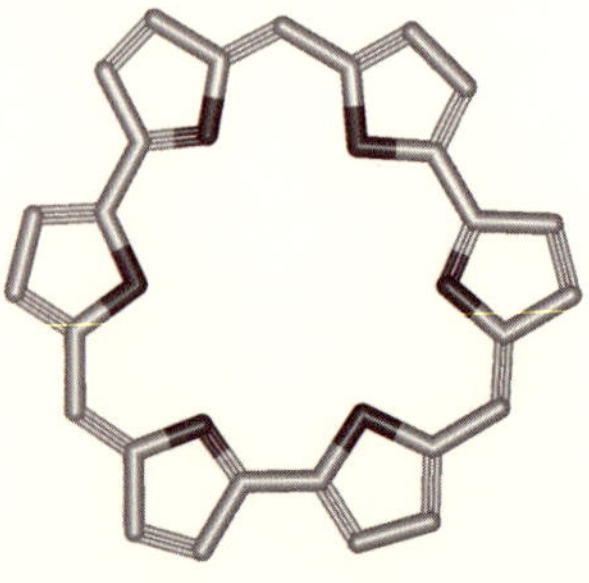

図 3.46
アメジリン

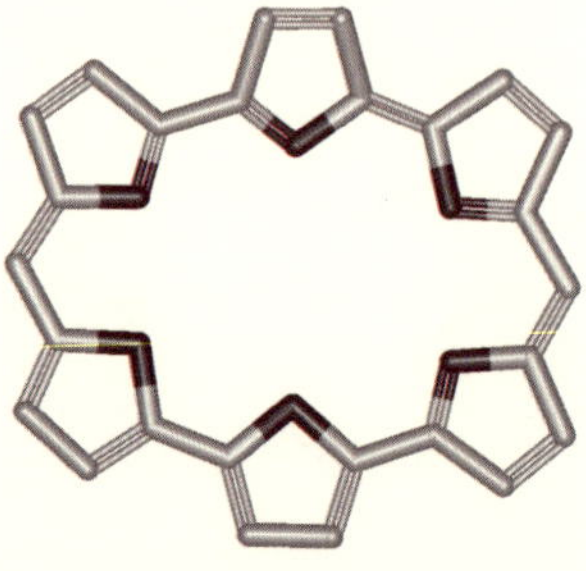

じれているのだそうです。

このように拡張ポルフィリンの研究が進んで種類が増えるにつれ、こうしたバラバラな名前ではなく系統的な名称のつけ方も提案されています。もちろん学術的にはそちらの方が好ましいのでしょうが、せっかくの美しい化合物にはそれなりの美しい名前をつけてやってほしいものだ、という気もします。今度は何色になるだろうか、もしこの色だったらこの名前をつけよう、と考えながら実験するのも、創造者たる化学者の愉しみの一つなのではないでしょうか。

図 3.47
ブロンザフィリン

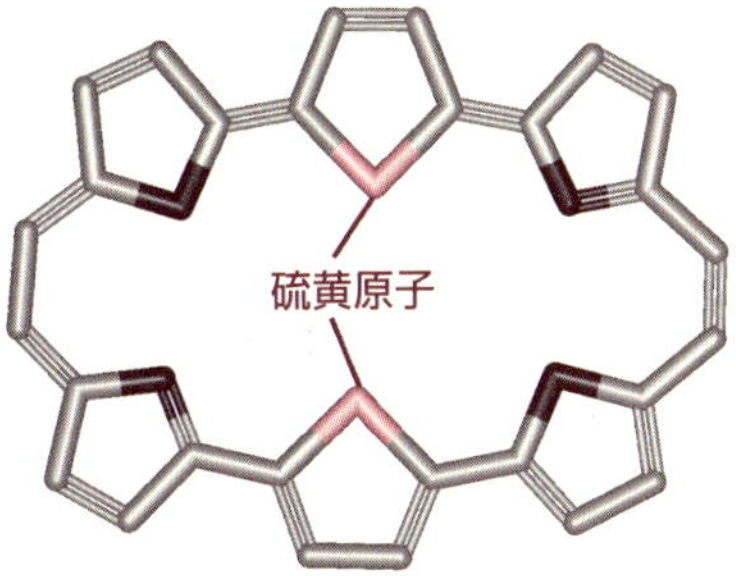

図 3.48
オザフィリン

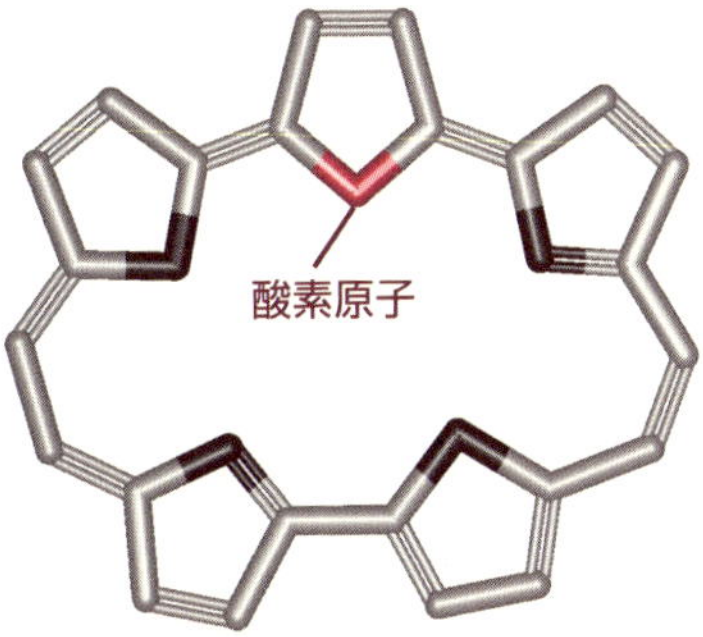

図 3.49
ターカサリン

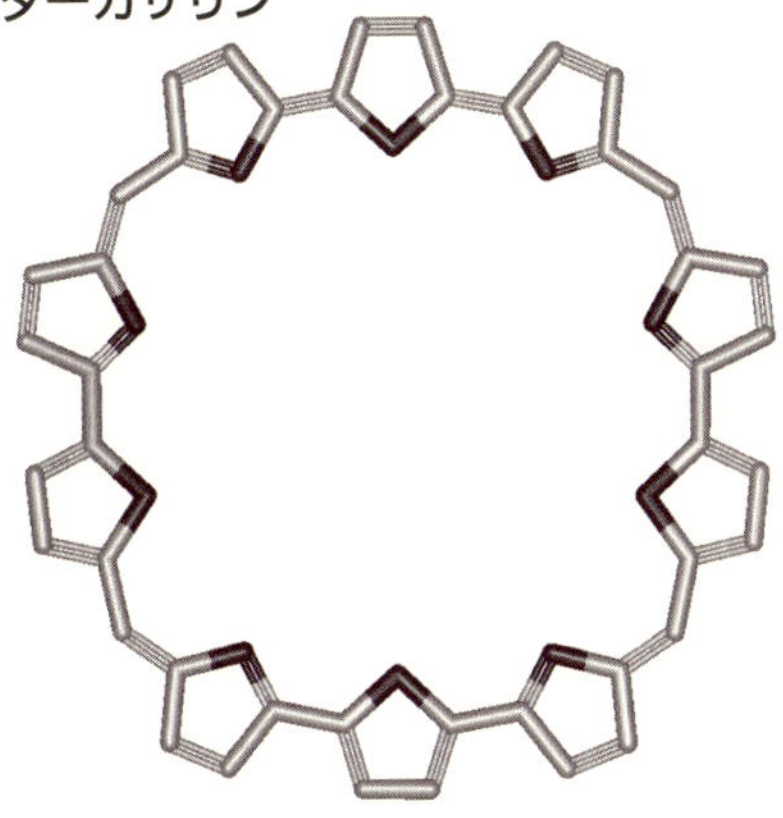

3-5 デンドリマー――分子の珊瑚礁

デンドリマーと呼ばれる、まるで木の枝か珊瑚礁のような形をした分子が近年大きな注目を集めています。少々難しい言葉も出てきますが、専門でない方も細かい理屈は抜きにしてデンドリマー分子の美しさを鑑賞してみて下さい。

樹木状分子

プラスチックなど一般に**高分子**と呼ばれる化合物は、同じ単位がずらずらと直線状、あるいは不規則な網目状につながったものです。これに対しデンドリマーは、Yの字のような構造が構成単位となります。Yの二股の枝の先にまたY字型の分子が付き、そのYにまた……という具合に枝分かれを増やしながら、樹木のように成長していくのです。ちなみにデンドリマーという言葉は、ギリシャ語の「dendron」（樹木）に由来します。

またこの成長の様子は数学でいうフラクタル図形にも似ています。このためこの枝分かれの段階数をフラクタル図形と同じように「第○世代」という言い方で表すこと

●**フラクタル図形**
数学者ベノワ＝マンデルブロが提唱した概念で、全体と部分が相似になっている図形のこと。デンドリマーの場合、枝分かれした部分のサイズが小さくなっていかないので相似とはいえず、正確な意味のフラクタル図形とはいえない。

●**Yの字のような構造**
二股ばかりではなく、三つ股の構成単位を持ったデンドリマーも存在する。

があります。

図3・50ではわかりやすく平面的に構造を示していますが、実際には大きなデンドリマーは三次元空間に球状に広がり、表面に数多くの官能基（様々な特徴を持つ原子団）を高密度で持つことになります。どれくらいのサイズにするか、表面や中身にどのような官能基を持ってくるかはそれをデザインする化学者次第なので、様々な面白い性質を持つデンドリマーが合成されています。

例えば、窒素原子は金属原子に結合しやすいので、図3・51のようなデンドリマーは金属イオンを大量に、しかも強く抱え込むことが知られています。

図 3.50
デンドリマー
第 1 ～第 4 世代

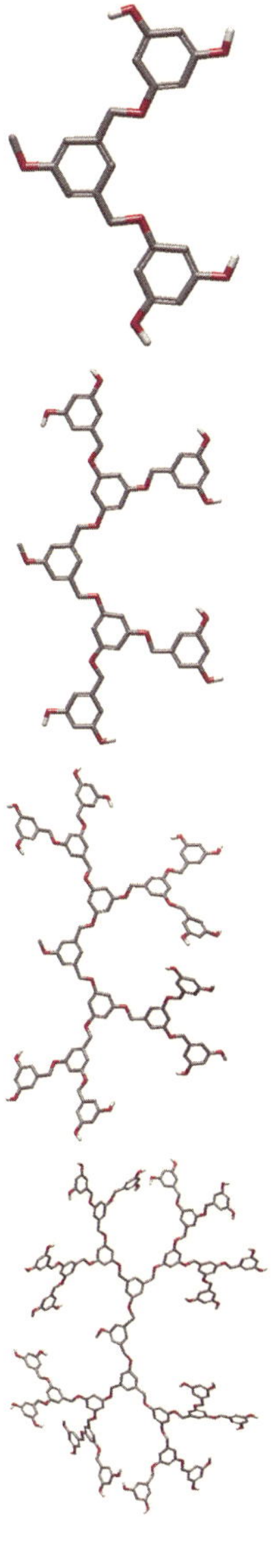

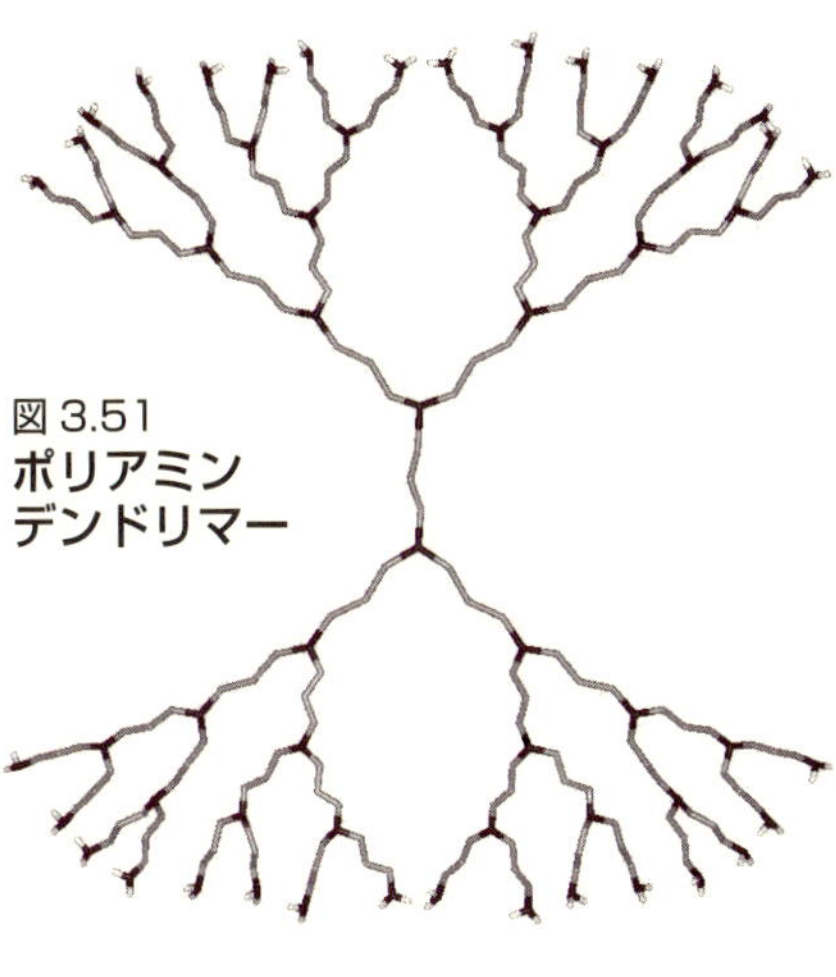

図 3.51
ポリアミン
デンドリマー

運ぶ、包む、集める

デンドリマーの内部空間には金属以外にも様々な分子が取り込まれることが知られており、これを使ったいろいろな応用が考えられています。例えばアドリアマイシンなどの抗癌剤は水に溶けにくいのが難点ですが、**ポリアミドアミン（PAMAM）デンドリマー**と呼ばれるタイプの化合物にこれを取り込ませ、水に溶けやすい形にして患部に送り届ければ（ドラッグデリバリー）、この難点をカバーできます。図3・52の、外側にたくさん伸びているポリエチレングリコール鎖（紅白のひも状の部分、略称PEG）は水になじみがよく、これで水溶性を稼いでいるわけです。なんだかイソギンチャクの触手に隠れるクマノミのようなイメージです。

有機合成方面への応用も研究されています。反応を触媒する作用のある金属原子をデンドリマーの表面にくっつけてやると、反応が効率的に進行する上、回収して再使用が可能となるなどの報告があります。ご覧のとおり木の枝に生る木の実のようなイメージです（図3・53）。

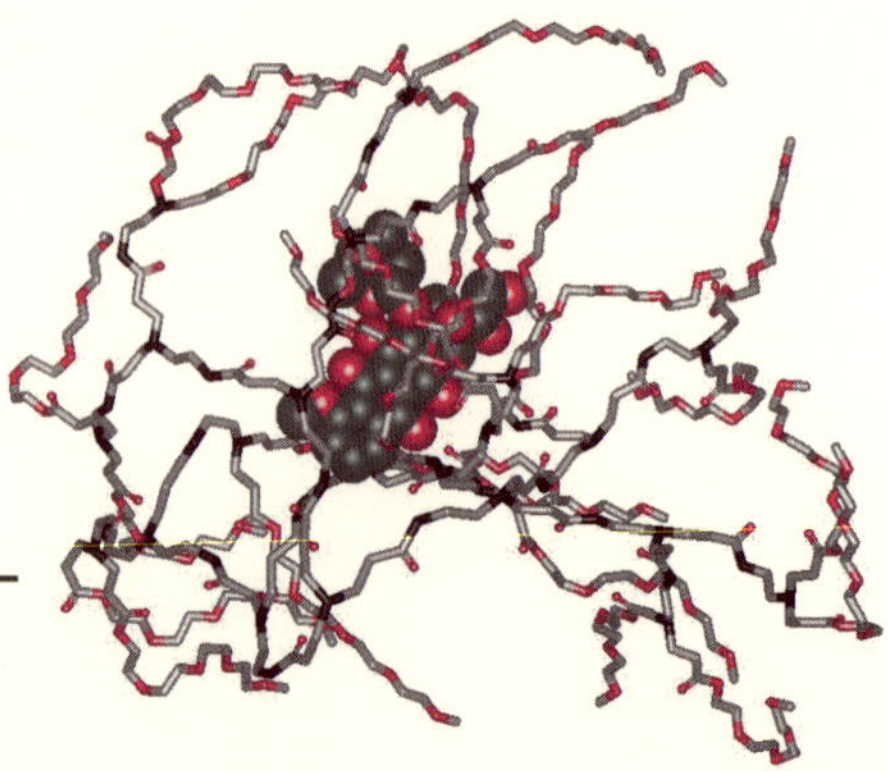

図3.52
アドリアマイシンを
包み込んだデンドリマー

植物の枝は全体が太陽の光に当たるようにああした形になっているといわれますが、それと似た形の触媒デンドリマーも、全ての金属が反応に参加できる配置になっています。効率のよさはここに由来するのでしょう。

血液中の色素へモグロビンはタンパク質がポルフィリン分子を包み込んだ構造で、この真ん中に結合している鉄原子が酸素や二酸化炭素を運ぶ役回りを演じています。

しかし酸素分子（O_2）と鉄の錯体は分解しやすく、ヘムがむき出しの状態ではこうした錯体を作ることができません。酸素と鉄が安定な錯体を作るのは、タンパク質の大きな分子に取り囲まれているからだと考えられてきました。

東大の相田教授らはこれを証明するため、タンパクの代わりにデンドリマーでヘムのまわりを覆った分子を合成し、これが血中のヘモグロビンと同じように機能することを確認しました。こうした分子は効率よく酸素を運ぶ人工血液へと結びつくかもしれません（図

図 3.53
触媒機能を持つデンドリマー

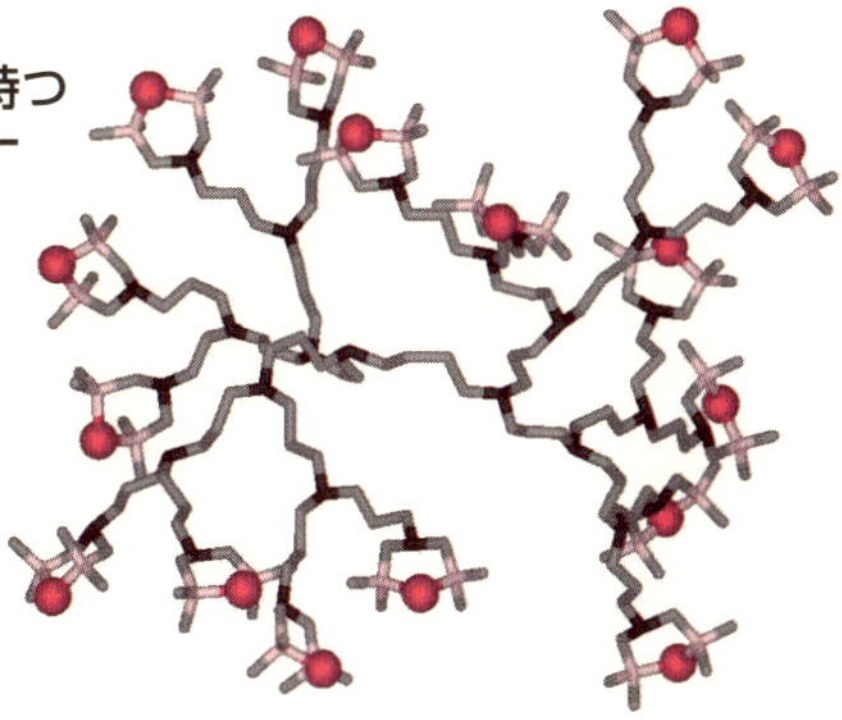

●錯体（さくたい）
配位結合や水素結合によって形成された分子性化合物。

図 3.54
ポルフィリンを包んだデンドリマー

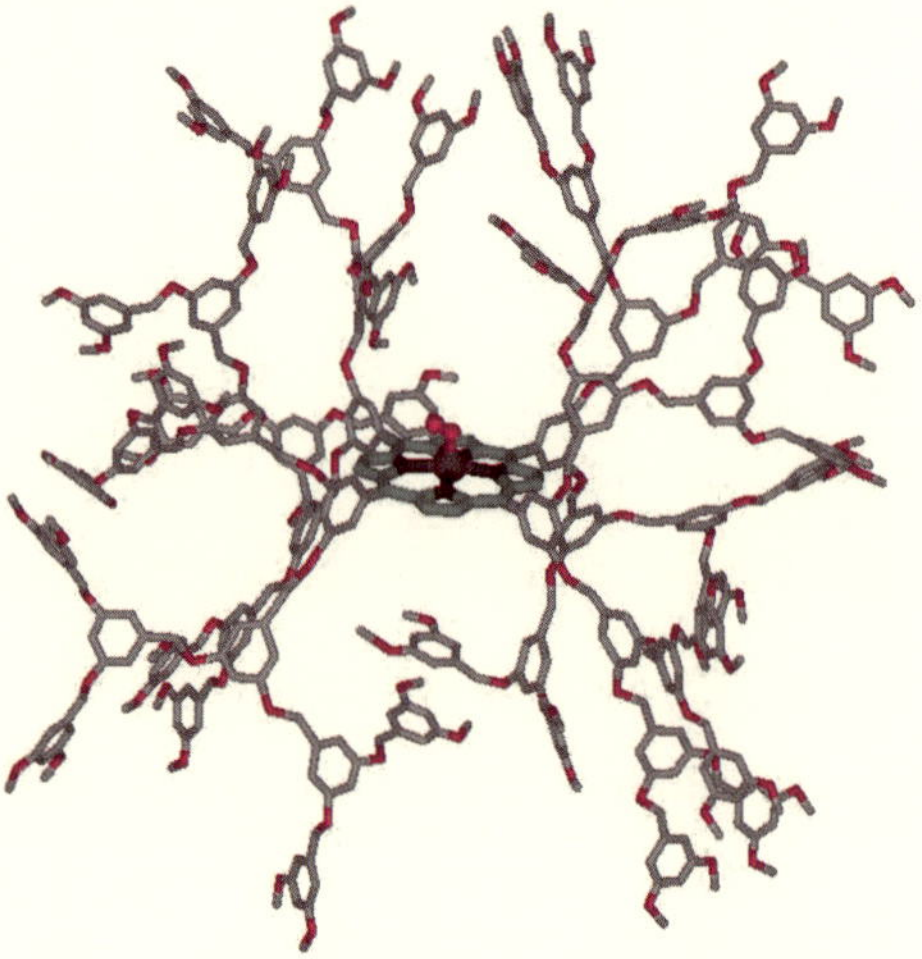

3・54)。
また、相田教授は他にもデンドリマーに関して興味深い発見をしています。**アゾベンゼン**という分子は、紫外線を当てると窒素 - 窒素結合がねじれるように変化し、ジグザグ型から「コ」の字型へと変型します（図3・55）。

ところがこのアゾベンゼンのまわりをデンドリマーで覆ってやると、はるかにエネルギーの弱い赤外線でもこの変化が起こることがわかりました（図3・56）。これは理論的にも全く予測されていなかったことで、近年の化学界の大きなトピックスの一つです。

おそらく周りのデンドリマーがアンテナのように働き、エネルギーを集めて中央のアゾ部分に伝えているのだろうと考えられています。デンドリマーのサイズが小さかったり、形が不揃いだったりするとこの現象は起こらないとのことで、分子の形が

図 3.55
アゾベンゼン

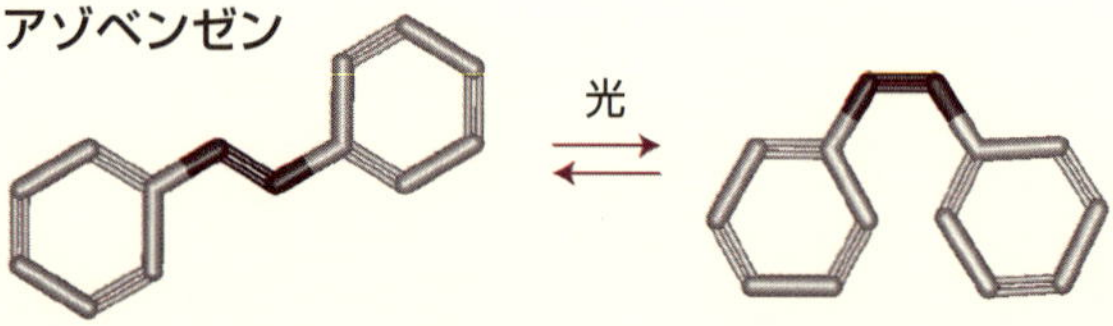

機能に直接の影響を与えている珍しい例といえそうです。

相田教授はさらに研究を押し進め、光を吸収するポルフィリンをたくさん組み込んだデンドリマーを合成し、人工光合成を行おうとしています（口絵⑰ページ）。光合成は自然が生み出した最も複雑で華麗な化学反応の一つで、これを人間の手で行うのは化学者の最大の夢の一つですが、デンドリマーというユニークな構造はその夢をかなえる大きな鍵となりそうです。

見てきたようにデンドリマーはその特性を生かして、非常に広い分野に対して応用が考えられています。特に光合成や抗体などのように、これまで生体の最も複雑なシステムと考えられていた分野のシミュレートにある程度成功しているのは注目に値します。生命というシステムは図り知れないほどに精妙ですが、これに挑んでこれを上回るものを創り出すのも化学の役目です。その夢を実現するための強力な武器として、デンドリマーの研究はこれからもさらにホットになっていくと思われます。

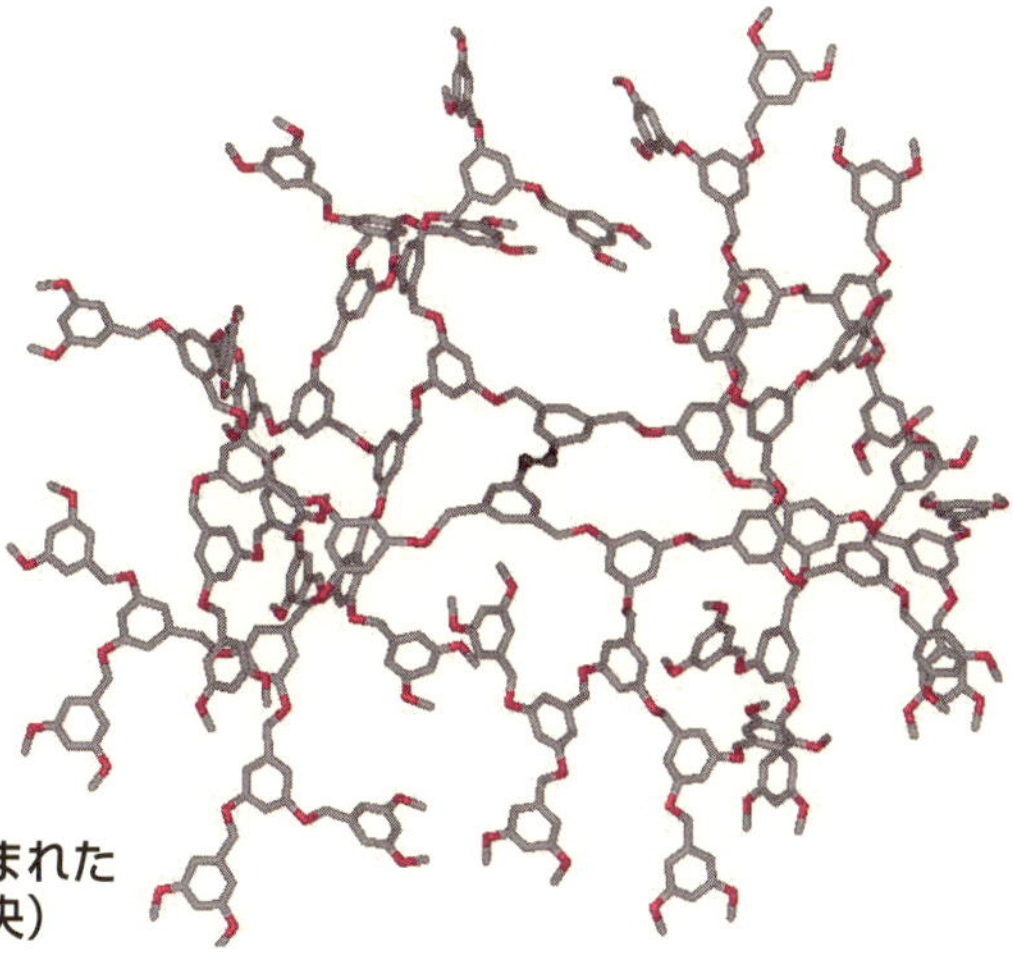

図 3.56
デンドリマーで囲まれたアゾベンゼン（中央）

3-6 窒素はどこまでつながれる？

CとNの差

有機化学という一大ジャンルの主役となる元素は、もちろん炭素です。周期表を埋める100あまりの元素のうち、炭素だけが長くつながり、他の元素とも手を取り合って多彩かつ安定な分子を作り出せるからです。

では他の元素、例えば周期表で炭素の隣を占めている窒素ではどうなのでしょうか？　残念ながら窒素同士は炭素ほどに長くつながることができず、数個つながっただけで不安定になってきます。このため窒素は炭素のように複雑な分子を作り出すことができず、当然窒素をベースとした生命などというものも考えられません。

では窒素同士の結合はなぜ炭素同士のそれに比べて不安定なのでしょうか？　これは窒素が炭素と違い、「非共有電子対」を持つことが原因です。例として、それぞれ炭素・窒素同士が2つつながった**エタン**と**ヒドラジン**という2つの分子を比べてみましょう（図3・57）。

エタン分子の中の外殻電子は全てが水素との結合に過不足なく使われているのに対

●**非共有電子対**
原子の最外殻にある、共有結合に関与していない電子対。金属など空軌道を持った化合物と「配位結合」を作ることができる。

し、ヒドラジン分子では2つの窒素上にそれぞれいわば余り物の電子（非共有電子対）が存在しています。これらはマイナス電荷を帯びていますから互いに反発し、結果として窒素‐窒素結合を炭素同士のそれに比べて不安定にします。窒素が長く連なればこの反発はさらに蓄積され、どんどん不安定になっていくわけです。実際ヒドラジンも濃度100パーセントのものは爆発性を持つ危険な化合物で、ロケットなどの燃料にも用いられるほどです。

同じような理由で、酸素2つが単結合した化合物（過酸化物）も反応性が高く、取り扱いには注意を要します。N‐N、N‐O、O‐Oなどの結合を含む分子は不安定なものが多く、爆発性があるものも少なくありません。爆薬として有名なニトロ化合物などもこの範疇に入れられるでしょう。

アジド化合物

ではさらに窒素をつなぐとどうなるか？　窒素が3つつながった化合物として、**アジド**と呼ばれる一群の化合物があります。N_3単位は陽イオンと結びついて塩を作ることもできますし、炭素と結合して有機化合物の一部に組み込まれることもあります（図3・58）。

図 3.57
エタン（右）とヒドラジン（左）。楕円は非共有電子対

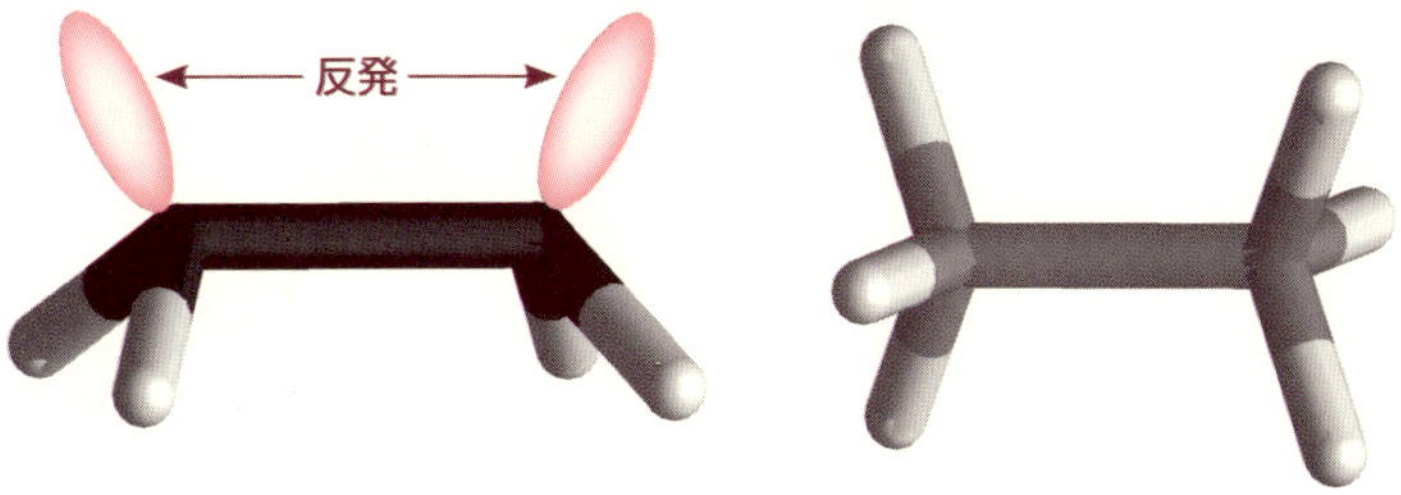

普通、窒素は3本の結合の腕を持ちます。窒素が3つではどう組み合わせても落ち着きのよい構造は作り得ず、アジドはこの原則に合っていません。実のところアジドは、図3・59に示す2つの構造の中間的な構造をとっていると考えられています（共鳴構造といいます）。

このように普通の構造式で表せない化合物には、不安定なものが少なくありません。アジドもまた例外ではなく、物によっては強い爆発性を持ちます。特に重金属のアジ化物は極めて危険で、アジ化ナトリウムなどをステンレスの薬さじですくい取るだけでも爆発を起こすことがあります。このためアジドの秤量には、プラスチックやシリコンでコーティングされた薬さじを用いるべきとされます。

またアジ化物イオン（N_3^-）は一酸化炭素などと同様、ヘモグロビンの鉄原子に強く結合して酸素の運搬を阻む性質があり、このため青酸カリに匹敵する毒性を持ちます。1998年にはポットの湯にこのアジ化ナトリウムを混入する事件が発生し、以来この化合物は規制が強化され「毒物」として厳重な管理下に置かれることになっています。

このように扱いにくいアジド化合物ですが、有機合成分野においては用途が広く、炭素骨格への窒素の導入、アミド結合の形成などの反応で重要な試薬として

図 3.59
共鳴構造

$$\mathrm{R{-}N{=}\overset{+}{N}{=}\overset{-}{N}} \longleftrightarrow \mathrm{R{-}\overset{-}{N}{-}\overset{+}{N}{\equiv}N}$$

図 3.58
アジ化ナトリウム

用いられます。さらに近年では「クリックケミストリー」と呼ばれる新しいジャンルでも応用が進められており、各分野から注目が集まっています。

テトラゾール、ペンタゾール

4つ窒素がつながった化合物には**テトラゾール**というものがあり、五員環の中に4つの窒素原子が組み込まれた化合物です。これはベンゼンなどと同様「芳香族性」を持つためこの種の化合物としてはかなり安定ですが、それでものによっては爆発性を持ちます。例えば**アミノテトラゾール**（図3・60）は電気点火すると爆発し、急速に窒素ガスを放出します。この性質を利用し、近年自動車のエアバッグを膨らます起爆剤として用いられています。爆発性を人命を守るために用いているわけで、どんなものも使いようで用途がひらけるものです。

ちなみにテトラゾールの窒素についている水素原子は陽イオンとして外れやすく、このためテトラゾールはカルボン酸とほぼ同等の酸性を示します。カルボン酸を持った医薬の候補分子に、代わりにこのテトラゾールを入れてやると、同等な活性を示しながら吸収性などが改善されることがあります。このため医薬ではこのテトラゾールユニットを持ったものがかな

図 3.60
アミノテトラゾール

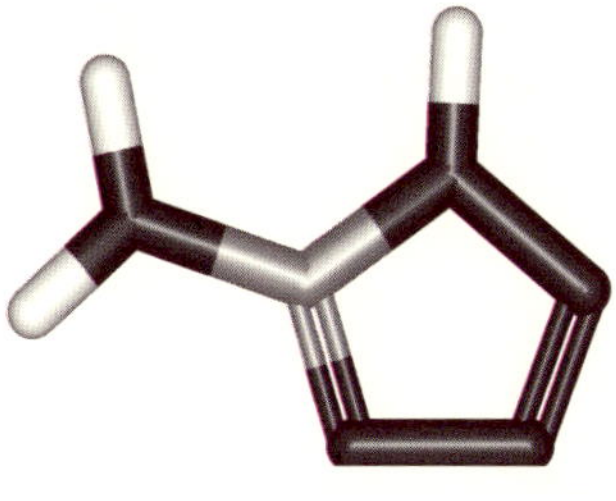

●**クリックケミストリー**
シートベルトなどが「カチッ」（Click）と音を立ててはまるように、簡単に分子同士をしっかりと結合させる反応を基礎に組み立てられた化学。アジドとアセチレンは外部環境の影響を受けずに収率よく五員環を形成するためこの概念にぴったりであり、生化学・創薬化学などの分野で応用が進められている。

り数多く見られます（図3・61、もちろんこれらには爆発性はありません）。

　では五員環を全部窒素にしてしまった**ペンタゾール**（HN_5）というものはできるのか？　さすがにこれは無理だろうと思っていたら、実はすでに合成されているのだそうです（図3・62）。ただしさすがに安定に単離というわけにはいかず、マイナス40度以上に温度を上げると簡単に分解してしまうそうです。

　このペンタゾールはN_5^-という陰イオンになりますが、N_5^+という陽イオンも合成されています。これとアジド（N_3^-）またはペンタゾール（N_5^-）を組み合わせれば「純粋に窒素原子だけから成る塩」ができるはずです。しかしN_5^+の塩もちょっとした衝撃で大爆発を起こす危険な化合物ですから、筆者としては実際にこれをやってみる気はちょっと起こりません。こうした研究はロケット燃料や爆薬の基礎研究として重要なのですが、よくこんな恐ろしいことをするものだと思ってしま

図 3.61
降圧剤バルサルタン。
右下ユニットがテトラゾール

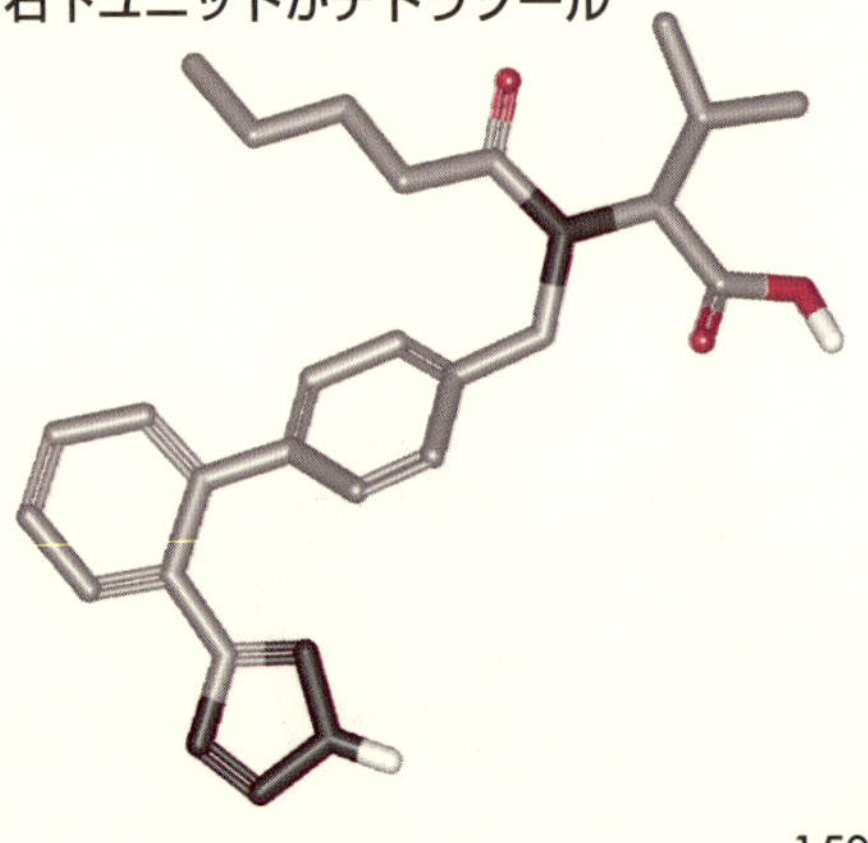

図 3.62
ペンタゾール

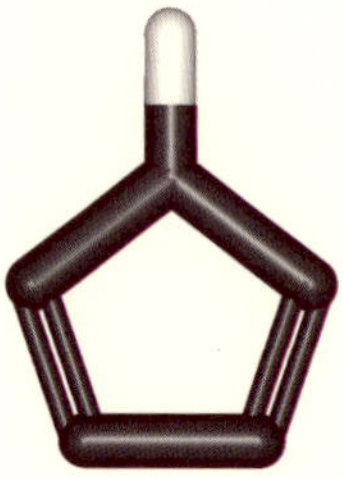

います。

このほか窒素だけでできる分子として、理屈の上では図3・63のようなN_4、N_6、N_8、N_{10}などが考えられ、安定に存在できるかどうかの理論計算も行われています。いずれにせよ窒素分子（N_2）が非常に安定ですので、ここに落ち着こうとする力が強く働き、分解しやすいことは容易に予想がつきます（こうした分子はキュバンのように実際に合成されてみると案外安定だったりすることもあるので、なんとも言えないところではありますが）。

フラーレンC_{60}と同じようなN_{60}という分子は存在しないのか？　これも理論計算がなされていますが、フラーレンのようなきれいな球形にはならず、デコボコの不定形になるという予想もあります。といっても、こうなると一体どうやって合成すればいいのか見当もつきませんが……。

究極の窒素ポリマー

ということで窒素をつなげるのは実際には5つまでが限界――なのかと思っていたら、最近になって「極限の窒素」とでもいうべき物質、**ポリ窒素**がドイツで合成されました。窒素を1700度、110万気圧という猛烈な

図 3.63
N_4、N_6、N_8、N_{10}。いずれも実際には合成されていない

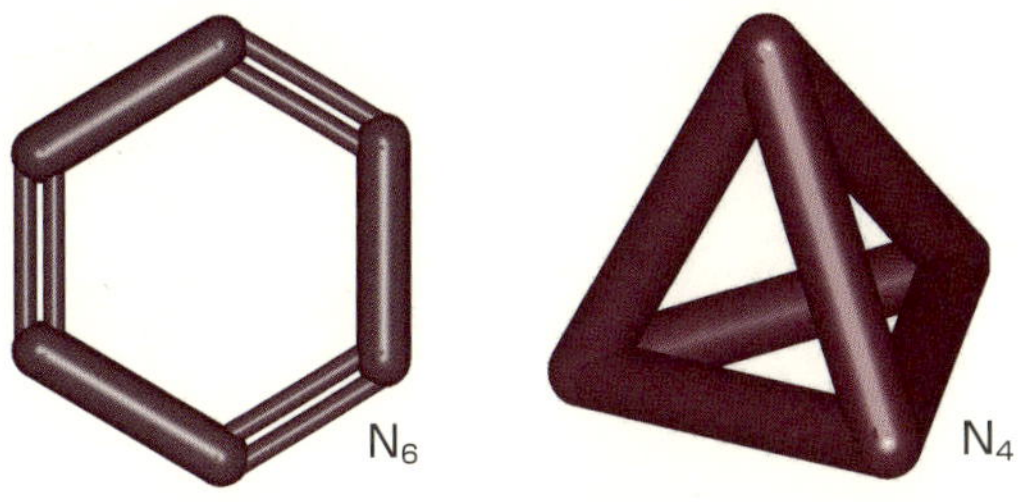

条件で圧縮することにより、窒素が3本の腕で蜂の巣状のネットワークを作ることが確認されたのです。このポリ窒素は予想されるように極めて不安定であり、核兵器を除いた最強の爆薬に比べても5倍以上のエネルギーを持つと考えられています。ちなみに1937年に出版されたSF小説『レンズマン』に「純粋に窒素のみから出来ていて、核に次ぐ威力を持つ爆薬」というのが出てくるそうで、70年越しでこれが実現されたともいえるでしょうか。偶然なのかもしれませんが、SF作家の想像力というのは凄いものです。

それにしてもこのポリ窒素の性質は、同じく高温高圧下で作られる炭素の結晶・ダイヤモンドがこの世で最も硬く、安定な物質であるのとはあまりに対照的です。こうして見てくると、長くつながって複雑な化合物を作り出すという点において炭素という元素の性質は極めて異質であり、窒素や酸素はやはり有機化学の世界を支える名脇役の座にとどまるようです。今我々が見るこの豊かで複雑な世界があるのは、炭素という特異な元素がこの宇宙に存在したこと、そしてそれが大量にこの星に集まってきてくれたこと、という2つの奇跡に支えられていることを改めて思わされます。

図 3.63

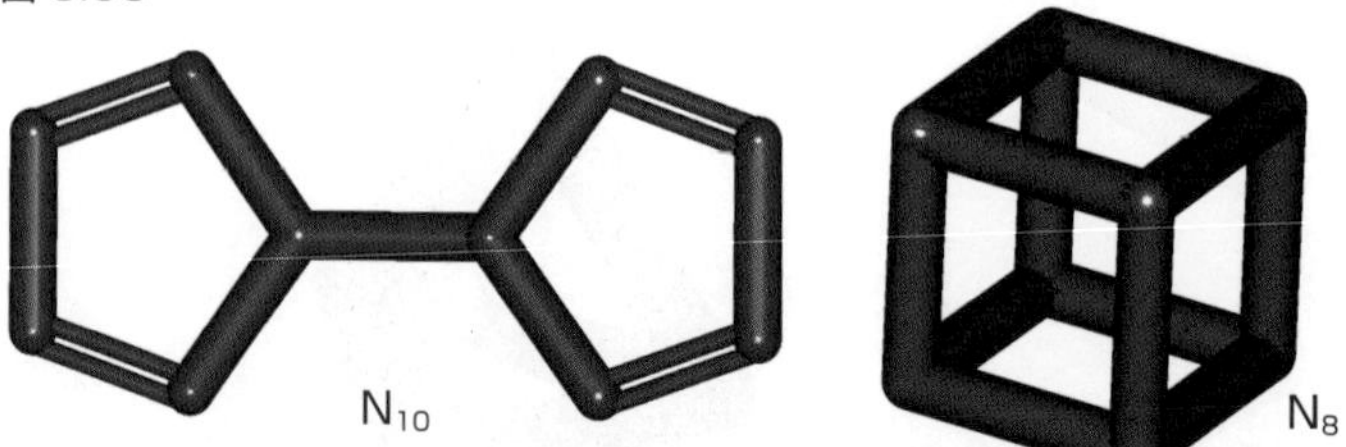

COLUMN 3

インターネット上の化学

少々自慢をさせていただきますと、現在「Google」で「有機化学」というキーワードを入れて検索を行うと、「有機化学美術館」が2～3位でかかってきます（2007年4月現在）。と、こうして注目していただいているのは作者として大変嬉しいことではあるのですが、反面「これでいいのかな」という気がしないでもありません。こんな素人が道楽で作っているページがこれだけ目立ってしまうというのは、日本の科学系サイトの層があまりに薄いという実証に他ならないと思うからです。

例えばある人が、2005年のノーベル化学賞の受賞対象になった「オレフィンメタセシス」という反応を調べようと思ったとします。日本語で「オレフィンメタセシス」と入れて検索をかけてみると、ヒットしてくるのはわずか740件ほどです。これを英語の「olefin metathesis」で検索すると、なんと23万6000件もの記事がヒットしてくるのです。日本語と英語では、化学に関して触れることのできる情報量にはかくも圧倒的な差があり、となれば情報の質の方にも大きな格差があると考えなければならないでしょう。実際、あちらのサイトにはプリントアウトすればそのまま教科書として使えそうな充実したものがいくつもあります。しかし筆者の知る限り日本では、せいぜい「Chem-station」（http://www.chem-station.com/）あたりが頑張っている程度で、質・量とも欧米のサイトに遠く及びません。どこかの学会が有機化学に関して一通りのことを調べられるサイトを作ってくれてもいいと思うのですが、残念ながらそうした取り組みはまだ行われていないようです。有名な反応や試薬の解説、一般の方からの質問箱、議論のための掲示板、著名な化学者の業績紹介など、やれることはいくらでもあるように思うのですが。

そこで本書をご覧のみなさんも、自分のホームページを持って

COLUMN 3

みてはいかがでしょうか？　ホームページの作成は思ったより簡単で、エクセルやパワーポイントを扱える程度のスキルがある方でしたらまず問題ありません。ホームページ作成に使うソフトウェアも、あまり凝ったことをしようとしない限りたいていはフリーソフトで十分間に合います。何より最近はブラウザだけで更新が手軽にできるブログという便利な形態が普及しています。自分の研究日誌でもいいですし、専門家の方なら興味のある論文の紹介・解説をしていただくのもいいでしょう。研究室内で行っているセミナーのレジュメをネット上で公開すれば一般の参考にもなりますし、セミナーを担当する学生さんにもよい刺激になるのではないでしょうか。

自分でホームページを立ち上げるのは手間だし、まとまったことを書く自信がないという方は、「ウィキペディア」（http://ja.wikipedia.org/wiki/）に参加してみてはいかがでしょうか。これは誰でもが書き込み・編集を行える著作権フリーのネット百科事典で、現在日本語版は35万項目を超え、なお成長を続けています。しかし科学系の項目にはまだまだ穴も多く、専門家でなく高校生や大学生の方でも十分役に立つ項目を書けると思います。一項目書くためにいろいろ調べ物をしたり、英語版を翻訳したりなどすることで、学生のみなさんにとってはなかなかよい勉強になるかと思います。

近年言われるWeb2.0という大きな流れの中で、個人であってもできることは大幅に増えています。何よりインターネットという大海の中に自分が投じた一石が様々な反響を呼び、見知らぬ人々からのレスポンスが返ってくるのは大変に楽しいことでもあります。ネットで情報をただ受け取るだけでなく、発信する側の喜びをみなさんにもぜひ味わっていただきたいと思う次第です。

4

ナノテクノロジー最前線

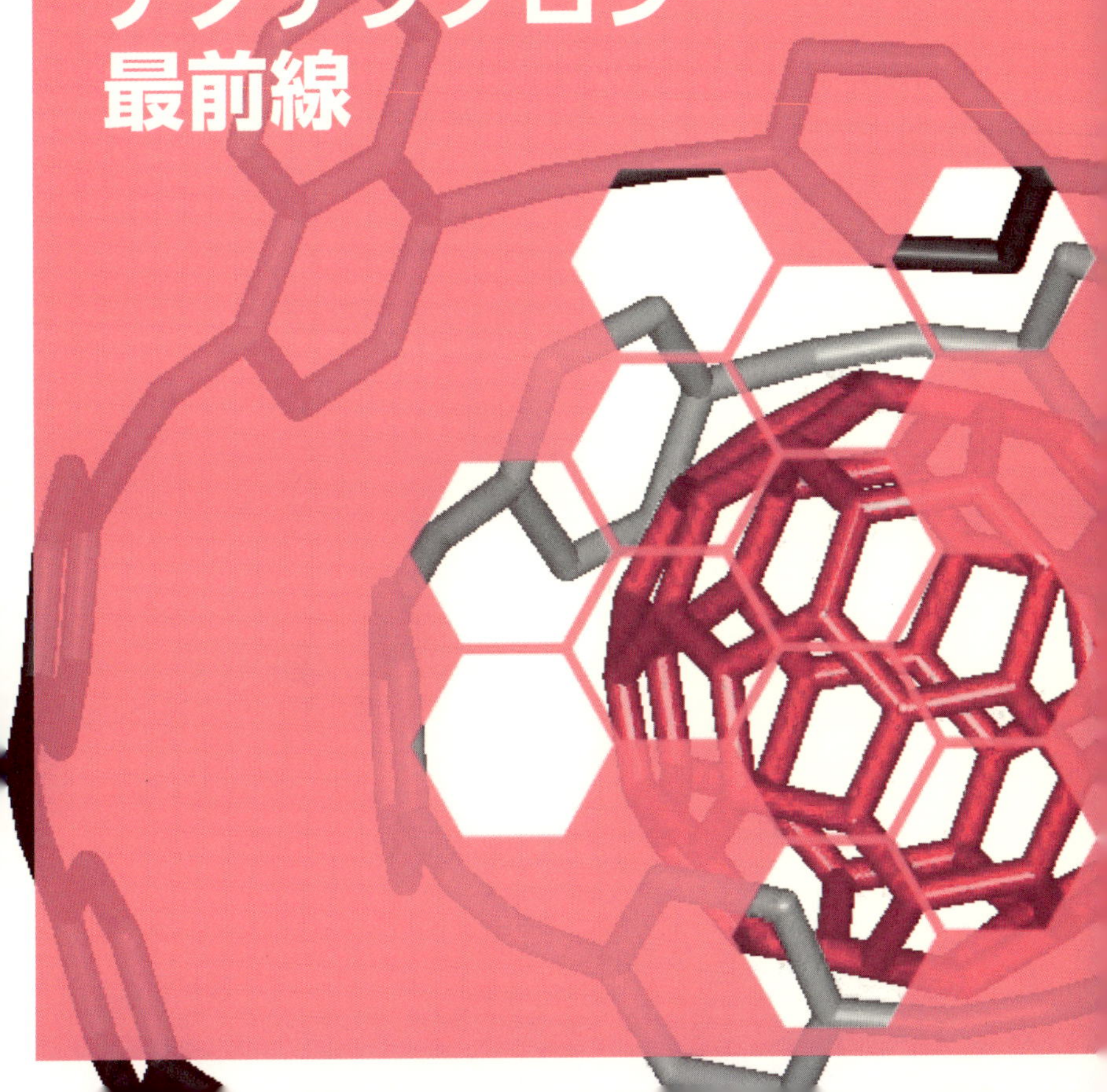

4-1 サッカーボール分子・バックミンスターフラーレン

この『有機化学美術館』に最もふさわしい分子といえば、C_{60}こと**バックミンスターフラーレン**をおいて他にないでしょう。炭素原子60個がサッカーボール型に集まって出来上がった、奇跡のように美しい分子です（口絵❷ページ）。そのユニークな形と性質から、多くのジャンルの科学者の関心を引きつけ続けている化合物ですが、そもそもの発見は全くの偶然によるものでした。

C_{60}の発見

C_{60}は1985年、クロトー、スモーリー、カール各教授らの英米混成チームによって発見された化合物です。彼らのもともとの狙いはフラーレンなどではなく、「炭素クラスター」と呼ばれる、宇宙空間だけで存在できる特殊な分子が当初の研究テーマでした。彼らは地上でこれを再現すべく、真空状態で**グラファイト**（炭素が蜂の巣状に集まったもの、図4・1）にレーザービームを当てて蒸発させるという実験を行っていました。レーザーのエネルギーによってグラファイトは炭素数個から数十個の断片

●**バックミンスターフラーレン**
建築家バックミンスター＝フラーの名から取られた名称（後述）。この名で呼ぶ時はC_{60}のみを指し、「フラーレン」と言った場合は他の炭素数のクラスターも含む。ただしこの名称は長いので、C_{60}のことを単に「フラーレン」または[60]フラーレンと呼ぶことが多い。

（クラスター）に砕け散るので、この様子を調べていたのです。

ところがある日、実験を担当していた大学院生が、多くの断片の中でなぜか炭素数が「60個」のものだけが飛び抜けて多くできていることに気づいたのです。いろいろと条件を変えて実験するうちC_{60}の割合は増えていき、ついにほとんどC_{60}だけができる条件までが見つかりました。なぜ50でも100でもなく「60」でなければならないのか？

おそらくC_{60}だけが他に比べて特別に安定な構造を持つからだろうと思われたのですが、それがいったいどんなものであるのかを求め、チームは幾日も議論と実験を重ねました。

炭素からできる環は六角形が最も安定で、グラファイトも六角形が蜂の巣のようにつながった構造です。ではC_{60}も六員環からできているのではないか？　スモーリー教授はこう考え、六角形の紙をたくさん切り抜き、それらを貼り合わせていろいろと模型を作ってみました。しかし六角形だけではどうにもうまく形ができません。悩んでいたときに、クロトー教授が「うちにあったスタードーム（ボール紙製の天球儀）には五角形の面があった」と発言したのです。そこで五角形を加えて模型を作ってみたところ、ものの見事に60個の頂点と完璧な対称性を持つ多面体ができあがったのです。こ

図 4.1
グラファイトの構造

れだ！　彼らは直感しました。その後もいくつかの証拠が付け加えられ、この構造は恐らく間違いのないものと思われました。

フラーレンは60個の炭素、90本の炭素‐炭素結合、30本の二重結合、20の六員環、12の五員環を持っています。全ての炭素が4本の結合の腕を出して結合しているため余りが出ず、ひずみが全体に均等に分散しているので非常に安定な構造です。

このサッカーボール構造に対し、「サッカーレン」や「フットボーレン」といった名称も提案されましたが、最終的に彼らがこの分子に与えた名前は**フラーレン**でした。五角形と六角形から成るドーム建築の考案者である、バックミンスター＝フラーの名にちなんだものです。C_{60}発見の報告は世界最高の権威を誇る科学雑誌『Ｎａｔｕｒｅ』に掲載され、その美しい構造は同誌の表紙を飾る栄誉に浴したのです。

フラーレンフィーバーの幕明け

華々しいデビューを飾ったフラーレンでしたが、レーザー法で得られるC_{60}は極めて少量であったため、しばらくの間研究はあまり進展しませんでした。大きなブレイクスルーが訪れたのは１９９０年で、ドイツのクレッチマーとハフマンが、レーザーの代わりにアーク放電を用いることによって大量のフラーレンが合成できることを見つ

●バックミンスター＝フラー
Richard Buckminster Fuller（1895 ～ 1983）
アメリカの建築家・数学者。ドーム建築のほか様々な発明を行い、「20世紀のダ＝ヴィンチ」と呼ばれた。「宇宙船地球号」という概念を提唱した、思想家・哲学者でもある。

けたのです。この発見は衝撃的で、学会でこの報告がなされたとたん、聞いていた学者は同じ実験を試すために一斉に大学に飛んで帰ってしまい、席ががら空きになってしまったというエピソードが残っています。こうして世界中でフラーレンの大量生産が始まり、現在まで続くフラーレンフィーバーの幕が上がったのでした(ちなみにこのアーク放電でできていたのはフラーレンだけではなく、カーボンナノチューブというもう一つのノーベル賞級の大発見が潜んでいました。詳しくは168ページ)。

大量の素材が得られて一挙に研究が進むと、C_{60}はただ美しいだけでなく、実に面白い性質を持つことが次々に明らかになっていきました。1991年には、フラーレンにカリウムなどの金属を混ぜたもの(ドーピングといいます)が低温で超伝導性を示すことが明らかになりました。これはフラーレン分子が規則的に並んだ隙間にカリウムイオンが取り込まれたものです。超伝導は電気抵抗が全くゼロになる現象で、この性質を示す有機化合物はほとんど例がありません。

前述したようにフラーレンは中空の球ですから、表面だけでなく中に原子を閉じこめることも可能です(図4・2)。この場合は後から大きな原子を中にねじ込むことはできませんので、ボールを作る途中で原子を封じ込めなければなりません。具体的にはフラーレンの原料であるグラファイトの粉に

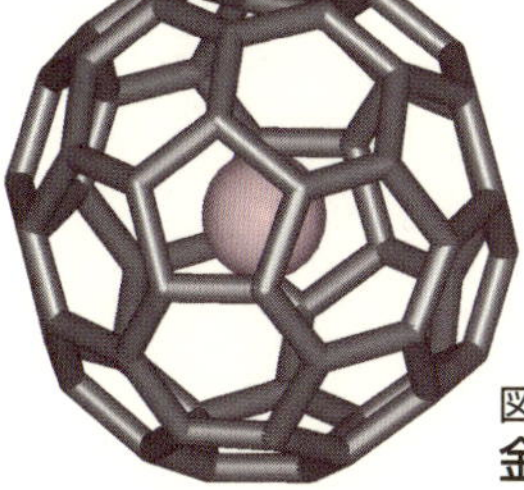

図4.2
金属内包フラーレン($M@C_{60}$)

金属を混ぜ込んでおき、一緒にレーザーを当てて蒸発させる方法がとられます。

内包される原子は金属がほとんどですが、最近窒素を閉じこめたフラーレンや、多数の原子を閉じ込めたフラーレンなども得られています（口絵❹ページ）。

フラーレンがエイズに効く？

驚いたことに、フラーレンがエイズに効くのではないかという話まであります。エイズウイルスは増殖のためＨＩＶプロテアーゼと呼ばれる酵素を作りますが、フラーレンはその酵素に空いている丸い穴にぴったりとはまり込み、酵素の働きを止めてしまうというものです（図４・３）。現在カナダのシーシクスティ社がフラーレン誘導体の開発を進め、すでに臨床試験に入っています。

これ以外にもフラーレンは抗酸化作用、ラジカル消去などの作用を示すため、すでに化粧品などにも配合されています。硬く均一な球状分子であるため「分子ボールベアリング」ともなり、ボーリングの球、ゴル

図 4.3
HIV プロテアーゼに入り込んだフラーレン分子。
右は全原子表示、左は模式図

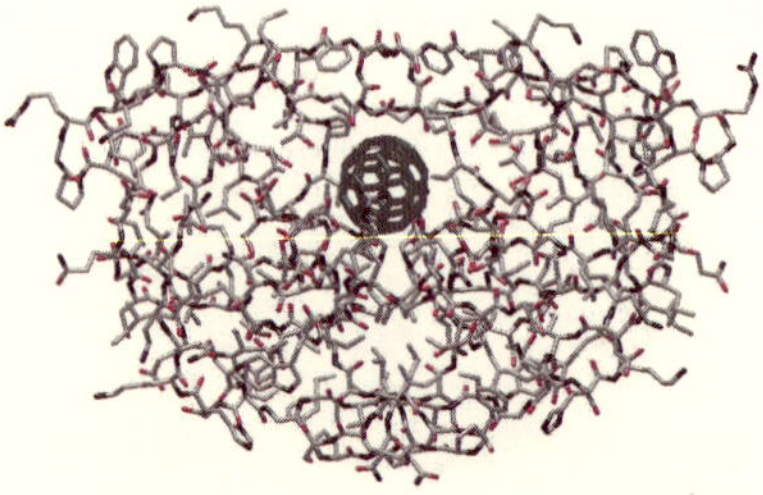

フクラブ、メガネフレーム、テニスラケット、エアコンオイルなどにも使用されるようになっています。またDNAを細胞内に持ち込む「運び手」として用いる研究なども進められており、医薬の素材としても大きな可能性を秘めています。こうしたフラーレンの発見者クロトー、スモーリー、カールらに、1996年のノーベル化学賞が与えられたのは当然の成りゆきといえるでしょう。

後日談

偉大な発見がしばしばそうであるように、C_{60}発見物語にもいくつかの後日談がありました。例えばなんとクロトー教授らの発見より15年も前に、C_{60}分子の存在を予言していた日本人がいました。豊橋技術科学大（当時）の大澤映二教授がその人です。大澤教授は当時（1970年）合成されたばかりの**コランニュレン**（図4・4）の構造に興味を持ち、理論計算を行っていました。ある日大澤教授はこれがサッカーボールの表面模様の一部であることに気づき、ならばC_{60}も安定に存在できるのではないかと考えたのです。この理論計算の結果は日本語の雑誌・単行本に載せられただけでしたので残念ながら欧米の科学者には知られることはなく、15年後のフラーレン「再発見」に至るまで陽の目を見ないままでした。

図 4.4
コランニュレン

またアメリカのチャップマン教授も1981年ころ独立にこの構造を思いつき、有機化学的な手法による全合成を試みていたということです。似たようなことを考える人というのは世界中にいるもので、真にオリジナルな着想というものがいかに難しいかを痛感させられるエピソードです。

フラーレン類の研究は世界中で進められていますが、肝心の「レーザーやアーク放電でいったんバラバラになった炭素が、なぜこうも見事な多面体の形にまとまるのか?」という疑問は依然として謎のままです。これは例えば「プラモデルの部品をまとめて壁に投げつけてみたら、偶然パーツがうまく噛み合って、完成した車の形になって床に落ちた」というようなもので、本来極めて不思議なことです。

このようにフラーレンの科学は大きな可能性を秘めつつ、いまだ未解明の部分もたくさん残っています。人類が有史以来つき合ってきた元素である炭素が、こんな思いもよらぬ形態、思いもよらぬ謎を隠し持っていたというのはまさに驚くべきことです。この世で最も対称性が高い見事な構造の裏に、いったいどのような興味深い世界が隠されているのか、フラーレンの科学はこれからもまだまだ研究者たちの興味を引きつけて離しそうにありません。

4-2 フラーレンの変身

フラーレンの様々なかたち

フラーレンの面白さは、物理的には極めて安定でありながら、化学的には様々な反応を受け付け、興味深い分子を作り出しうる点にもあります。

例えば京大の小松紘一名誉教授のグループは、C_{60}とシアン化カリウム（いわゆる青酸カリ）と粉砕用鉄球を鋼鉄のカプセルに入れて、毎分3500回の高速振動を与えるという実験を行いました。彼らはこれによりフラーレンにシアノ基（-C≡N）が結合した化合物ができると考えて実験を行ったのですが、予想しなかったことにサッカーボール同士が2つくっついたC_{120}という全く新しい分子が生成したのです（口絵❸ページ）。この分子はそのビジュアル的なインパクトから、これまでにいくつもの雑誌や書籍の表紙を飾っています。

ロシアのチームはフッ素をフラーレンに作用させて、ユニークな化合物を次々と作り出しています。上下に押しつぶされたような形の$C_{60}F_{20}$は、フラーレンの「赤道」にあたる部分に20個のフッ素がベルト状にくっついた化合物です。彼らはこの化合物

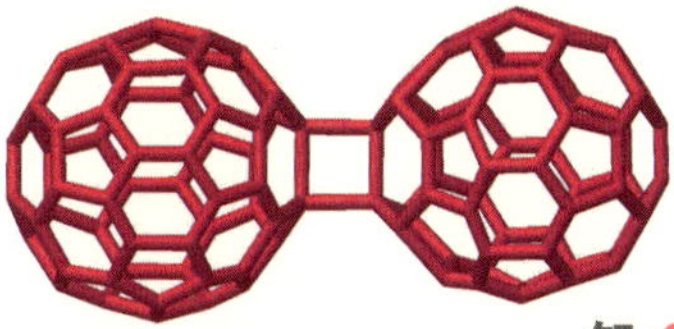

●C_{120}
その形からバッキーダンベルと呼ばれる分子。ダンベルを加熱すると中央の結合が切れて、もとの2つのボールに戻る。
⇒口絵❸ページへ

に「サターネン」というあだ名をつけました。もちろんこの分子を土星（Saturn）に見立てての命名です（口絵❸ページ）。

同じチームから、フッ素が20個ではなく18個くっついた化合物（$C_{60}F_{18}$）も報告されています（口絵❸ページ）。見てのとおり、こちらもフッ素が帯状に集中しています。これはフッ素が1つつくとそこに電子的な「ひずみ」が発生し、それをきっかけとして次々とフッ素原子が周辺を攻撃してくるためと考えられます。テフロンなど有機フッ素化合物は摩擦が小さい（つるつる滑る）ものが多いため、こうした研究は優秀な潤滑剤の開発に結びつくかもしれません。

しかしこの分子、なんともユーモラスなかたちをしています。この化合物にも「サターネン」式のあだ名をつけるとしたら、「ジェリーフィッシェン」（Jellyfishは英語で「クラゲ」）とでも名づけるところでしょうか？

さらに最近（2004年）、フッ素ではなく塩素を30個化合させたフラーレン（$C_{60}Cl_{30}$）が同じチームから報告されています。土星型、クラゲ型に続き、今度はドラム型になるそうです。フラーレンはただ丸いだけかと思いきや、次から次へと愉快な変身を見せてくれるものです（口絵❸ページ）。

京大の小松教授のチームはフラーレンに3段階の化学反応を施し、十三員環という

●$C_{60}F_{18}$
あだ名をつけるとしたら、ジェリーフィッシェン？
⇒口絵❸ページへ

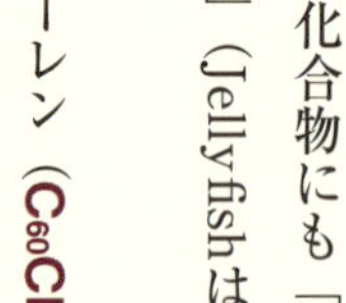

●$C_{60}F_{20}$
あだ名はサターネン。　⇒口絵❸ページへ

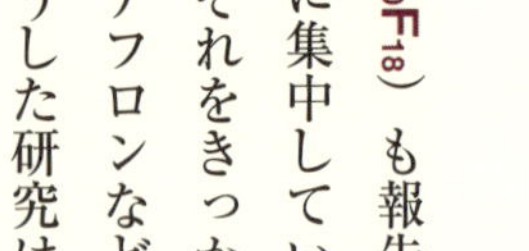

大きな穴を開けることに成功しています。この穴は水素分子など小さな分子を通過させるのに十分な大きさで、圧力をかければ100パーセント水素を取り込みます。彼らはさらに4段階の化学変換により、中に水素分子を取り込んだままフラーレン骨格を再生することに成功しました。直径わずか100億分の7ミリメートルのフラーレンに穴を開け、中にものを詰め、再び閉じるという芸当を実現したわけで、これは人類史上最も精密な細工物と言えるかも知れません。小松教授はこれを「**分子手術**」と名づけていますが、なるほど実感のこもったネーミングです（口絵❺ページ）。

超分子化学の世界

フラーレンを素材とした超分子化学の分野も発展の一途をたどっています。超分子化学という言葉の正確な定義はかなり難しいのですが、まあ筆者流に噛み砕いて言ってしまえば「いくつかの分子やイオンが組み合わさることによって発揮される、1つの分子では見られないような面白い機能を研究する分野」ということになります。

例えば大阪大学の小田らはフラーレンを取り込む環状分子**ナノリング**を作っています。さらに大きな環をかぶせた二重ナノリング錯体も合成されており、まるで太陽系の模型を思わせる美しい構造です（口絵❹ページ）。

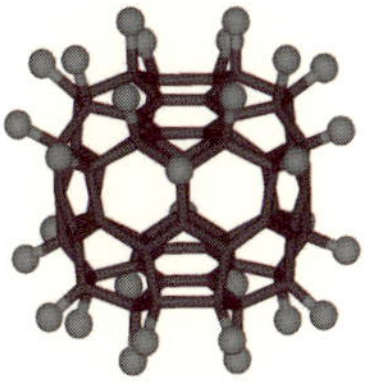

●$C_{60}Cl_{30}$
ドラム型のフラーレン。
⇒口絵❸ページへ

近年のフラーレン化学をリードする一人に、東京大学の中村栄一教授がいます。最近彼らは銅触媒をうまく使うと、フラーレン骨格上に5つの置換基を輪のように導入できることを発見しました。これを手がかりに、非常に面白い研究が展開されています。

例えばフラーレン骨格にベンゼン環を5枚導入した図4・5のような分子は、5つのフェニル基（黒）に囲まれた五員環部分（赤）がマイナスの電荷を持つため水に溶けやすく、下半分は油に溶けやすい（水となじまない）という相反した性質を併せ持ちます。これは細胞膜の構成成分である脂肪酸などと同じ特徴です。

実はこの化合物も脂肪酸と同じく、フラーレンの底同士を合わせた二重膜となってお互いがびっしりと寄り集まり、直径34ナノメートルの中空の球を形成することがわかっています。こうした事実は以前には全く予期されていなかった事柄であり、その性質と合わせて大きな注目を集めました。1万2700分子が集まってできる**フラーレンベシクル**のCGは壮観そのもので、多くの学会誌の表紙を飾っています（口絵❻ページ）。

導入する置換基をフェニル基からビフェニル基（ベンゼンが2つつながったもの）あるいは長い炭素鎖に変えると、また全く違った世界が開けます。この分子ではビフェニルの傘の中に次のフラーレンが次々とはまり込み、ちょうどバドミントンのシャト

●ナノリング
二重のナノリングに取り囲まれたフラーレン
⇒口絵❹ページへ

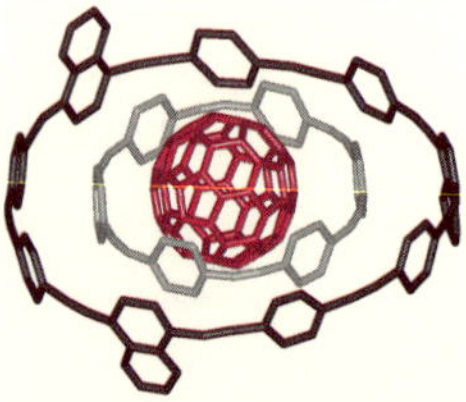

ルコックを積み重ねたような格好になるのです（口絵❻ページ）。

この分子は液晶としての性質を示します。普通の液体では分子があちこち好き勝手な方向を向いて動き回っていますが、特殊な形の分子の場合には液体でありながらある程度分子の方向が揃い、結晶に近い性質を示すことがあります。これがいわゆる「液晶」です。最近はディスプレイもすっかり液晶タイプが主流になっていますが、これは電場によって液晶の並び方を制御し、背後の光を遮ることによって画像を表示するという原理によっています。

液晶になる分子は柱状のもの、円盤形のものなどが知られていましたが、こうした円錐形の分子が積み重なったタイプのものはこれが初めてです。それにしても一つの反応を突破口に次々と新しい世界を切り開いてみせる中村教授の手腕には、いつものことながら驚かされます。


そろそろフラーレンに関する話題も切れてきたかな、と思っているとまたひょっこりと新しい一面が顔をのぞかせる。フラーレンというやつは分子の世界の千両役者だなとつくづく感じさせられます。

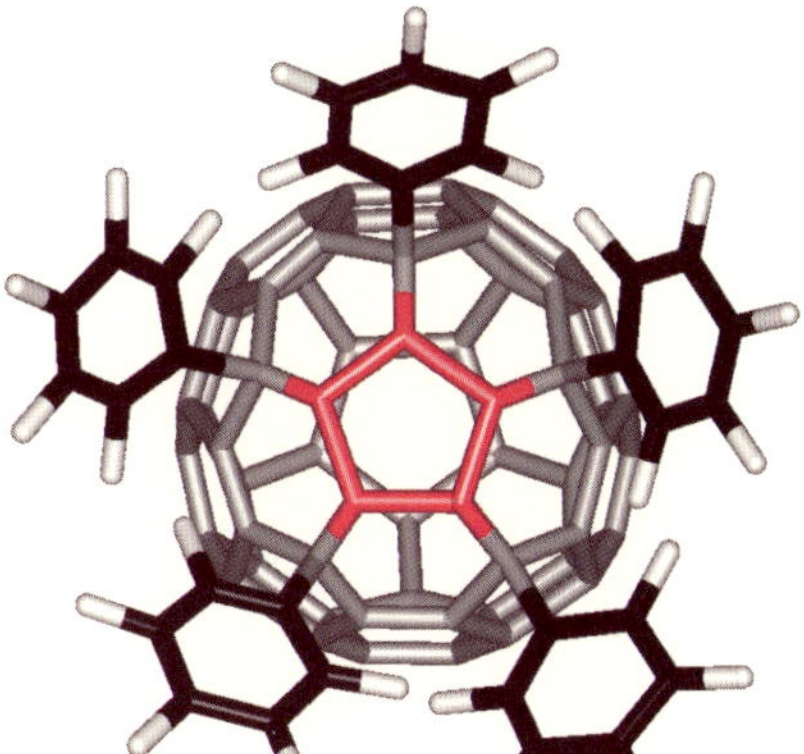
図 4.5
ペンタフェニルフラーレン

4-3 世界を変えるか、驚異の新素材カーボンナノチューブ

鋼鉄の数十倍の強さを持ち、いくら曲げても折れないほどしなやかで、薬品や高熱にも耐え、銀よりも電気を、ダイヤモンドよりも熱をよく伝える。コンピュータを今より数百倍高性能にし、エネルギー問題を解決する可能性まで秘めている……。そんな材料があると聞いたら、みなさんは信じられるでしょうか？　その夢の新素材は日本で、ついでに言えば筆者の住むつくば市で発見されました。

夢の新素材誕生

1990年のC_{60}の大量合成法発見により、90年代初頭の科学界はフラーレンブームに沸き返っていました。前述したようにこの方法は、炭素電極をアーク放電によって蒸発させると、陽極側にたまった「すす」にC_{60}が大量に含まれているというものです。こうして各国の研究所がフル稼動でフラーレンを生産しようと躍起になっていたころ、世界でたった一人だけ「陰極側」のすすを観察していた人物がいました。NEC基礎研究所の飯島澄男主席研究員（現在名城大教授兼任）がその人です。

●アーク放電
離して置いた電極間に高電圧をかけることにより、電子が放出されて電流が流れる現象。電流の通り道が弧状に見えることからこの名がある。溶接や照明などに利用される。

博士がフラーレンを観察しようと陰極にたまったすすを電子顕微鏡にかけてみたところ、球状のフラーレンとは全く違う、からみ合った細長いチューブ状のものがたくさん観察されました。驚異の新素材**カーボンナノチューブ**が人類の前に初めて姿を現わした瞬間でした。

当初カーボンナノチューブは「フラーレンのちょっと変わった親戚」くらいに考えられていましたが、1996年にスモーリー教授（フラーレンの発見者の一人、ノーベル賞受賞者）が大量合成法を発見したのをきっかけに爆発的に研究が進み、今ではフラーレン類さえもしのぐほど大きな注目を集める存在となっています。

ナノチューブの秘密

炭素の最も普通の形態である**グラファイト**（鉛筆の芯に含まれる）は、蜂の巣状の平面的なシートが積み重なったものです。それに対してカーボンナノチューブは、このグラファイトのシートがチューブ状に丸まったものです（図4・6）。当初発見されたナノチューブは大小のチューブが入れ子のように数層重なったものでしたが、やがて1層だけのものも合成できるようになりました。ナノチューブの太さはその名の通りナノメートル（10億分の1メートル）オーダーで、長さはその数千倍に達します。

ベンゼン環などの六角形を作る炭素（専門的にはsp^2炭素といいます）同士の結合は、ありとあらゆる原子結合の中でも最も強いといわれます。カーボンナノチューブは全体がこの最強の結合でできていますから、極めて曲げや引っぱりに強く、かつ多くの薬品とも反応せず非常に安定なのです。またナノチューブは、このsp^2炭素のおかげで電子材料としても非常に優れた特性を持っています。ナノチューブはなんと電気をよく通す良導体にも、また半導体にもなりうるのです。

先に、ナノチューブは六角形の蜂の巣状のシートを丸めたような形態といいましたが、この丸め方も端と端をまっすぐくっつける丸め方と、上下のずれた、らせん状にねじれたような丸め方とが考えられます。このねじれ具合とチューブの径の太さによって、そのナノチューブが

図4.6
グラファイトとカーボンナノチューブ

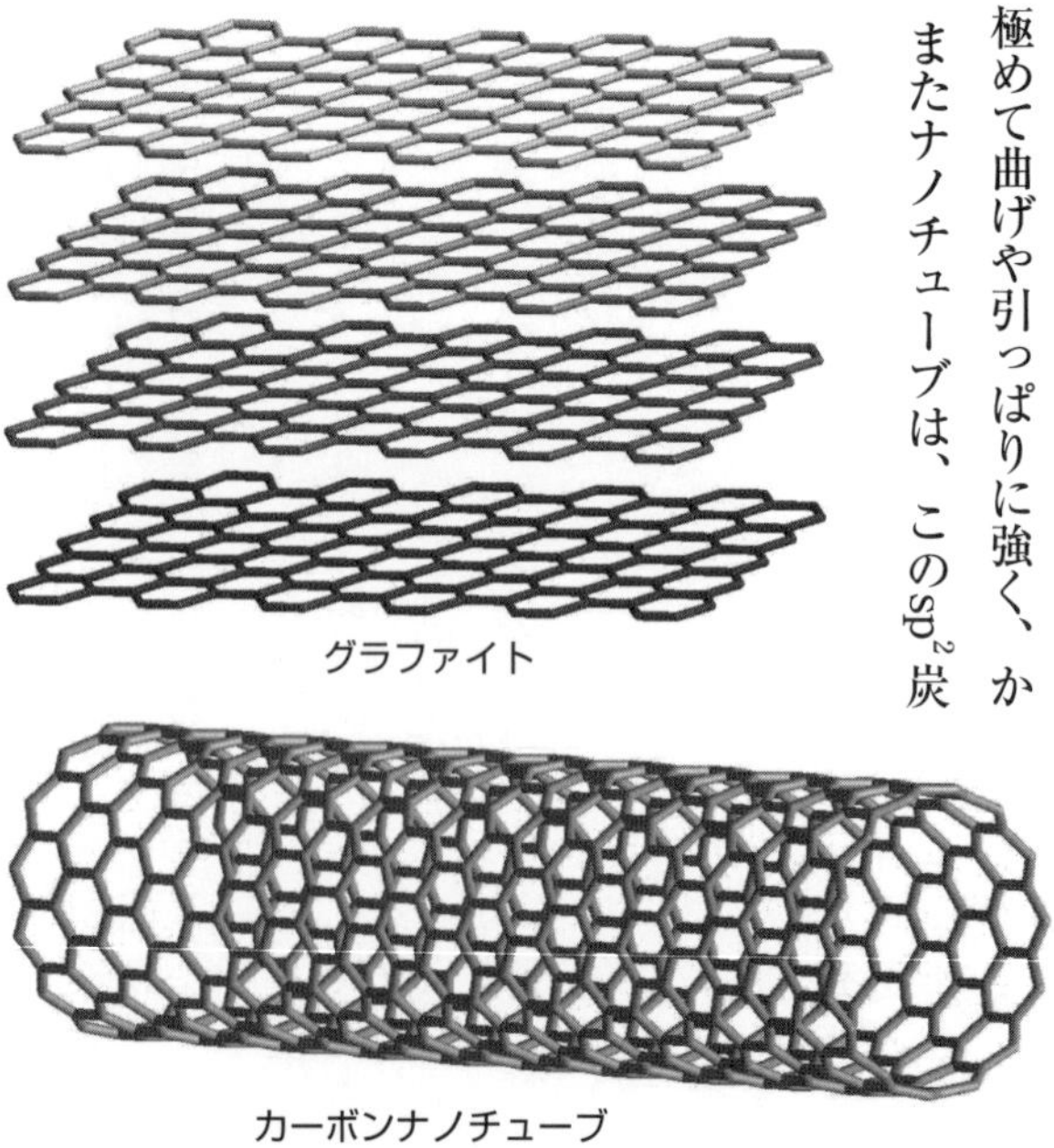

半導体になるか良導体になるかが決まります（図4・7）。

半導体のナノチューブは後述するようにコンピュータの素子として大きな可能性が考えられますし、良導体の方も金属の電線などを上回る性質が期待されます。例えば、一般的な銅線では1平方センチあたり100万アンペアほどの電流を流すと焼き切れてしまいますが、安定かつ丈夫なナノチューブは10億アンペアを流すことができます。こうしたことから、「人類は今後何万年かかっても、カーボンナノチューブ以上の素材を作り出すことはできないだろう」と言う人までいるほどです。

史上最も強靭な繊維

こうした素晴らしいナノチューブの特性を生かし、驚くほどたくさんの応用が考えられ、いくつかはすでに実用化に向けて動き出しています。

まずナノチューブはとてつもなく丈夫な素材ですので、これを編み込むことができれば素晴らしく頑丈な繊維ができあがるはずです。欠陥のないナノチューブだけでロープを作ることができれば、直径1センチで1200トンを吊り上げられる計算になるそうで、今までのどんな材料

図 4.7
ねじれ構造のカーボンナノチューブと、その内部

と比べてもその強靱さはまさにケタ外れです。すでにナノチューブを使用したテニスラケットやゴルフクラブが発売されているほか、車のバンパーにもナノチューブが配合されたものがあるということです。建築や特殊材料の分野でも、近い将来に応用製品が続々と出現しそうです。

将来的に期待される分野として、ナノチューブの宇宙開発への応用があります。現在宇宙へ飛び立つには毎回ロケットを打ち上げなければならないわけですが、これは莫大なエネルギーを消費する上、燃料として有害な物質を放出するため環境汚染にもつながります。そこで宇宙までケーブルを伸ばし、そこを伝って荷物や人間を上げ下ろしする「軌道エレベータ」というアイディアが考えられているのです。あまりに奇想天外な話のようですが、実現すればこれが一番経済的かつ環境にも優しい宇宙旅行になりえます。

ただこれはケーブルに使う材質に非常な強度が求められるため、理論的には面白くとも実現は不可能と思われていました。しかしここにきて極めて軽く丈夫なカーボンナノチューブという素材が登場し、にわかに軌道エレベータという発想が現実味を帯びてきたわけです。今のところこれほどの長さで欠陥のないナノチューブを作ることには成功していませんし、技術的な問題点は山積していますが、非常に将来に夢を持たせてくれる話ではあります。

電子材料として

またカーボンナノチューブは、電子材料としても大きな期待を受けています。先ほど述べたとおり、カーボンナノチューブは電気の良導体にも半導体にもなりえます。このうち半導体がコンピュータの新たな素材として注目を集めているのです。

現在のコンピュータはご存知のとおりシリコンのチップでできており、これはケイ素の純粋な結晶の上に極めて微細な配線を作り出したものです。ところがこのシリコンチップの高密度化は、あと数年のうちに「原理的にこれ以上は詰め込めない」という限界に達することがわかっています。コンピュータ技術の進展が頭打ちになってしまえば、パソコンや携帯電話など、現代経済を支える市場が大きなダメージを受けることは想像に難くありません。

そこに登場するのがカーボンナノチューブです。シリコンチップでは配線の細さの理論的限界は50~100ナノメートルですが、ナノチューブは1ナノメートル程度ですからはるかに高密度の配線が可能になります。しかもナノチューブによるコンピュータは現在のものよりずっと低電力で、かつ1000倍以上高速(1テラヘルツ以上）でも正確に動作すると考えられています。技術的課題はまだ多いのですが、2010年頃にはナノチューブトランジスタが実用化できるのではないかと見られています。

ナノサイズの空洞の中で

ナノチューブはその名前のとおり「筒」ですから、この中に何かを詰め込むことも可能です。ナノチューブの端はふつう閉じていますが、うまく条件を選んでやると、端の方から「燃えて」口の開いたナノチューブが得られます。ここに他の物を毛細管現象によって吸い込ませるわけです。

例えばナノチューブは同じ炭素でできた親戚筋の化合物、フラーレンを取り込むことがわかっています（口絵❼ページ）。電子顕微鏡写真で見ると、チューブの中にびっしりと粒状のフラーレンが取り込まれており、まさに壮観です。さらにこの「peapod」（豆のサヤ）を加熱すると隣同士のフラーレンがつながり合い、中でナノチューブに化けてしまうこともわかりました。二重のチューブを選択的に作り出す方法は初めてで、これも面白い応用が期待できそうです。

この他にもナノチューブ内部に閉じ込められた物質は、いろいろと変わった振る舞いをすることが次々と確認されています。2007年には前出の東大・中村教授が、ナノチューブ内に閉じ込めた一分子の有機化合物を電子顕微鏡で観察し、分子がうごめく様子を直接捉えることに初めて成功しています。技術的応用だけでなく、純粋な学問分野においてもナノチューブのもたらしたインパクトは絶大なのです（口絵❼ページ）。

エネルギー問題とナノチューブ

エネルギーの問題は現代の人類が抱える最大の問題の一つです。石油などの化石燃料はいずれ底をつくうえ、大気汚染の原因になる窒素・硫黄酸化物、温室効果の元になる二酸化炭素を排出します。水力・原子力などのエネルギーも、それぞれ問題を抱えていることはみなさんもご存知のとおりです。

ではこれらに代わるべきエネルギー源には何があるのでしょうか？

現在大いに有力視されているエネルギー源の一つに**メタン**（CH_4）があります（図4・8）。メタンは石油に比べて二酸化炭素を出す割合が約半分ほどであり、**メタンハイドレート**（図4・9）として日本近海の海底に

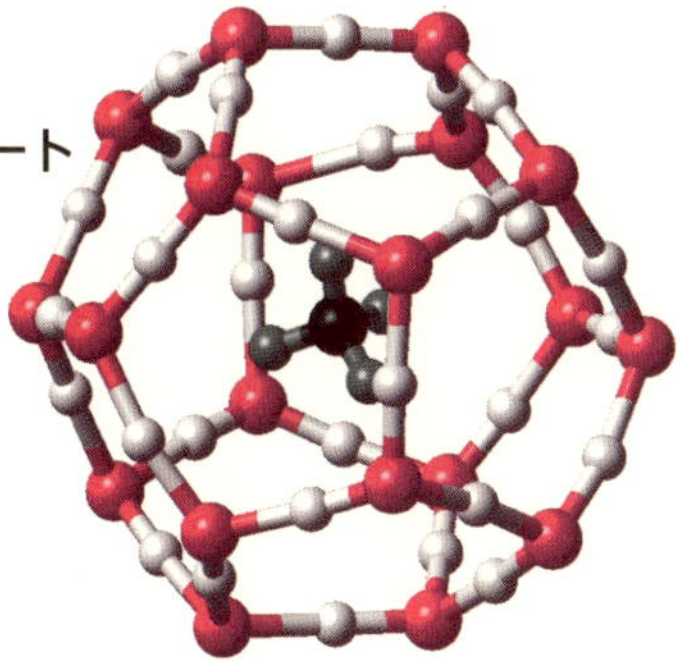

図 4.9
メタンハイドレート

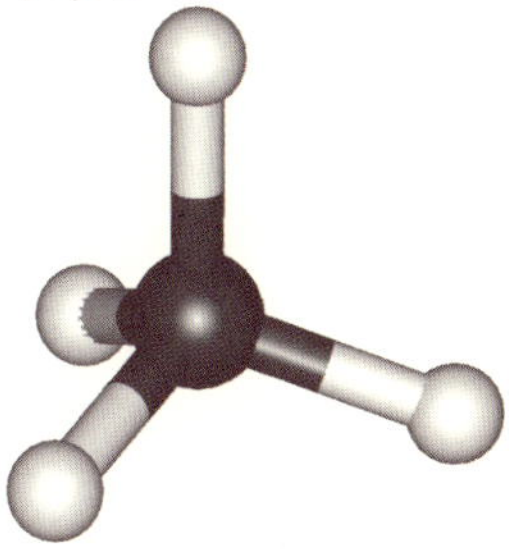

図 4.8
メタン

も大量に埋蔵されていることが確認されています。しかしメタンが今のところ大規模に実用化されていないのは、ひとつには貯蔵が難しいという弱点があるからです。ボンベに詰めれば数十分の一の体積に縮みますが、重い上に爆発などの危険もあるので、車の燃料などとしては問題があるのです。

そこで先程から述べているナノチューブが「内部にものを吸い込む」という性質を生かし、これをガスの貯蔵庫として使おうという研究が進められているのです。特にナノチューブの親戚筋に当たる**カーボンナノホーン**が（口絵❶ページ）メタンを効率よく吸着することがわかり、現在検討が進められています。

カーボンナノホーンはナノチューブと同じく炭素の六角形を基本にできていますが、円筒形ではなく円錐形にとがった形をしています。電子顕微鏡で見るとナノホーンは先端を中心に向けて寄り集まっており、ウニのような姿に見えます。ナノホーンを用いた燃料電池もすでに試作されており、未来のノートパソコンや自動車は、ナノホーンによって動くようになるかもしれません。ナノホーンはナノチューブに比べて量産がしやすく、精製も簡単なのであるいは実用化にはこちらの方が早い可能性があります。

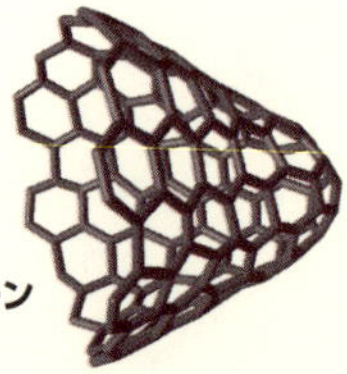

●カーボンナノホーン
⇒口絵❶ページへ

●メタンハイドレート
深海の高圧下で、メタン分子が水分子の作るかご状の空間に閉じ込められたもの。シャーベットに似た外見。日本近海に大量に埋蔵されていると見られるため、次世代エネルギーとして期待されている。

カーボンナノチューブの、まさに夢のような可能性を述べてきました。しかし実用化への最大のネックはその価格で、今のところ1グラムが500〜1000ドルします。純金ですら1グラム10ドル前後ですから、これがいかに高いかわかるでしょう。しかしナノチューブの元はありふれた元素である炭素ですから、合成法が改良されればコストは大幅に下がることが予想されます。優れた合成法の特許は巨万の富をもたらすことが確実ですから、今後も世界中が少しでも効率のよい方法を求めて激しくしのぎを削ることになりそうです。

カーボンナノチューブの発見者である飯島澄男博士、先駆的な研究を続けてきた信州大学の遠藤守信教授は、近い将来のノーベル賞が有力と言われています。日本の科学界は応用ばかりで基礎が弱いと言う人が多くいますが、このような素晴らしい基礎研究もあることは知っておいていただきたいと思います。

ナノメートルスケールの物質を扱う「ナノテクノロジー」という分野は日本の得意とするジャンルであり、「21世紀日本の復活の切り札」とまでいわれます。この分野のまさに旗手といえるカーボンナノチューブの科学が、これからどのように育ち、世界を変えて行くことになるのか、非常に注目に値する分野であるといえるでしょう。

4-4 ナノカー発進！

自在に駆け回るナノサイズの車

ナノプシャン（「1-5 ナノ世界の小人たち」を参照）を世に送り出したツアー教授の新作は、4つのフラーレンをタイヤとして自在に駆け回るナノサイズの車、名付けて**ナノカー**です。

ナノカーの「シャシー」はベンゼン環と三重結合をベースに組み立てられており、変形しにくい剛直な造りです。車軸は曲がりはしませんが自由に回転できますから、フラーレンの車輪が転がってあたりを走り回るにはぴったりの構造です（口絵⑮ページ）。

ナノカーのサイズは髪の毛の2万分の1ほどでしかありませんが、実際に金箔表面を走る様子も電子顕微鏡で観察されています。探針でナノカーを直接動かすことにも成功しており、横には動きにくいが縦にはスムーズに動くといいますから、表面を滑っているのではなくちゃんとタイヤが回って走っているという証拠と考えられます。また電場をかけることによって方向を変えることなども可能といいますから、単に形だけの模倣にとどまらない立派な「車」といえるでしょう。

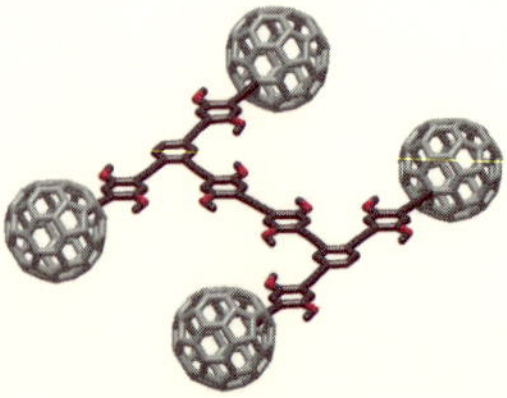

●ナノカー
フラーレンをタイヤとして走り回るナノカー。
⇒口絵⑮ページへ

よく見るとナノカーとナノプシャンはいずれもベンゼン環と三重結合をベースにした骨格であり、構造的にも共通点があります。あるいはナノプシャンの合成は、ナノカー合成に向けた「習作」という意味合いもあったのでしょうか。

そしてさらに1年後、ナノカーにニューモデルが発表されました。なんと光のエネルギーを受けて自走する**モーター付きナノカー**です。

新しく組み込まれたモーターはオランダのフェリンガ教授らによって開発されたもので、回転軸となるのは中心にある二重結合部分です（図4・10）。二重結合というのはふつう回転できないのですが、光を当てると結合の1本が切れ、自由に回転できるようになります。普通の分子ではどちら向きにでも回ることができ、回転方向を制御することができませんが、フェリンガ教授の設計したこの分子ではメチル基の引っかかりにより一方向にのみにしか回転できないようになっています（実際の理屈はもう少し複雑ですが）。

ツアー教授らはこの分子モーターをシャシーに組み込み、ナノカーの推進力として用いることを考えました。光を当てると、図（口絵⑮ページ）の黄緑色部分がくるくると回り、地面（?·）を引っかいてマシンを矢印の向きに前進させるという仕掛けです。以前のナノカーではタイヤ部分にはフラーレンが用いられていましたが、フ

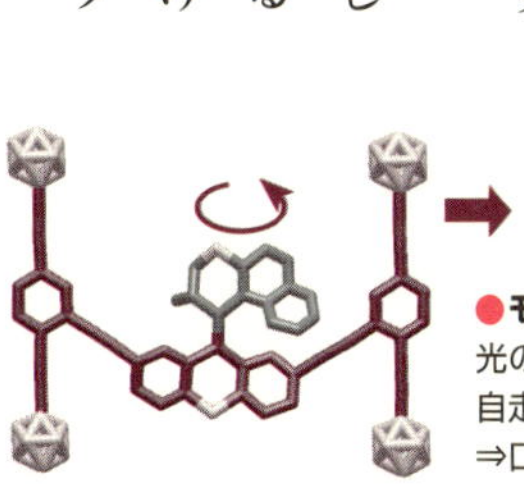

●モーター付きナノカー
光のエネルギーを受けて自走する。
⇒口絵⑮ページへ

図4.10
フェリンガのモーター

ラーレンはせっかくの光エネルギーを吸収してしまうので、今回は炭素とホウ素でできた**カルボラン**（図の黄色部分）という構造を用いているということです。

それにしてもツアー教授の発想のユニークさ、分子設計の巧妙さには毎度のことながら舌を巻きます。すでにツアー教授はさらに頑丈な車体を持つ**ナノトラック**（口絵⓯ページ）、その場で回転できる**ナノ旋回機**なども開発しています。この他新しい設計のナノカーを、分子模型をいじりながら考えてみるだけでも非常に楽しいテーマといえそうです。

さらなる進化、例えばアクセル、ブレーキ、ギア、荷物の積み下ろし機能などをつけるにはどうすればいいか？　特定の場所に必要な分子を送り届ける「ナノ宅配便」、様々な設計のナノカーがスピードを競う「ナノＦ１」は実現するか？　など、論文の図を眺めるだけでもいくらでも楽しいアイディアが湧いてきます。この楽しみこそが、新しい「モノ」を作り出せる化学というジャンルに許された、他の分野にない大きな特権なのではないだろうかと筆者は思っています。

（注：この項目のナノカーはいずれも、実際には溶媒への溶解度を稼ぐために長いアルキル鎖がたくさんついているのですが、見やすさのために省略しております）

●ナノトラック
⇒口絵⓯ページへ

4-5 分子の知恵の輪・カテナン

2つの環がまるで鎖か知恵の輪のように絡み合った**カテナン**と呼ばれる分子があります。「catena」はラテン語で「鎖」の意味ですから、まさにぴったりのネーミングといえるでしょう。しかしこんな不思議な分子を、いったいどうやって作ったのでしょうか？（図4・11）

史上初のカテナン

ハリー＝ワッサーマン教授が史上初めてカテナンを合成したのはもう半世紀ほども前、1960年のことです。彼らの試した方法はごく単純なもので、大きな環と長い糸状の分子を溶液中で混ぜて、糸の両端をつなぐ反応を行うというものです。ほとんどの糸はただの環になりますが、ごくわずかの糸はあらかじめ環をくぐった状態で環化し、絡み合った環を作るだろうというものです（図4・12）。とはいえ偶然に頼ったこの方法は当然問題外に効率が悪く、収率はわずか0・0001パーセントほどでした。この量では普通のフラスコで反応を行っていたのでは追いつ

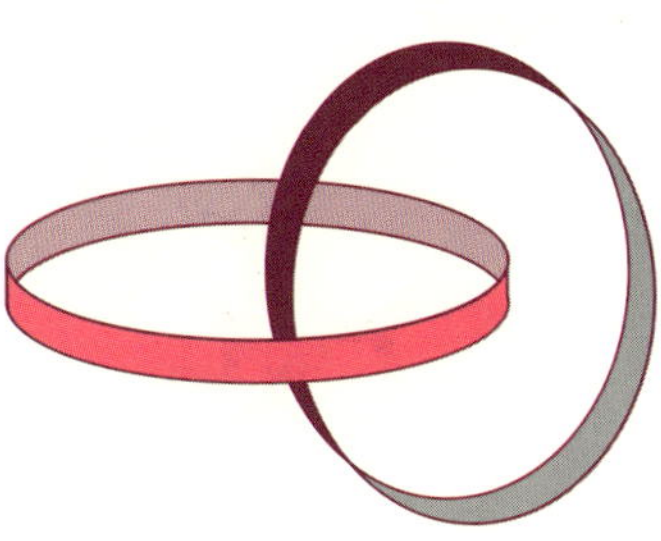

図 4.11
カテナンの模式図

かないので、風呂の浴槽で反応を行ったというエピソードが残っています。

テンプレート合成

この効率を飛躍的に上げることに成功したのはフランスのソバージュ教授です。彼は窒素原子を含む化合物が金属に結合する（配位）性質を利用することを考えました。例えば2分子の**フェナントロリン**は銅原子に配位し、フェナントロリン同士がお互い垂直に交わるような配置をとります（図4・13）。ソバージュ教授らは、この銅原子を鋳型（テンプレート）に使うことを考えたのでした。

フェナントロリンにさらにフェノール環を2つ取り付けたような分子を作ります。このフェノールの酸素は環を作るための「取っ手」になります。この化合物に銅を加えると、上述の場合と同じように2つのフェナントロリンは互いに噛み合うような形をとります。この配置を取ったところでゆっくりと酸素原

図 4.12
ワッサーマンのトライアル

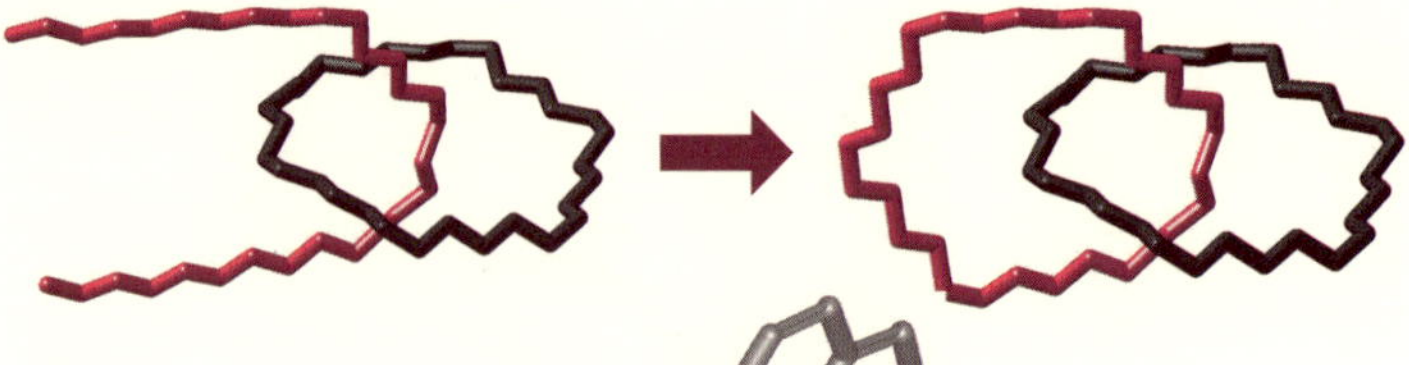

図 4.13
フェナントロリン－銅錯体

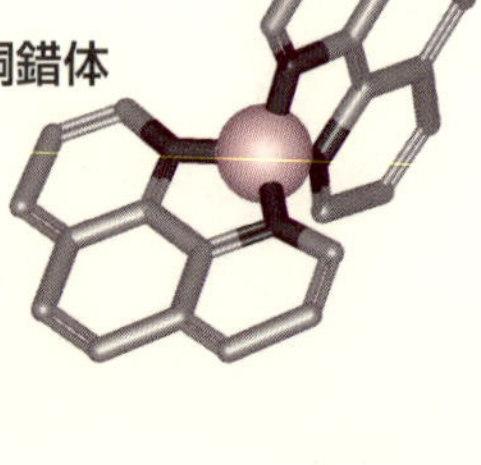

子同士を長い鎖でつないでやれば、2つの環が絡まった構造ができあがるわけです。最後にテンプレートとなった銅原子を外してやって、カテナンが完成します。コロンブスの卵のようですが、なるほどうまい手を考えたものです。しかしこの「テンプレート合成」（複雑な構造を作るため、金属イオンなどをアシストとして用いる手法）は超分子化学の分野において大きな威力を発揮し、今ではすっかりスタンダードな方法となっています。

アメリカのストダート教授はπスタッキングという力を使い、やはり非常に効率的なカテナン合成を達成しています。1994年にはなんと5つの絡み合う環を作ることにも成功しました。この分子はオリンピックのマークにちなんで**オリンピアーダン**と名づけられています（口絵㉘ページ）。

自己組織化によるカテナン合成

最近この分野で次々に大きな成果を上げているのが藤田誠教授です。藤田教授は窒素を含んだ様々な分子を合成し、これを金属

図4.14
ソバージュのカテナン合成

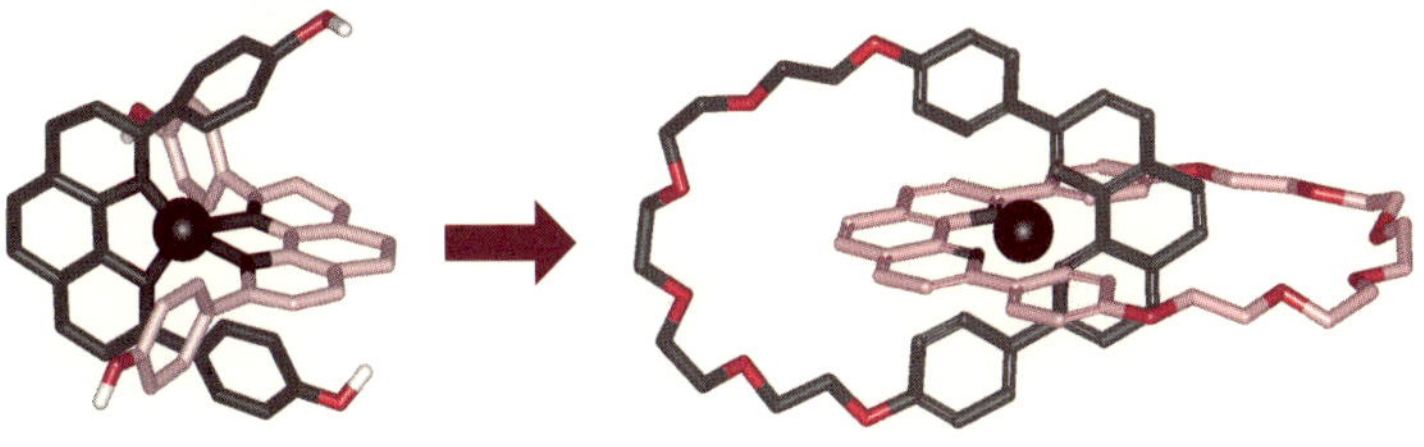

●藤田誠
ふじた まこと（1957～） 東京大学工学部教授。金属の錯化合物形成を利用した自己組織化分子の研究で著名。日本人化学者で最も論文が多く引用されている研究者であり、この分野の牽引者の一人。

●πスタッキング
ベンゼンなどπ電子を持つ芳香環が、積み重なるような形でお互いに引き合う力。DNAの二重らせん、タンパク質、液晶化合物などの構造の形成に関わっている。

に配位結合させて機能性錯体を作る研究を進めていました。図4・15の例はその一つで、これによって大きな環の形をした錯体を作る予定でした。

しかしできてきたものを調べてみると、どうも予想されたものとは違っていました。驚いたことに、それは2つの環が噛み合ったカテナンだったのです（図4・16）。「自然は真空を嫌う」というアリストテレスの言葉どおり、大きな環は中が空洞でいるより、何か適当な大きさの分子を取り込みたがる傾向があります。この性質によりまず1つの環が部品を取り込み、さらにそれがもう一つの環を作ってカテナンが自動的に形成されるものと考えられます。

この反応の収率は90パーセントにも上ります。かつて苦労して0・00001パーセントしかできなかったものが、単に部品を混ぜるだけでほとんどがカテナンになるわけで、まさしく長足の進歩と言えるでしょう。藤田教授は他にも複雑で興味深いカテナン構造をたくさん作り出しており、この分野に大きな

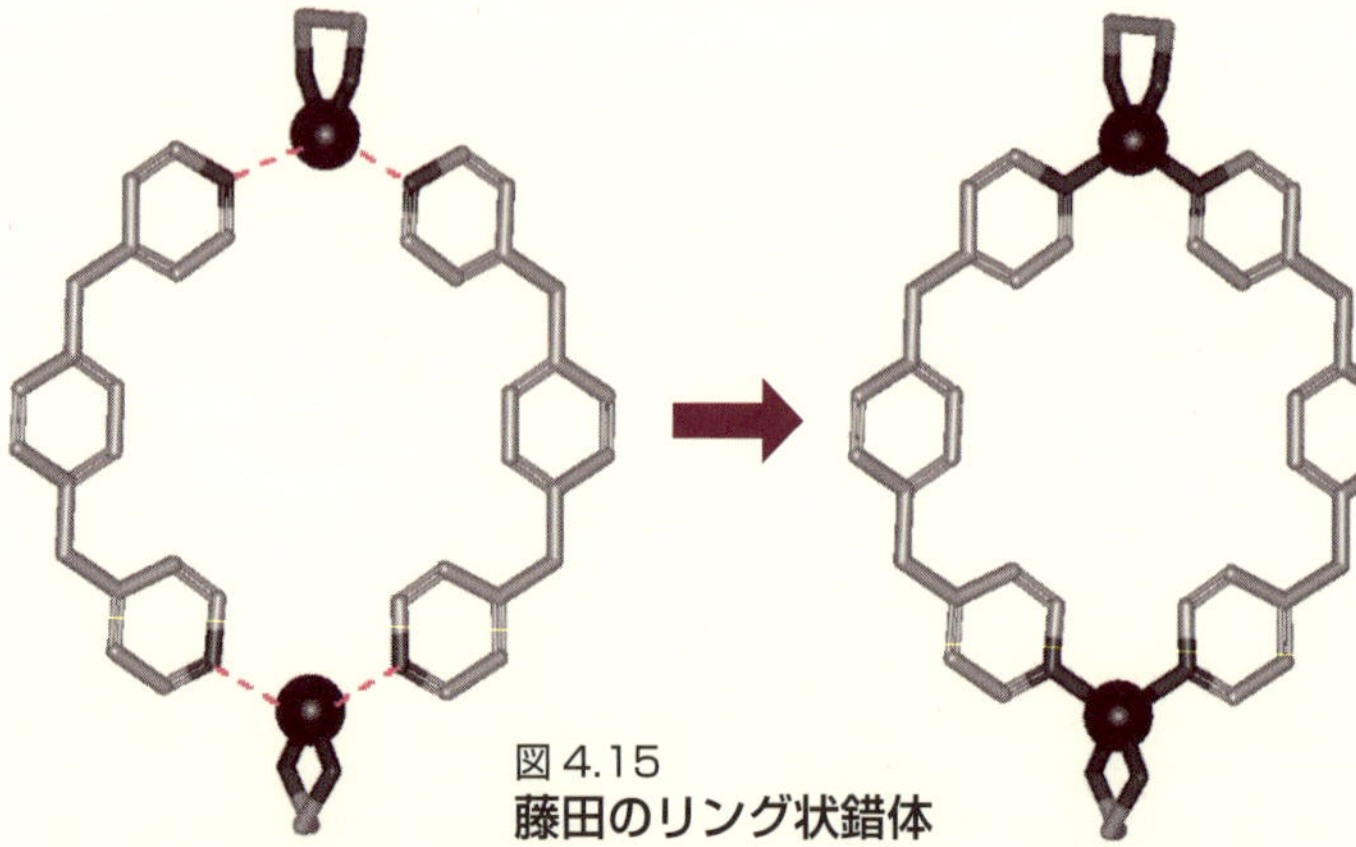

図 4.15
藤田のリング状錯体

貢献をしています。

この実験のように、簡単なパーツが寄り集まって自然に複雑なシステムを作り上げる現象を「自己組織化」といいます。自己組織化をうまく使えれば非常に複雑な系をわずかな手間で構築することが可能になるため、現在各方面から非常に大きな注目を集めている分野です。

ナノ世界の妙技

この現象を利用した、さらに複雑なカテナンの合成も行われています。2004年に実現した、ストダート教授らによる**分子ボロミアンリング**がその代表的なものです（図4・17）。ボロミアンリングとは中世イタリアの名家ボロメオ家の紋章であったことからつけられた名で、日本の家紋にも「三つ輪違いの紋」と呼ばれる同様なデザインが存在しています。ボロミアンリングの3つの輪はからみ合って決して外れないのに、どれか1つの輪を切ってしまうと残り2つも分離してしまうという面白い特徴があります。

図 4.17
ボロミアンリング概念図

図 4.16
カテナン錯体

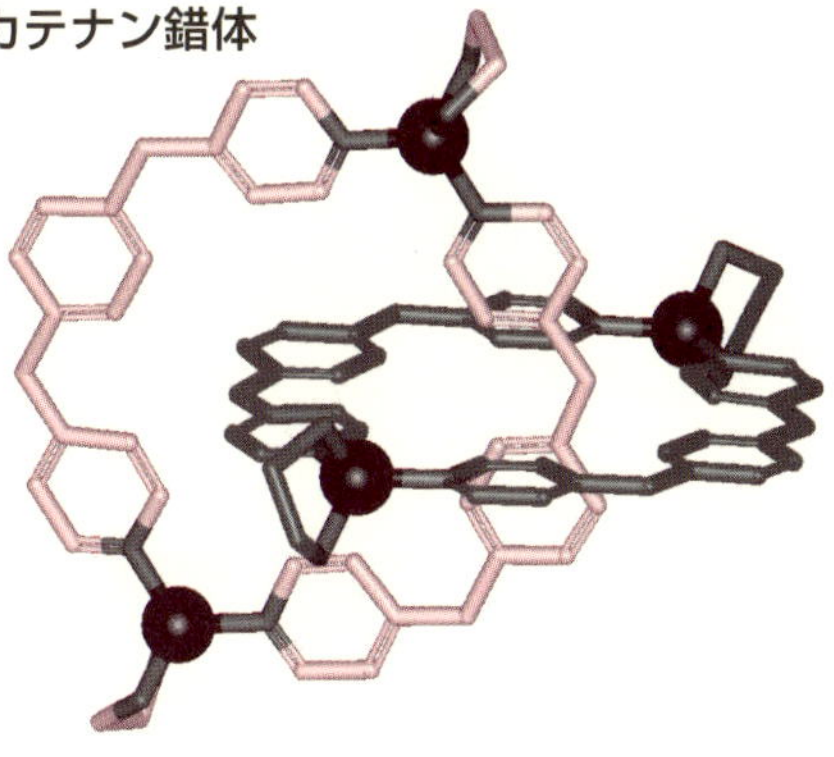

ストダート教授は巧妙に設計された12のパーツを6つの金属イオンで制御し、見事からみ合った分子ボロミアンリングを作り出して見せました。まさにナノ世界の妙技です（口絵㉘ページ）。また最近では用いる金属イオンを変えることにより、同じパーツから「ソロモンの結び目」と呼ばれるリングを作ることもできることを示しています。

近年の超分子化学の進展、メタセシスなど優秀な反応の登場により、さらに複雑なトポロジーを持つカテナンの合成も可能になっています。いくつか例を挙げたので、口絵㉘〜㉙ページにてご鑑賞下さい。

メビウス化合物

カテナンの様々な合成法を見てきましたが、可能性としては「メビウスの輪」を利用するもう一つの合成法があり得ます。メビウスの輪はリボンを1回（180度）ひねって両端をつないだ輪のことで、裏表のない図形として有名なものです。さてこのメビウスの輪を、そのリボンの幅を半分にするように切るとどうなるかご存知でしょうか？　普通の輪なら2つの細い輪に切断されてしまうところですが、メビウスの輪の場合中心線から切っても切り離されず、1つの大きな輪になるのです。

図 4.18
2 回ひねりメビウスの輪を中央から切断したところ

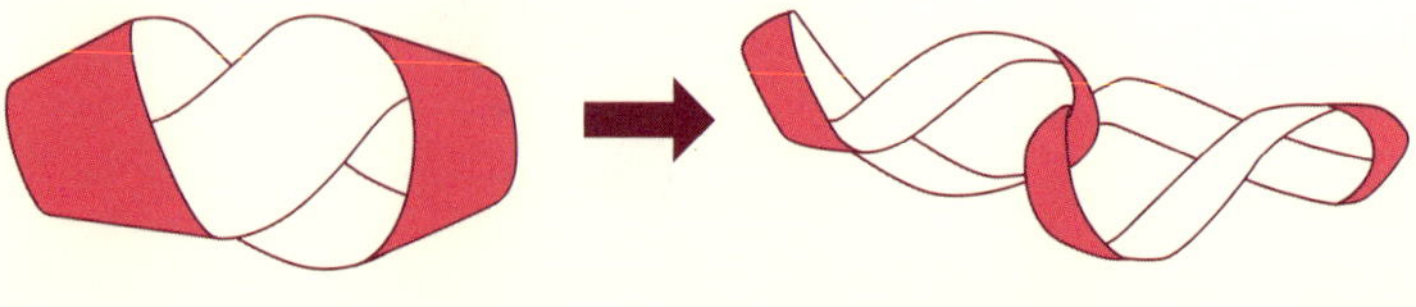

ではこれを2回（360度）ひねりの輪でやってみたらどうなるでしょうか？　なんと2つの絡み合った輪、すなわちカテナンの形になるのです（図4・18）。原理的には同じことが分子でもできるはずです。

実は分子でこれを実現しようという研究もすでに行われています。ただし2回ひねりの輪からカテナンを作ることには成功しておらず、今のところ1回ひねりのメビウスの輪を切って、大きな輪を作ることだけが実現しているそうです。面白いことは面白いですが、なんだか頭がこんがらがりそうな研究です。

カテナンの新しい世界

さてカテナンは確かに面白い分子ですが、これはただの化学者のお遊びというわけではありません。まず単純にカテナン鎖をどんどん伸ばした鎖のようなポリマーを作れれば、非常に丈夫で伸縮性に富んだ繊維になることが期待されます。しかしこれは今のところまだ難しく、筆者の知る限り輪が7つからみ合ったものが最高です。

しかしそれよりもカテナンの「つながってはいないが離れはしない」という性質を利用して、面白い応用が考えられています。からみ合った輪の回転を制御し、**分子モーター**に使おうというものです（図4・19、口絵㉘ページ）。

この「分子モーター」は、カテナンの中に銅イオンが1つ捕らえられた構造です。銅は一価のイオンでは5つ、二価のイオンでは4つの窒素が配位すると安定になります。上の状態のカテナン・銅（Ⅱ）錯体の溶液に電気を通してイオンを一価に還元するとリングがくるりと回転し、下の五配位状態に変化するのです。要するに外界から電気という信号を送ってやることでリングの回転を制御できる、初めての分子モーターであるというわけです。

　近年ではさらにこれを一歩進め、一方向のみに回転できるカテナンの分子モーターなども合成されています（口絵㉚ページ）。このような「分子マシン」の研究は近年非常に進展著しい分野であり、このあたりは次項「ロタキサン」のところでも触れていきます。

図 4.19
分子モーター

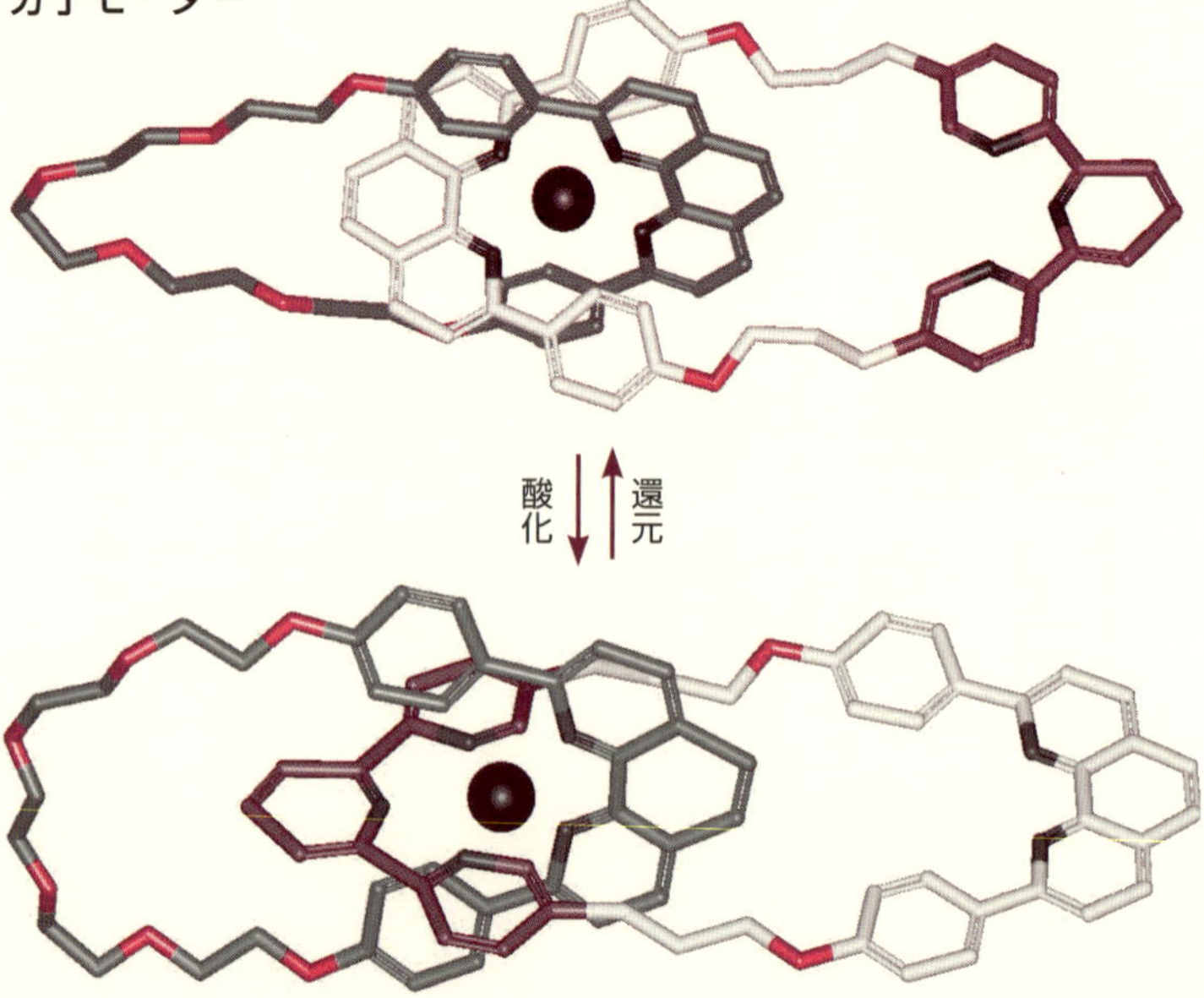

4-6 フラフープ分子・ロタキサン

前項のカテナンに続き、その兄弟分である**ロタキサン**に登場願いましょう。カテナンに負けず劣らず、こちらも現在大いに注目されている化合物群です。

ロタキサンは「2つの分子が、直接つながってはいないが外れもしない」という点でカテナンと共通しています。カテナンは2つの輪がからみ合っていましたが、ロタキサンは輪の中にひも状の分子が通っており、その両端に輪より大きな「ストッパー」がついているためにひもが輪から抜けないという構造です（図4・20）。

ロタキサンの合成

そのロタキサンの合成に初めて成功したのはハリソン教授のグループで、1967年のことです（図4・21）。彼らは当初これをその形から「フープラン」と呼んでいました（ちなみに「ロタキサン（rotaxane）」の語源はギ

図 4.20
ロタキサン模式図

図 4.21
ハリソンらが合成した初のロタキサン

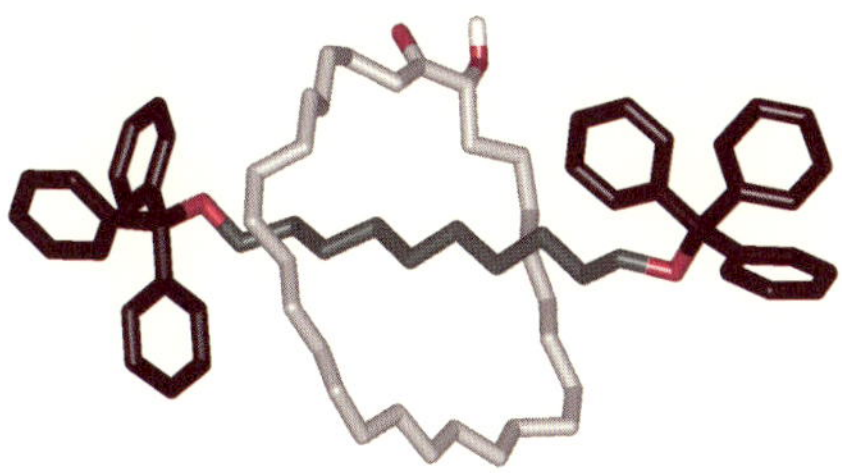

リシャ語の「一輪車」です)。

末端についている風車のようなトリチル基がストッパーの役目を果たしています。

彼らの方法は「輪」と「ひも」と「ストッパー」を混ぜて反応させ、偶然「輪」をくぐったものだけを集めるという単純なものでした。「輪」を不溶性の樹脂に縛りつけて実験を繰り返すといった工夫は行いましたが、70回反応を行って収率は6パーセントと、極めて効率の悪いものでした。

これから13年後、この効率を大いに改善したのはシル教授らのグループです。彼らはアセタール結合とい

図 4.22
シルらのロタキサン合成

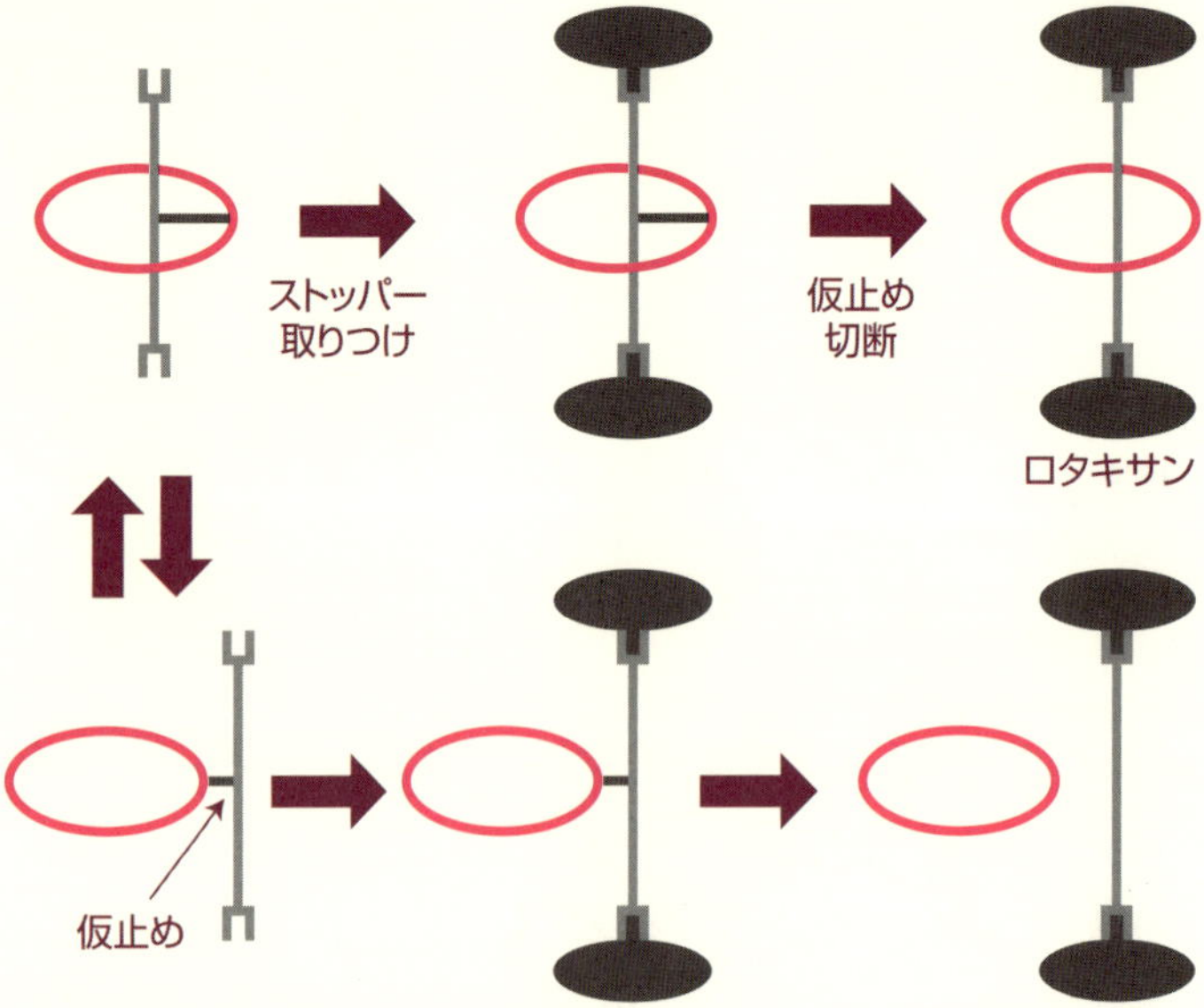

●アセタール
1つの炭素に2つのアルコキシ(RO-)基が結合した構造。酸の作用で簡単にアルコールとカルボニル化合物に分解されるため、分子同士を一時的に結合させておく場合によく用いられる。

う外れやすい結合で、ひもを輪に「仮止め」するというアイディアを考えつきました。

ひもや輪の分子は柔らかくぶらぶらしていますので、仮止めされた分子のうち一部はひもが輪を通り抜けた状態になります。この間にストッパー分子を両端に取りつけてしまい、その上で仮止めを切断してやればロタキサン分子（図4・22上側）の出来上がりというわけです。ひもが輪を通っていない状態の分子（図4・22下側）もできますが、これは仮止めを切るとひもと輪がバラバラに外れますので、簡単にロタキサンと分離することができます。この工夫により、ただ偶然に頼っていたハリソン教授らの場合に比べて数十倍も効率よくロタキサンを合成することが可能になりました。

ロタキサン合成の進化

その後、輪の中に他の分子を取り込みやすい構造について研究が進み、これを利用したロタキサン合成も行われるようになりました。例えば第2章で解説した、クラウンエーテルをリングとして使う方法があります。

十八員環程度の通常のクラウンエーテルはカリウムなどのイ

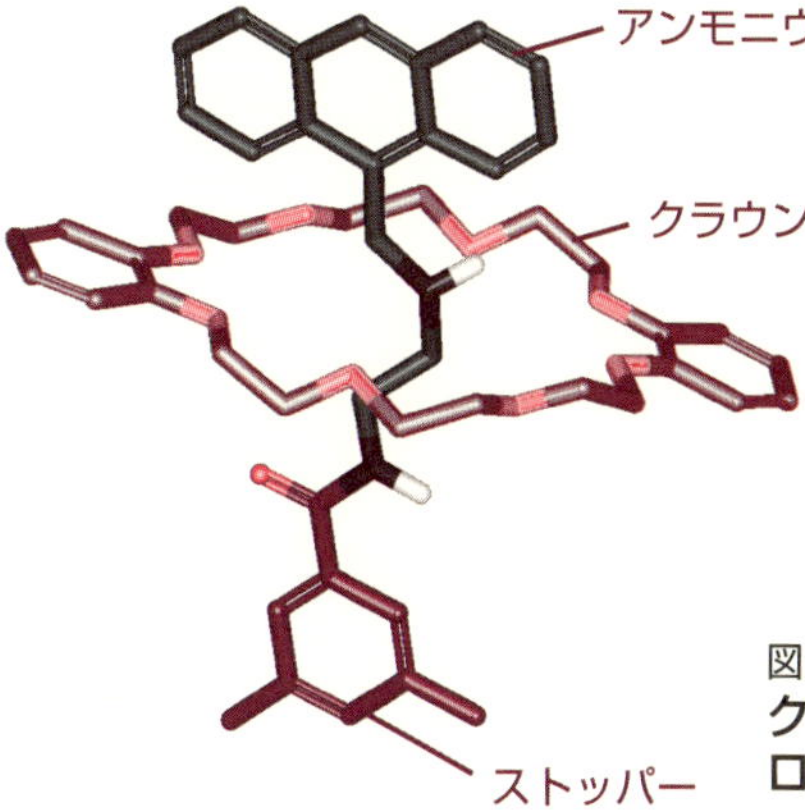

図4.23
クラウンエーテルを利用したロタキサン

オン1つを捕らえる程度ですが、二十四員環など大きなクラウンエーテルではプラス電荷を帯びた窒素化合物（アンモニウムイオン）を捕らえることも可能です。これを利用し、図4・23のように大きな原子団を一方に持つひも状のアンモニウム分子をクラウンエーテルに捕まえさせ、それからゆっくりと反対側にストッパーをつけてやることで、非常に簡単かつ効率的なロタキサン合成が実現しました。

　こうした超分子化学に基づくロタキサン合成で、面白い成果を上げているのが阪大の原田明教授のグループです。彼らが「輪」として主に使っているのは、**シクロデキストリン**と呼ばれる分子です。

　これは身近な分子であるブドウ糖（グルコース）が6~8つ輪につながった構造の化合物で、一方の口が広い、底の抜けた洗面器のような形をしています。この分子もまた中の空洞にいろいろな小分子を取り入れることが知られており、カリックスアレーン、シクロファンと並ぶ超分子化学の主役の一つです（口絵㉖ページ）。

　原田教授らはそのシクロデキストリンとポリエチレングリコール（PEG）という細い糸状分子とを混ぜると、勝手に糸にたくさんの輪が通ってネックレスのような分子ができることを見つけたのです（図4・25）。ここで両端

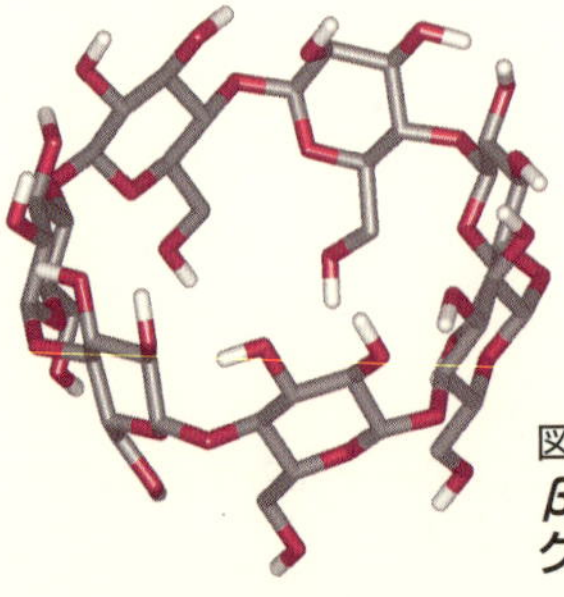

図 4.24
β - シクロデキストリン。グルコースが 7 つ輪につながった構造

にストッパーをつけてしまえば、極めて簡単な**ポリロタキサン**（「ポリ」は「多数」という意味の接頭語）の合成が完了します。水素結合の関係で、シクロデキストリンは上下交互に通った形になります。

さらにこの「分子ネックレス」にエピクロルヒドリンという化合物を作用させると、隣同士のシクロデキストリンを互いにつなぎ合わせることができます。その上でストッパーを外して中のひもを抜くと、グルコースでできた細い筒、いってみれば「シュガーナノチューブ」が簡単にできあがります。最初に使う「ひも」の長さを変えることによって、チューブの長さも制御することができます。

このチューブはカーボンナノチューブと違って水に溶けやすく、柔軟で生体にもなじみがよいなど多くの特長を併せ持ちます。導電性高分子をこのシュガーナノチューブで覆い、ナノレベルの「被覆つき電線」を作るなどという研究も行われており、今後面白い応用が期待できそうです。

見た目に美しく面白いカテナン、ロタキサンですが、その応用範囲は近年さらに拡大しつつあります。次項ではこれらがさらに進化した、「分子マシン」たちをお目にかけましょう。

図 4.25
分子ネックレス模式図。
黒い筒が個々のシクロデキストリンを表す

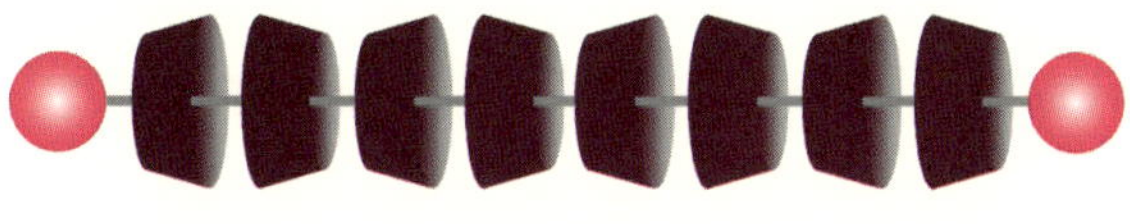

4-7 分子マシンへの挑戦

これまでカテナン、ロタキサンといった、「つながっていないが、外れもしない」分子を紹介してきました。これらは当初化学者の興味から合成された化合物ですが、近年この性質を利用した**分子マシン**の構築が盛んに試みられています。マシンというからにはただ好き勝手に動くのではなく、外からの制御に従って動作することが条件です。ではこのシステムをどう実現するか——。ここではこのジャンルの第一人者、オリンピアーダンや分子ボロミアンリングなど数々のユニークな化合物を世に送り出している、フレイザー＝ストダート教授の研究をご覧いただきましょう。

分子シャトルから分子コンピュータへ

まずカテナン・ロタキサンの合成法をおさらいしておきましょう。といっても原理は単純で、要するに輪の形の分子にひも状の分子を通し、ひもの両端を結び合わせればカテナンに、抜けないように両端にストッパーをつければロタキサンになるわけです。しかし偶然にひもが輪をくぐる確率は非常に低いので、何の工夫もなく実験して

●フレイザー＝ストダート
James Fraser Stoddart（1942～）
イギリス出身、UCLA教授。自己組織化による分子集合体の形成、分子マシンの創製などの研究で知られ、この分野の世界的第一人者である。

いたのではただの輪っかがたくさんできるだけで終わります。そこでいったんひもを輪に「仮止め」しておき、それからゆっくりと両端を結ぶなり、ストッパーを取りつけるなりするという方法が考えられました。ストダート教授はこの「仮止め」に、プラスとマイナスの電気が引き合う力を利用することを考えたのです。

　ロタキサンの「輪」として彼らが使ったのは、**パラコート**と呼ばれる分子を2つ輪につないだものです（図4・26）。

　さてこのリングの4つの窒素原子はそれぞれプラスの電荷を持っており、輪の大きさも適当ですので、内部にマイナス電荷を取り込みやすい構造です。これを利用してまず図4・27のようなロタキサンが合成されました。

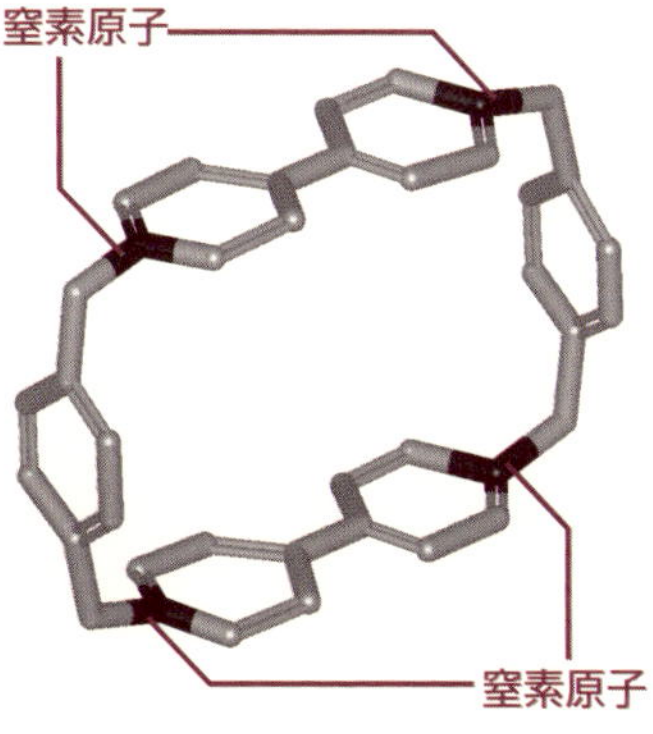

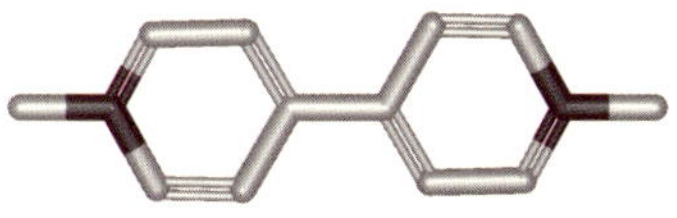

図 4.26
パラコート（右）とそれを輪につないだもの（左）。プラスの電荷を持つ

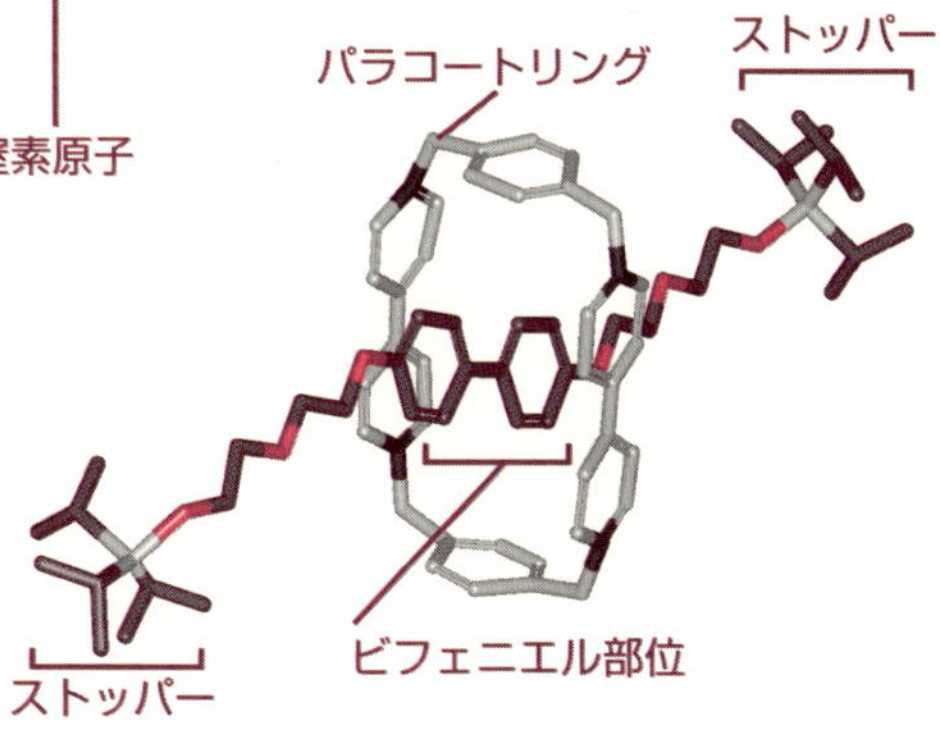

図 4.27
パラコートのリングを利用し合成されたロタキサン

プラスの電荷を持つ輪（パラコートリング）が、電子（マイナス電荷）をたくさん持つビフェニル部位を捕まえることによって「輪」に「糸」が通りますので、その後で両端にストッパーを取りつければ糸が抜けなくなるという仕掛けです。

これだけでも面白い成果ですが、ストダート教授はここからさらに一歩を進めました。プラスとマイナスの電荷の切り替えができる「糸」を使えば、電気の反発力と吸引力によって「輪」を動かすことができると考えたのです。

それを実現したのが図4・28です。このロタキサンには「糸」にあたる紫の分子に、2カ所のビフェニルユニットが含まれています。左のビフェニル部分には窒素が直結しており、塩基性（アルカリ性）の状態では強くマイナスの電荷を帯びていますが、酸性になると水素イオンがくっつき、プラスの電荷を帯びることになります。つまりパラコートのリングは、塩基性の状態ではプラスとマイナスで引きつけ合って左に、酸性ではプラスとプラスではじかれて右に移動するというこ

図 4.28
pH で制御できる「分子シャトル」

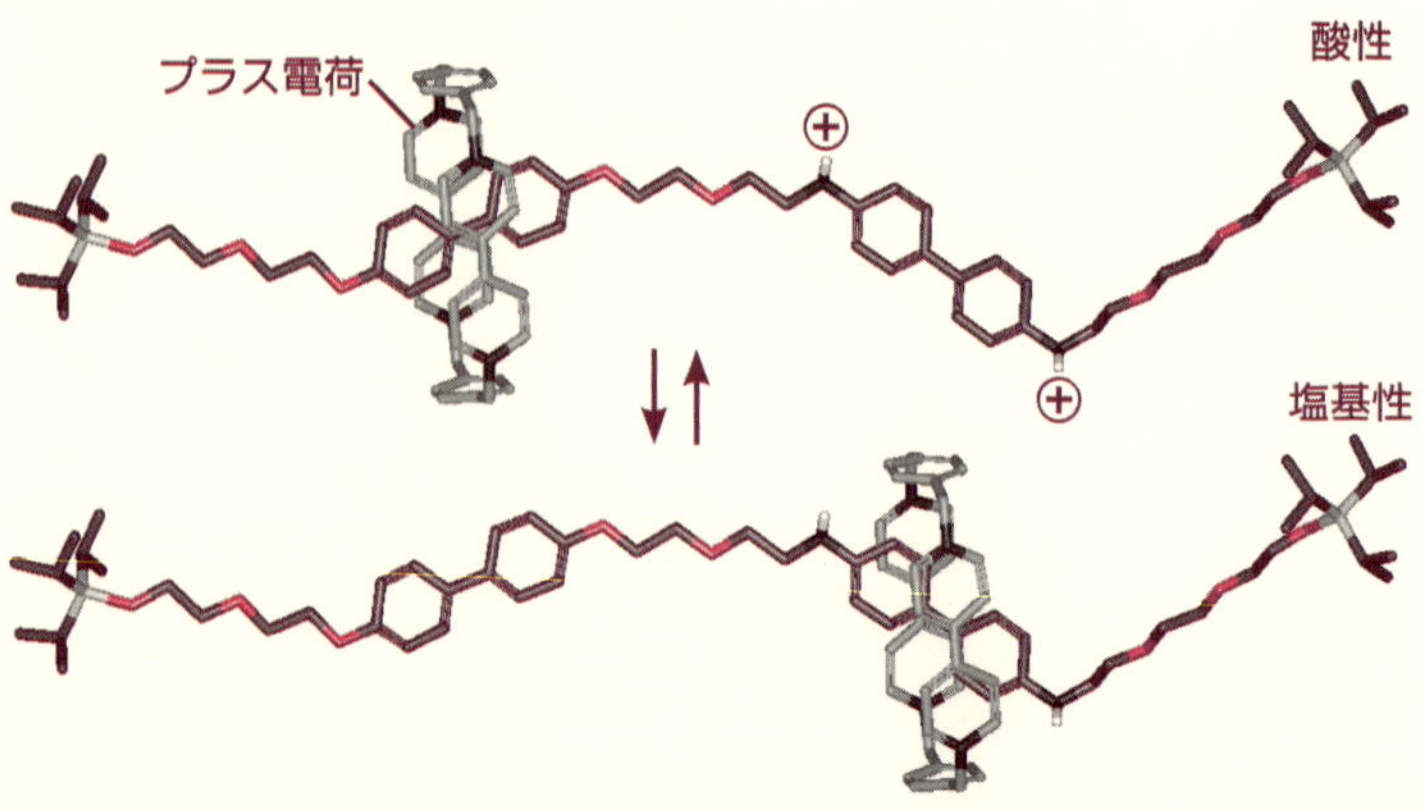

とになります。

この化合物は、外からの制御によってリングを左右往復させることができるので**分子シャトル**と呼ばれます。この他にも電気化学的な制御により高速で移動する分子機械が発表されています。

この動きはちょっとそろばんの珠を連想させますが、実はこれを応用してそろばんではなく「分子コンピュータ」を作ろうという研究がなされています。現在のシリコンチップに基づいたコンピュータはあと数年で小型化の限界に行き当たることがわかっていますが、分子コンピュータは（原理的には）シリコンよりはるかに高密度に回路を詰め込むことができるため、各社が競って研究を行っています。まだまだ分子コンピュータは実用化にはほど遠い段階ですが、ロタキサンのリングを忙しく往復させながら計算を行うコンピュータを想像するとちょっと愉快になります。

ストダート教授の最新作は**分子エレベーター**です（口絵㉙ページ）。クラウンエーテル環を3つ持った大がかりな分子（紫）が、酸・塩基の切り替えで上下する仕掛けです。また分子エレベーターの脚の部分は、輪が上がった状態ではぶらぶらと開いていますが、下がると3本がキュッと引き締められ、間に小分子を挟み込むようになります。これを利用して酸・塩基の切り替えでものをつまんだり離したりできる「分子ピンセット」などもできそうで、面白い応用が期待できそうです。

天然の分子マシン

実は天然にもロタキサン構造を持つ「分子マシン」は存在しています。**DNAポリメラーゼ**という酵素がそれで、生命活動に不可欠なDNAの複製を担当する酵素です（図4・29）。DNAポリメラーゼは長いひも状のDNAの周りを包むようにして捕まえ、端に一つひとつ核酸塩基を取りつけてDNA鎖を伸ばしていくという作業を行います。

DNAポリメラーゼは単に鎖をつなげていくだけでなく、鎖を移動しながらコピーミスがないかを自らチェックし、ミスを発見するとそこを切断して正しい塩基に取り替えるという恐ろしいほどの精密な動作をやってのけます。コピーミスを犯す確率は10億分の1ほどで、数多い酵素の中でも最も精確なものとして知られています。もちろん人間が造る機械にも、これほどの精度を持つものは存在しません。逃がさないようにDNA鎖を取り囲み、全方位的にきっちりと認識するその形状こそが、

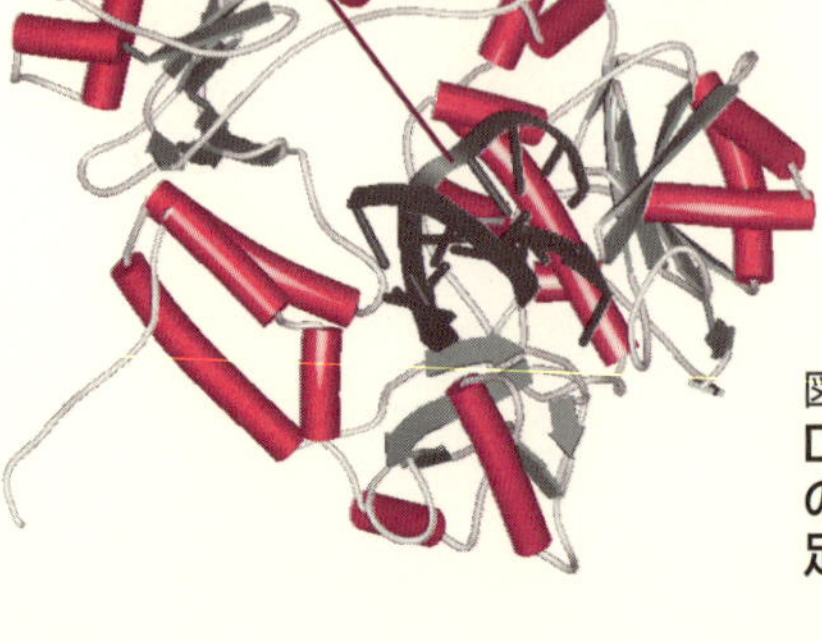

図4.29
DNAポリメラーゼ。1本鎖のDNAに相補的な鎖を継ぎ足し、二重らせんを作る

その精確な動作の源といえるでしょう。

さて、最近この酵素の働きをヒントにした人工の分子マシンがオランダのノルテ教授らによって発表されました。今までの外部からの制御で動くようなタイプとは違い、外の「リング」が中の「ひも」を効率よく化学反応させるという分子です。

彼らがモチーフとしたのは**マンガンポルフィリン錯体**という分子です（図4・30）。中央のマンガン原子に酸素がついていますが、ここに炭素-炭素の二重結合を持った分子が近づいてくるとこちらに酸素を受け渡し、エポキシドと呼ばれる三員環の化合物を作るのです。

彼らはこのポルフィリンに大きな覆いをつけた、大きなドーム状の分子を合成しました（口絵㉙ページ）。ここに「ポリブタジエン」（紫色）という、二重結合をたくさん持った「ひも」を通してやると、分子マシンはひもの上を移動しながら二重結合を次々に酸化していくのです。「ひも」が逃げられないよう捕まえていますので、「覆い」のないただのポルフィリンの場合に比べ、数十倍も効率よ

図 4.30
マンガン（Ⅲ）ポルフィリン錯体によるエポキシ化反応

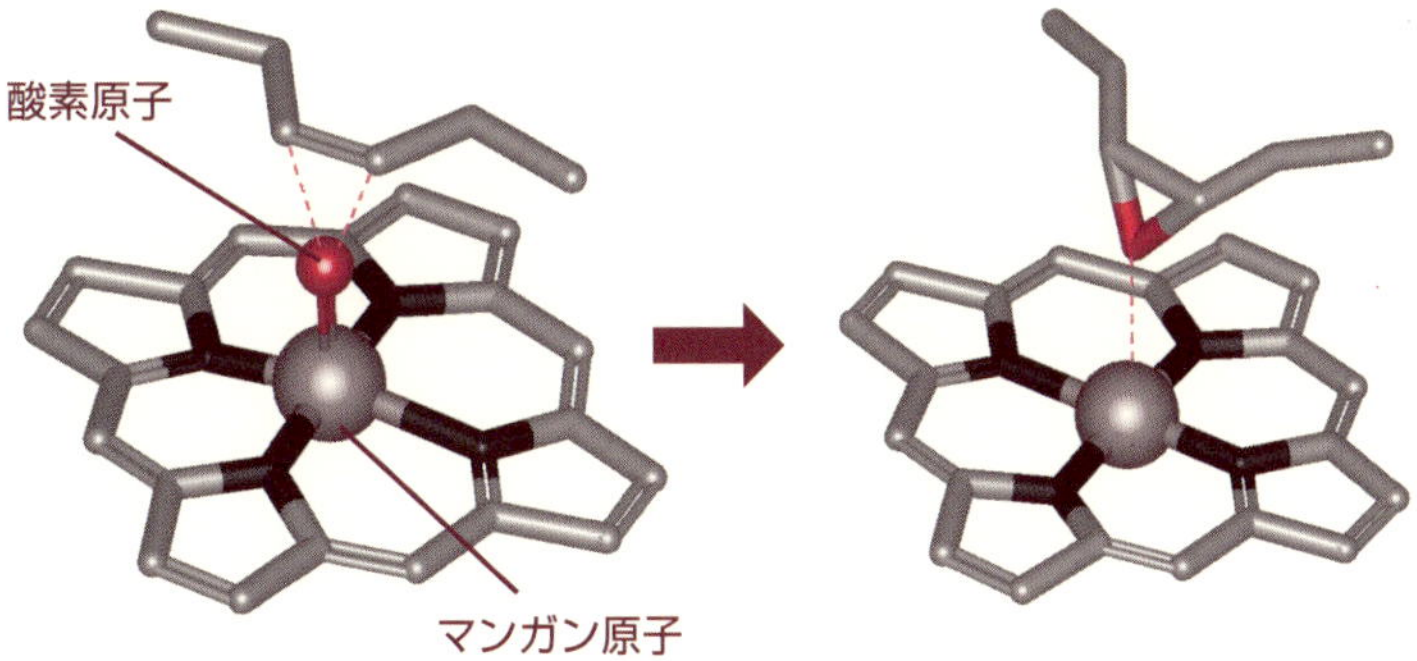

く反応が進行します。
こうしたアイディアはこれまでも出されていましたが、現実に高効率のマシンを作って見せたのはこれが初めてです。今後、精密な機能を持つ触媒の設計に、重要な示唆を与える実験といえそうです。

いくつかロタキサンを基本とした分子マシンを紹介してきました。とはいえ見ての通り分子マシンは「機械」としてはまだまだ基本段階、スイッチや歯車のような基本部品がようやく作られた程度でしかありません。天然の分子マシン・DNAポリメラーゼの恐るべき精密さと比べれば、人工の分子マシンはようやく石器時代を脱した程度のところなのかもしれません。

とはいえこうした研究は現在最も進展が著しく、まさに科学のフロンティアといえる領域です。人類はこの先何年で、酵素と肩を並べる分子マシンを作り出せるか――。おそらく化学だけでなく、分子生物学やタンパク工学など多くのジャンルの科学者との共同研究、違う考え方の融合による刺激が不可欠なのではないでしょうか。精密かつ超コンパクトな機械の実現はいつの日になるか、楽しみに待ちつつ本書を締めくくることとしましょう。

COLUMN 4

博士の愛した構造式

17世紀の大数学者ピエール＝ド＝フェルマーには、自分の本の余白にちょっとした書き込みをしておく癖がありました。彼の死後、息子のラファエルは父の蔵書の欄外に、「等式$x^n + y^n = z^n$を満たす3以上の自然数nは存在しない。私はこの真に驚くべき証明を見つけたが、この余白はそれを書くには狭すぎる」という書き込みを発見しました。これが有名な「フェルマーの最終定理」で、この後360年にわたって多くの数学者たちを悩ませた大難問です。

実は化学の方にも、これとちょっと似た話があります。フェルマーの最終定理の方は1995年にアンドリュー＝ワイルズによって解決されましたが、こちらの謎はまだ解かれていません。

20世紀最大の化学者は誰か、というのはなかなか難しい質問ですが、ライナス＝ポーリングの名はその最有力候補に入ってくることでしょう。「原子と原子はなぜ結合するのか」という化学の最も基本的な問題に解答を与え、この功績で1954年のノーベル化学賞を受賞。さらに原水爆禁止運動を展開して1962年のノーベル平和賞をも獲得し、史上ただ一人ノーベル賞を2回単独受賞した人物となっています。タンパク質など生化学分野でも大きな功績を残し、DNA構造の解明では政治的な理由もからんで惜しくもワトソンとクリックに功を譲りましたが、これがなければノーベル医学・生理学賞もまた彼のものになっていたことは間違いありません。その研究に対する情熱は晩年まで衰えることはなく、1994年に93歳の天寿を全うするまで生涯を現役の科学者として過ごしました。

さて彼の死後、彼のオフィスを整理しようと部屋に入った人が、黒板に不思議な分子が描き残されているのを発見しました。これが世に「ポーリングのミステリー分子」と呼ばれるものです（次ページ）。

COLUMN 4

アジド部分を含め、やたらに窒素原子を多く持ったいかにも奇妙な分子です。そもそも実際に合成が可能なのかどうかすらわからないこの分子を、ポーリングは一体何に使おうとしていたのか——。この話題は2000年に雑誌『ケミカル&エンジニアリングニュース』に掲載され、編集部では賞品まで提供して、ポーリングの意図は何であったか推測するコンテストを行っています。

寄せられた回答は「光で活性化されるタンパク質修飾剤」「DNAを保護するためのフリーラジカル捕捉剤」といった真面目なものから、全くの冗談まで様々でした。しかし結局これが決定版という説はなく、どうやら真相は天国のポーリングに尋ねてみないとわかりそうにありません。

ポーリングが1937年に著した本には、この分子によく似た化合物がすでに掲載されており、その共鳴構造について論じられているという指摘もあります。半世紀以上にもわたって世紀の大化学者の胸を占め続けたこの構造の魅力とは一体何であったのか、考えてみるのもまた面白いのではないでしょうか。

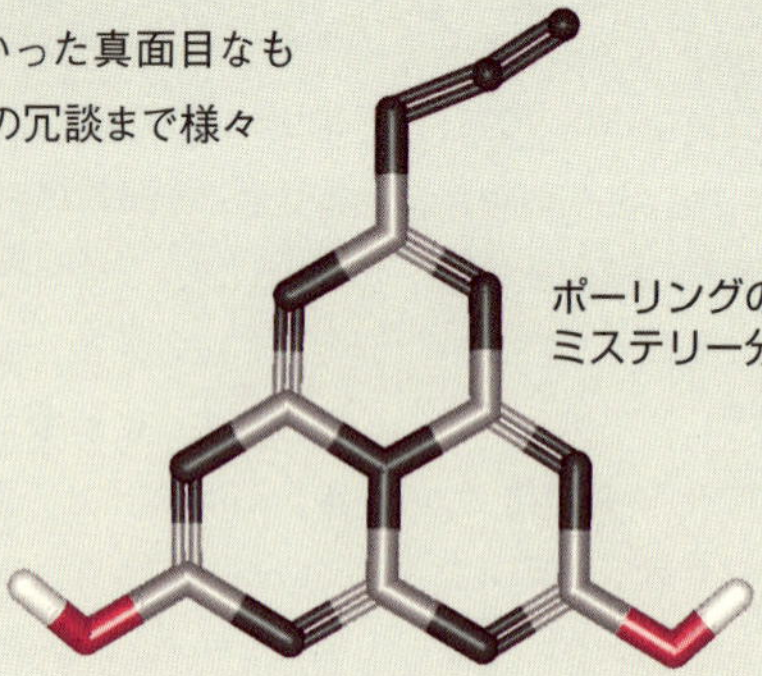

ポーリングのミステリー分子

参考文献

A. Nickon / E. F. Silversmith著、大澤映二監訳『化学者たちのネームゲーム～名付け親たちの語るドラマ～　I』化学同人、1990年

A. Nickon / E. F. Silversmith著、大澤映二監訳『化学者たちのネームゲーム～名付け親たちの語るドラマ～　II』化学同人、1991年

日本化学会編『季刊化学総説43　炭素第三の同素体　フラーレンの化学』学会出版センター、1999年

武末高裕著『日本発ナノカーボン革命―技術立国ニッポンの逆襲がナノチューブで始まる』日本実業出版社、2002年

平尾俊一／原田明編『超分子の未来―美しさを超えた分子システムの構築をめざして』化学同人、2000年

山崎幹夫著『歴史の中の化合物―くすりと医療の歩みをたどる―』東京化学同人、1996年

丸山工作編『ノーベル賞ゲーム― 科学的発見の神話と実話 ―』岩波書店、1989年

野依良治著『研究はみずみずしく―ノーベル化学賞の言葉』名古屋大学出版会、2002年

デイヴィッド・S・グッドセル著、安田宏訳『人体の分子の驚異―身体のモーター・マシン・メッセージ』青土社、2002年

本間善夫／川端潤著『パソコンで見る動く分子事典―デジタル3D分子データ集の決定版』講談社、1999年

仏像型分子 …… 51
プテロダクティラジエン …… 14
フラーレン …… 42, 122, 151, 158, 163
フラーレンベシクル ……166
フラクタル図形 ……140
プリンツバッハ教授 …… 28
フルオロスルホン酸 ……126
フレイザー＝ストダート ……194
フレデリック＝サンガー …… 88
プロペラン …… 13
ブロンザフィリン ……138
分子エレベーター ……197
分子シャトル ……197
分子手術 ……165
分子認識 ……121
分子ボールベアリング ……160
分子マシン …… 188, 194
ヘキサキナセン …… 27
ヘキサン酸 …… 98
ヘプタン酸 …… 98
ペプチド結合 …… 88
ヘム …… 132, 143
ヘモグロビン …… 132, 143
ヘリセン …… 44
ペンギノン …… 14
ベンゼン …… 37
ベンゼン環 …… 38, 114, 166
ベンゾピレン …… 44
ペンタゾール ……150
ペンタフェニルフラーレン ……167
ペンタプリズマン …… 24
芳香環 …… 38, 114, 119
芳香族化合物 …… 38
芳香族性 ……149
ポーリングのミステリー分子 …… 201
ホスト - ゲスト化学 ……119
ポリアセチレン …… 57
ポリアセン …… 60
ポリアミンデンドリマー ……141
ポリエチレン …… 57
ポリ窒素 ……151
ポリピロール …… 60
ポリロタキサン ……193
ポルフィリン …… 131, 143
ホルモン …… 87
ボロミアンリング ……185

ま

マジック酸 ……129
松尾寿之 …… 92
マツタケオール …… 16
マンガンポルフィリン錯体 ……199
マンザミン …… 17
右手型 …… 65, 111
ムギネ酸 …… 16
命名法 …… 12
メタン ……175
メタンハイドレート ……175
メビウスの輪 ……186
メントール …… 69

や

山極勝三郎 …… 45
ヨハネス＝フィビゲル …… 46

ら

ライナス＝ポーリング …… 201
酪酸 …… 97
ラセミ体 …… 63
ラデンブルク …… 24
ラデンブルクベンゼン …… 38
ラリアットクラウン ……109
ランパン …… 13
リチウムイオン ……121
硫酸 ……125
臨床試験 …… 73
ルビリン ……137
ロアルド＝ホフマン ……136
ローザリン ……138
ロケッテン …… 15
ロジャー＝ギルマン …… 90
ロタキサン ……189
ロタキサン合成 ……191
ロバート＝ホールトン …… 81

わ

ワッサーマンのトライアル ……182

ダニシェフスキー教授 …… 79
種結晶 …… 73
ダビダン …… 35
多面体分子 …… 21
単結合 …… 33, 57
タンパク質 …… 87, 143
チオール …… 101
置換基 …… 166
チャーチャン …… 24
チャールズ＝ペダーセン …… 112
チョウチン …… 117
超分子化学 …… 120, 165, 192
テトラセン …… 41
テトラゾール …… 149
テトラヘドラン …… 21, 33
デュオカルマイシン …… 31
デュワーベンゼン …… 37
デルタファン …… 119
デンドリマー …… 140
天然物 …… 15, 31, 84
導電性高分子 …… 56
ドーピング …… 58, 159
ドデカヒドロドデカホウ酸イオン …… 23
ドデカヘドラン …… 26
ドナルド＝クラム …… 111, 115
トライアングラン …… 34
トリエチルアミン …… 98
トリキナセン …… 26
トリプリズマン …… 24
トリフルオロ酢酸（TFA） …… 125
トリフルオロメタンスルホン酸 …… 126

な

中村栄一 …… 166
ナノカー …… 53, 178
ナノキッド …… 49
ナノチューブトランジスタ …… 174
ナノテクロジー …… 52, 177
ナノトラック …… 180
ナノプシャン …… 48
ナノプシャンポリマー …… 50
ナノリング …… 165
ナフタレン …… 39
ニコラウ …… 80
二重結合 …… 40, 57, 64
ニッポニウム …… 54
日本酸 …… 17
ニューマン …… 44
人間型分子 …… 51
野依良治 …… 62
ノーベル化学賞 …… 56, 79, 112, 161
ノーベル賞 …… 46, 67, 90

は

パーキンソン病 …… 67
白リン …… 21
パケット教授 …… 27, 79
パゴダン …… 28
バスケタン …… 13
バッカチンIII …… 83
発ガン …… 32, 44
バックミンスター＝フラー …… 158
バックミンスターフラーレン …… 156
パラコート …… 195
原田明 …… 192
ハリー＝ワッサーマン …… 181
バルサルタン …… 150
バルビツール酸 …… 120
光スイッチクラウンエーテル …… 108
非共有電子対 …… 146
ビタミンB12 …… 135
左手型 …… 65, 111
ヒドラジン …… 146
ヒノキチオール …… 16
ビバルバン …… 27
ピペリジン …… 98
ピレスリン …… 31
ピロール …… 131
ファンデルワールス力 …… 118
フェナントレン …… 41
フェナントロリン …… 182
フェリセン …… 14
福井謙一 …… 61
藤田誠 …… 183
不斉合成 …… 63
不斉触媒 …… 66
不斉炭素 …… 34, 44, 63
プタキロシド …… 31

カリックスアレーン ……192
カルバペネム …… 69
カルボラン酸 ……23, 126
カルボン酸 …… 97
官能基 ……141
基質特異性 …… 67
キュバン …… 13, 22
鏡像異性体 …… 63
共鳴構造 ……148
共役系 …… 57
キラリティ …… 34, 63
キラル …… 63, 69
ギンズベルグ教授 …… 25
クラウス＝ミューレン …… 43
クラウンエーテル …… 106, 120, 191
グラファイト …… 43, 156, 169
クリストファー＝リード ……126
グリセリン …… 75
クリセン …… 41
クリックケミストリー ……149
クリプタンド ……109
クロトー …… 156, 161
クロロフィル（葉緑素） ……134
ケクレ構造式 …… 40
ケクレン …… 43
結合角 …… 31
結晶 …… 71
ケミカルバイオロジー …… 85
ケラマフィジン …… 17
光学分割 …… 70
光合成 ……134
高分子 …… 59, 140
小松紘一 ……163
コランニュレン …… 42
コリン ……135
コロネン …… 40

さ

再結晶 …… 72
酢酸 ……123
錯体 ……143
サフィリン ……137
サルフラワー …… 14
三員環 …… 31
三中心二電子結合 ……23, 127
ジェームズ＝ツアー …… 48
軸配位子 ……132
シクロアワオドリン …… 19
シクロデキストリン …… 19, 192
シクロファン …… 103, 114, 192
シクロプロパン …… 30
シクロペンタンカルボン酸 …… 97
自己組織化 ……185
シトクロムP450（CYP） ……133
ジニトロフェニル基 …… 88
ジメチルスルフィド …… 99
シャープレス教授 …… 79
ジャン＝マリー＝レーン ……109
収率 ……80, 184
硝酸 ……124
ジョージ＝オラー ……129
触媒 …… 58, 64
白川英樹 …… 56
新海征冶 ……109
人工血液 ……143
人工光合成 ……145
水酸基 ……124
水素イオン …… 123, 128
水素添加反応 …… 64
スーパーファン …… 103, 116
スクロース …… 12
ステロイド ……119
スピロ結合 …… 34
スペルミジン …… 99
スペルミン …… 99
スマネン …… 14
スマラグディリン ……137
スモーリー …… 156, 161, 169
スワーン酸化 ……100
全合成 …… 78
ソニック・ヘッジホッグ …… 19

た

ターカサリン ……138
大環状分子 ……122
タキソール …… 78
タクスシン …… 81
田中耕一 …… 61, 112

索引

英数 記号

[1.1.1] プロペラン …… 33
[2.2] パラシクロファン …… 115
[n] サーキュレン …… 42
[n] トライアングラン …… 34
[n] ロータン …… 36
BINAP …… 68, 111
C_{120} …… 163
C_{60} …… 156
CP44 …… 119
DIOP …… 66
DiPAMP …… 67
DNA …… 32, 45
DNAポリメラーゼ …… 198
DNP …… 89
FR900848 …… 32
HIVプロテアーゼ …… 160
IUPAC …… 12
LH - RH …… 91
LRF …… 91
L-ドーパ …… 67
pKa …… 124
sp^2炭素 …… 170
TRF（チロトロピン放出因子）…… 90
U-106305 …… 32
X線結晶解析 …… 72
β菱面体ホウ素 …… 23
πスタッキング …… 183
π電子 …… 38, 57, 119

あ

アーク放電 …… 169
アーミン=ド=マイヤー …… 34
アジド …… 147
アセタール …… 190
アゾベンゼン …… 144
アドリアマイシン …… 142
アポラン …… 15
アミノ酸 …… 87, 111
アミノテトラゾール …… 149
アラン=ヒーガー …… 56
アラン=マクダイアミッド …… 56
アリシン …… 99
アントラセン …… 41
アンドリュー=シャリー …… 90
アンリ=カガン …… 66
飯島澄男 …… 169, 177
イートン …… 13, 26
イオン認識 …… 121
イグノーベル賞 …… 48
イスラエラン …… 25
インスリン …… 88
ウィキペディア …… 154
ウィリアム=ノールズ …… 67
ウッドワード・ホフマン則 …… 135
ウッドワード教授 …… 26, 135
エイズ …… 160
液晶 …… 167
エタノール …… 123
エタルメルカプタン …… 101
エタン …… 146
エタンチオール …… 101
エッシェンモーザー教授 …… 25, 135
エドマン分解 …… 89
エポキシ化反応 …… 199
遠藤守信 …… 177
オーギュスト=ケクレ …… 38
大澤映二 …… 161
オカダ酸 …… 18
オカラミン …… 16
小川正孝 …… 54
オクタシラキュバン …… 22
オザフィリン …… 138
オランガリン …… 138
オリンピアーダン …… 183

か

カーボンナノチューブ …… 42, 169
カーボンナノホーン …… 176
カール …… 156, 161
カイニン酸 …… 16
カテナン …… 181, 189
亀の甲 …… 37, 46, 69, 115

執筆者紹介

◎**佐藤健太郎（さとう・けんたろう）**

1970年生まれ。東京工業大学大学院（修士課程）にて有機合成化学を専攻。1995年よりつくば市内の製薬企業に勤務し、創薬研究に従事、現在に至る。その傍ら1998年よりホームページ「有機化学美術館」を開設。本書が初の著書となる。

「有機化学美術館」
http://www1.accsnet.ne.jp/~kentaro/yuuki/yuuki.html

知りたい!サイエンス

有機化学美術館《ゆうきかがくびじゅつかん》へようこそ
ー分子の世界の造形とドラマー

平成19年6月25日　初版　第1刷発行
平成19年7月15日　初版　第2刷発行

著　者　佐藤　健太郎
発行者　片岡　巖
発行所　株式会社技術評論社
　　　　東京都新宿区市谷左内町21-13
　　　　電話　03-3513-6150　販売促進部
　　　　　　　03-3513-6160　書籍編集部
印刷・製本　日経印刷株式会社

定価はカバーに表示してあります

ISBN978-4-7741-3114-6　C3043
Printed in Japan

●装丁
中村友和（ROVARIS）

●本文デザイン、DTP
マップス